卓越工程师培养系列

µC/OS-III 原理与应用
——基于 GD32

唐　浒　郭文波　主　编

董　磊　钟世达　副主编

电子工业出版社

Publishing House of Electronics Industry

北京·**BEIJING**

内 容 简 介

GD32F3 苹果派开发板（主控芯片为 GD32F303ZET6）的配套教材很多，如介绍微控制器基础外设、微控制器复杂外设、GUI 设计开发、微机原理、操作系统等知识的教材。本书为基于 µC/OS-III 的操作系统教程，主要介绍基准工程、简易操作系统实现，以及 µC/OS-III 的移植、任务管理、时间管理、消息队列、信号量、互斥量、事件标志组、等待多个项目、内建消息队列、内建信号量、软件定时器、内存管理、中断管理和 CPU 利用率等内容。全书程序代码的编写遵循统一规范，并且对工程采用模块化设计，以便将各模块应用于实际项目中。

本书配有丰富的资料包，包含 GD32F3 苹果派开发板原理图、例程、软件包、PPT 等。这些资料会持续更新，下载链接可通过微信公众号"卓越工程师培养系列"获取。

本书既可以作为高等院校电子信息、自动化等专业微控制器相关课程的教材，也可以作为微控制器系统设计及相关行业工程技术人员的入门培训用书。

图书在版编目（CIP）数据

µC/OS-III 原理与应用 : 基于 GD32 / 唐浒，郭文波

主编. — 北京 : 电子工业出版社，2025. 2. — ISBN

978-7-121-49550-2

Ⅰ. TP316.2

中国国家版本馆 CIP 数据核字第 2025HE2048 号

责任编辑：张小乐　　文字编辑：曹　旭
印　　刷：三河市兴达印务有限公司
装　　订：三河市兴达印务有限公司
出版发行：电子工业出版社
　　　　　北京市海淀区万寿路 173 信箱　　邮编：100036
开　　本：787×1092　1/16　　印张：18.75　　字数：480 千字
版　　次：2025 年 2 月第 1 版
印　　次：2025 年 2 月第 1 次印刷
定　　价：65.00 元

凡所购买电子工业出版社图书有缺损问题，请向购买书店调换。若书店售缺，请与本社发行部联系，联系及邮购电话：（010）88254888，88258888。

质量投诉请发邮件至 zlts@phei.com.cn，盗版侵权举报请发邮件至 dbqq@phei.com.cn。

本书咨询联系方式：（010）88254462，zhxl@phei.com.cn。

前　言

本书主要介绍 μC/OS-III 原理与应用，采用的硬件平台为 GD32F3 苹果派开发板。主控芯片为 GD32F303ZET6（封装为 LQFP144），由兆易创新科技集团股份有限公司（以下简称"兆易创新"）研发并推出。兆易创新及其 GD32 微控制器是我国高性能通用微控制器领域的领跑者，主要体现在以下方面：①GD32 微控制器是我国最大的 ARM 微控制器家族，已经成为我国 32 位通用微控制器市场的主流之选；②兆易创新是我国第一个推出基于 ARM Cortex-M 内核的微控制器企业；③全球首个 RISC-V 内核通用 32 位微控制器产品系列出自兆易创新；④在我国 32 位微控制器厂商排名中，兆易创新连续五年位居第一。

本书旨在介绍基于 μC/OS-III 的嵌入式实时操作系统的原理与应用，并提供一系列的实例程序，使读者能够逐步了解 μC/OS-III 的核心机制及各大功能模块，并能应用于实际项目。

在当今嵌入式操作系统领域，对操作系统的实时性、可靠性、高效性需求日益增长，而嵌入式实时操作系统可满足以上需求，其中又以 μC/OS 应用最为广泛。μC/OS-III 作为 μC/OS 的最新版本，为开发者提供了丰富的功能和灵活的配置选项，使其能够适应各种嵌入式操作系统的需求。经过多年的发展与验证，μC/OS-III 已成为业界主流的操作系统之一，为嵌入式操作系统的设计和开发提供了强大的支持，在消费电子产品、工业自动化设备、汽车控制系统、医疗设备等领域具有广泛的应用。

μC/OS-III 是 Micriμm 公司推出的第三代 μC/OS，其优点包括可拓展、可固化、支持抢占式、任务数量不受限制，以及具有资源管理、任务同步、任务内嵌通信等功能。相较于其他嵌入式操作系统，μC/OS-III 还支持运行时性能测试、任务内嵌信号量、任务内嵌消息队列及同时等待多个信号量和消息队列等功能。

μC/OS-III 不仅具备卓越的性能，更因其模块化的设计和广泛的可移植性而备受推崇。μC/OS-III 支持市面上常见的各大嵌入式平台，包括使用 ARM Cortex-M 系列处理器的 Renesas、NXP、GigaDevicea、ST 等。本书主要介绍在苹果派开发板上移植并运行 μC/OS-III。

近年来，国内的半导体企业蓬勃发展，逐步提升了 MCU、Flash 等芯片的市场占有率，越来越多的企业开始使用国产微控制器。然而市面上基于国产微控制器的 μC/OS-III 教材屈指可数，相关开发者难以系统性地获取 μC/OS-III 的知识体系和规范的实例程序。为此，我们希望本书能帮助初学者快速学习 μC/OS-III，掌握其核心机制和开发技巧。无论是刚踏入嵌入式开发领域的新人，还是已经有经验的老手，本书都将提供一定的实践指导和实用的开发案例。希望读者通过学习本书能够掌握更高效、更严谨的嵌入式开发方法，使嵌入式设备具有更出色的用户体验。

本书聚焦 μC/OS-III 原理与应用，对微控制器基础片上外设的介绍得较少。因此，对于缺乏嵌入式开发经验的读者，建议先学习"卓越工程师培养系列"教材《GD32F3 开发基础教程——

基于 GD32F303ZET6》。读者通过该教材可以学习 GD32F303ZET6 微控制器基础片上外设的原理与应用，还可以了解开发板及相关软件工具的使用方法，为 μC/OS-III 的学习打下基础。

本书内容安排如下：

第 1~2 章简要介绍了操作系统的相关概念和特性，以及本书对应的硬件平台、配套资料包和开发环境。

第 3 章介绍了基于 GD32F3 苹果派开发板的基准工程代码框架和程序下载方法。

第 4 章介绍了操作系统的实现原理，以及在开发板上实现简易操作系统的步骤。

第 5~18 章介绍了 μC/OS-III 常用功能组件的特性和用法。

本书特点如下：

（1）本书内容对有一定微控制器开发基础的读者来说较为友好，建议有一定基础后，再学习本书。

（2）本书适合具有 ARM 开发基础的嵌入式工程师学习，也可作为高等院校电子类专业的教学用书。

（3）本书注重理论与实践结合，对高深晦涩的原理涉及较少，采用通俗易懂的语言深入浅出地对知识进行讲解。按照先学习后实践的方式，将理论运用到实际工程中，以巩固所学知识。

（4）全书程序代码的编写遵循统一规范，并且对工程采用模块化设计，以便将各模块应用于实际项目中。

（5）本书配有丰富的资料包，包含 GD32F3 苹果派开发板原理图、例程、软件包、PPT 等。这些资料会持续更新，下载链接可通过微信公众号"卓越工程师培养系列"获取。

唐浒和郭文波对本书的编写思路进行了策划，指导并参与了本书的编写，之后对全书进行了统稿。本书全部例程基于 GD32F3 苹果派开发板编写。兆易创新的金光一、王霄为本书的编写提供了充分的技术支持。电子工业出版社的张小乐编辑为本书的出版做了大量的编辑和审校工作。在此一并致以衷心的感谢！

由于编者水平有限，书中难免存在不成熟和错误之处，恳请读者批评指正。读者反馈问题、获取相关资料或咨询开发板技术问题，可发邮件至邮箱：excengineer@163.com。

目　录

第1章 μC/OS-III 简介

本书主要介绍 μC/OS-III 的相关知识，硬件平台为 GD32F3 苹果派开发板。读者通过学习本书各个章节的 μC/OS-III 相关原理，并根据本书提供的配套实例工程代码进行验证，即可初步掌握 μC/OS-III 的特点和使用方法。本章将分别介绍裸机系统和操作系统的工作流程、操作系统的分类和 μC/OS-III 的特点。

1.1 裸机系统与操作系统

裸机系统和操作系统各有优劣，应用场景也不相同。裸机系统被广泛应用于各种简单的场景，其核心特点是稳定性较高。而操作系统适用于需要进行较复杂任务调用的场景，但长时间运行可能会导致程序运行结果出错。

1.1.1 简单裸机系统

简单裸机系统的工作流程如图 1-1 所示。在裸机系统中通常会设置多个任务计时器。系统初始化后进入一个无限循环（即"死循环"），在循环中通过延时函数来实现软件延时，延时结束后依次对所有任务计时器执行加 1 操作。当某一任务计时器的计时完成时，执行相应任务，并将对应的任务计时器清零。由于一个任务计时器可能被多个任务所共用，因此任务计时器的数量小于或等于任务的数量。

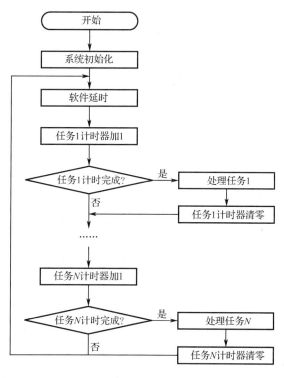

图 1-1　简单裸机系统的工作流程

简单裸机系统的稳定性较好，可以使系统持续地正常运行，适用于空调、冰箱、电子锁等具有稳定性需求的设备。另外，系统中还可以集成看门狗功能，以进一步提高系统的稳定性。但简单裸机系统也存在非常大的缺点：各个任务的执行周期不够准确。这是因为任务的计时是通过不准确的软件延时来实现的，并且任务的处理也需要消耗一定的时间，任务越多则消耗的时间越多，导致任务执行周期的误差越大。

1.1.2 基于定时器计时的裸机系统

为了实现更加精确的计时，裸机系统放弃了计时误差较大的软件延时方式，采用计时更为准确的硬件定时器来更新各个任务的计时器，工作流程如图 1-2 所示。程序在循环中轮流校验各个任务的计时器，一旦判断某一任务计时器的计时完成，就执行相应的任务，并将对应的任务计时器清零。

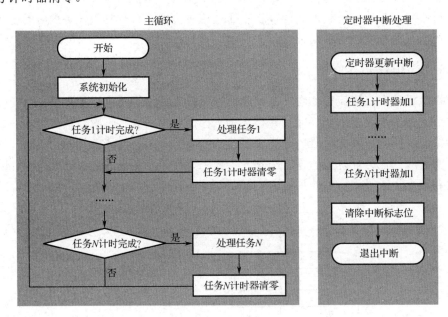

图 1-2 基于定时器计时的裸机系统的工作流程

虽然采用硬件定时器替代软件延时可使任务计时更加精确，但此时仍存在一个问题：任务的处理需要消耗时间，并且由于各个任务之间没有优先级之分，如果某个任务的处理时间太长甚至进入死循环，则其他任务将得不到及时的响应。

这种基于定时器计时的裸机系统的 CPU 占用率恒为 100%，且大部分时间都用于校验任务计时器，既造成了资源的浪费，限制了 CPU 的利用率，也不利于降低系统的功耗。此外，在系统中引入中断机制（定时器中断）也会降低系统的稳定性，对中断处理不当可能会导致程序的运行结果出错。

1.1.3 操作系统

为了解决裸机系统存在的缺陷，更高效地运行系统任务，操作系统应运而生。操作系统的工作流程如图 1-3 所示，其中每个任务都有独立的线程，各自运行于循环中。操作系统通过任务调度器统一协调各个任务，实现任务的并发运行。

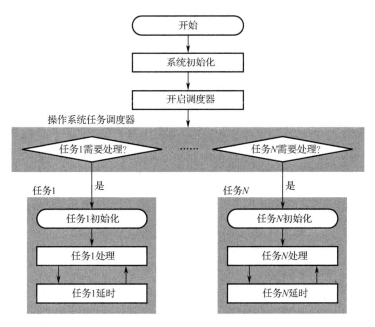

图 1-3　操作系统的工作流程

操作系统中的任务存在一定的优先级，优先级高的任务优先享有 CPU 的使用权。为了实现任务之间的通信和同步，操作系统提供了消息队列、信号量、任务通知等组件。目前，主流的嵌入式操作系统还会提供以太网、文件系统、GUI（图形用户界面）等组件，极大地降低了项目的开发难度并有效地缩短了产品的上市周期。

1.2　操作系统的分类

操作系统通过任务调度器决定 CPU 的使用权。根据任务调度器的工作方式，操作系统分为两类：分时操作系统和实时操作系统。

1.2.1　分时操作系统

分时操作系统中的"分时"是指将处理器的运行时间划分为很短的时间片，任务按时间片轮流获取 CPU 的使用权。若某个任务在操作系统分配给它的时间内不能完成，则必须暂停运行，并将 CPU 使用权交给其他任务，等待下一次分配到 CPU 使用权时继续运行。由于 CPU 的主频较高，所以任务的运行时间短且切换速度快，宏观上来看即所有任务并发运行。著名的 UNIX 操作系统即使用了分时操作系统。

1.2.2　实时操作系统

实时操作系统是指当外界事件或数据产生时，能够在规定的时间内进行响应并处理的操作系统。而根据系统对"超时"的处理方式，实时操作系统可以分为硬实时操作系统和软实时操作系统。硬实时操作系统是指某个事件必须在规定的时刻或时间范围内发生，否则会产生损害的操作系统，如飞行器的飞行自动控制系统等；软实时操作系统是指能偶尔违反时间规定，并且不会产生永久性损害的操作系统，如飞机订票系统、银行管理系统等。

实时操作系统的主要特点是及时性和可靠性，具体表现为能够在接收到外部信号后及时进行处理，并在规定的时间内处理完接收的事件，也能够在限制时间内完成某些紧急任务而不需要等待时间片。

常见的嵌入式实时操作系统有 μC/OS、FreeRTOS、RTX、RT-Thread 等。

1.3　μC/OS-III 介绍

μC/OS-III 是 Micriμm 公司推出的第三代 μC/OS，其优点包括可拓展、可固化、支持抢占式、任务数量不受限制，并且支持资源管理、任务同步、任务内嵌通信等功能。相较于其他嵌入式操作系统，μC/OS-III 支持运行时性能测试、任务内嵌信号量、任务内嵌消息队列及同时等待多个信号量和消息队列等功能。

三代操作系统 μC/OS、μC/OS-II、μC/OS-III 的对比如表 1-1 所示。

表 1-1　μC/OS、μC/OS-II、μC/OS-III 的对比

项　　目	μC/OS	μC/OS-II	μC/OS-III
诞生年份	1992 年	1998 年	2009 年
手册	√	√	√
提供源码	√	√	√
抢占式多任务	√	√	√
最大任务数量	64 个	256 个	无限制
每个优先级任务数量	1 个	1 个	无限制
时间片转轮	—	—	√
信号量	√	√	√
互斥信号量	—	√	√（可嵌套）
事件标志组	—	√	√
消息邮箱	√	√	—（不再需要）
消息队列	√	√	√
固定大小的内存管理	—	√	√
不通过信号量标记一个任务	—	—	√
不通过消息队列发消息给任务	—	—	√
软件定时器	—	√	√
任务停止/恢复	—	√	√（可嵌套）
死锁预防	√	√	√
可拓展	√	√	√
代码段需求	3～8KB	6～26KB	6～20KB
数据段需求	1KB+	1KB+	1KB+
可固化	√	√	√
运行时配置	—	—	√
编译时配置	√	√	√
每个对象命名	—	√	√
挂起多个对象	—	√	√

续表

项　　目	µC/OS	µC/OS-II	µC/OS-III
任务寄存器	—	√	√
用户可定义的 hook 函数	—	√	√
时间戳	—	—	√
嵌入的内核调试	—	√	√
编译可优化	—	—	√
任务级的时基定时器处理	—	—	√
提供的接口函数	约 20 个	约 90 个	约 70 个

我们从以下方面具体介绍 µC/OS-III 的特点。

1．源码

µC/OS-III 完全依据 ANSI-C 标准编写，并且 Micriµm 公司非常注重代码规范。因此，其源码较为规范可靠。

2．应用程序接口（API）

µC/OS-III 的 API 接口函数十分直观，在熟悉 µC/OS-III 的编程规范后，通过函数名即可掌握对应的函数功能和参数。

3．抢占式多任务处理

µC/OS-III 属于抢占式多任务处理操作系统。相较于协作式多任务处理操作系统，µC/OS-III 可以决定进程调度方案，剥夺耗时长进程的时间片，提供给其他进程。因此，µC/OS-III 正在运行的任务必定是优先级最高的就绪任务。

4．时间片转轮调度

µC/OS-III 允许多个任务拥有相同的优先级。当有多个相同优先级的任务就绪，并且这个优先级目前最高时，µC/OS-III 将分配用户定义的时间片给每个任务去运行。每个任务可以定义最大运行时间，超过最大运行时间时，该任务让出 CPU 使用权。

5．快速响应中断

µC/OS-III 可以通过锁定调度器来实现临界段保护，相较于直接关闭中断，锁定调度器可以避免出现高优先级中断无法被快速响应的问题。

6．中断响应时间确定

µC/OS-III 的中断响应时间是可确定的，且 µC/OS-III 提供的大部分服务的执行时间也是可确定的。

7．功能可扩展

µC/OS-III 可以根据应用需求，扩展或移除相应功能，通过修改 os_cfg.h 文件中的宏定义即可实现。可扩展的功能包括实时检查、检测传递的参数是否为 NULL 等。

8．易移植

µC/OS-III 可以被移植到大多数 CPU 架构中，大部分支持 µC/OS-II 的器件通过修改即可支持 µC/OS-III，而目前 µC/OS-II 已成功移植到 45 种 CPU 架构中。

9．可固化

µC/OS-III 专为嵌入式系统设计，可以和应用程序代码一起固化。

10．可实时配置

μC/OS-III 允许用户在操作系统运行时配置内核，并且所有的内核对象，如任务、信号量、互斥信号量、事件标志组、消息队列、软件定时器、内存分区等，都是在操作系统运行时分配的，以避免在编译时过度分配。

11．任务数量无限制

μC/OS-III 对任务的数量不设限制，但每个任务需要有一定的堆栈空间，因此任务的数量受限于微控制器能提供的内存容量。

12．任务优先级数量无限制

μC/OS-III 对优先级的数量不设限制。但在一般情况下，优先级为 32～256 可满足大多数的应用需求。

13．内核对象数量无限制

μC/OS-III 支持任意数量的任务、信号量、互斥信号量、事件标志组、消息队列、软件定时器、内存分区等。用户在操作系统运行时可分配所有的内核对象。

14．服务

μC/OS-III 提供了实时内核所需的所有功能，如任务管理、时间管理、信号量、事件标志组、互斥信号量、消息队列、软件定时器、内存分区等。

15．互斥信号量（Mutex）

互斥信号量用于资源管理，是一个内置优先级的特殊类型信号量。互斥信号量可以被嵌套。因此，任务可申请同一个互斥信号量多达 250 次。对应地，需要释放这个互斥信号量同等次数。

16．可嵌套的任务挂起

μC/OS-III 允许任务停止自身任务或其他任务，使该任务不再执行，直到被其他任务恢复，这种停止称为挂起。μC/OS-III 允许挂起被嵌套至 250 级，即一个任务可以被挂起多达 250 次。对应地，这个任务必须被恢复同等次数才有资格再次获得 CPU 的使用权。

17．软件定时器

μC/OS-III 允许定义任意数量的一次性和周期性的定时器，该定时器属于递减定时器，当定时器计数减为 0 时，执行用户定义的行为。而对于周期性定时器，当定时器计数减为 0 时，不仅执行用户定义的行为，还会自动重装计数值以准备下一轮计数。

18．等待多个对象

μC/OS-III 允许任务等待多个事件的发生，即任务可以同时等待多个信号量和消息队列被提交。等待中的任务在事件发生时被唤醒。

19．内建信号量

μC/OS-III 允许中断或任务直接发送信号量给其他任务。这样可以避免为标记一个任务而产生一个中间的内核对象（如信号量或事件标志组），提高内核性能。

20．内建消息队列

μC/OS-III 允许中断或任务直接发送消息到其他任务，以避免产生一个消息队列，提高了内核性能。

21．任务寄存器

用户可以为任务定义不同于 CPU 寄存器的任务寄存器。

22．错误检测

μC/OS-III 能检测指针是否为 NULL、参数是否在允许范围内，以及在中断中调用的 API 函数的合法性、配置选项的有效性、函数的执行结果等。μC/OS-III 的每一个 API 函数都会返回函数调用结果。

23．性能测量

μC/OS-III 内置性能测量功能，能测量每个任务的执行时间和堆栈使用情况，执行次数和 CPU 的使用情况，以及中断到任务的切换时间、任务到任务的切换时间、列表中的峰值数、关中断和锁调度器的平均时间等。

24．可优化

μC/OS-III 能够根据 CPU 的架构进行优化，大部分数据类型能够被修改，以更好地适应 CPU 固有的数据大小。使用汇编语言指令，可以更好地实现操作系统的功能，如位设置指令、位清除指令、计数清零指令（CLZ），find-first-one（FF1）指令等。

25．死锁预防

μC/OS-III 中所有的挂起服务都可以设置时间限制，以避免出现死锁。

26．任务级的时基处理

μC/OS-III 有时基任务（也称时钟节拍任务），通过对应的时基中断触发。μC/OS-III 还使用了增量列表结构，可以大大减少处理延时和任务超时所需的时间。

27．用户可定义的钩子函数

μC/OS-III 允许用户定义 hook 函数，hook 函数可以被 μC/OS-III 的任务调用，并且具有不同的调用场景：有的在任务切换时被调用，有的在任务创建时被调用，有的在任务删除时被调用。

28．时间戳

μC/OS-III 内置了时间戳计数器，用于在系统运行时获取当前时间。例如，当中断或任务发送消息时，时间戳计数器自动读取计数值并保存到消息中。当接收者接收到这条消息时，可以再次读取计数值以确定消息的响应时间。

29．内核调试器

μC/OS-III 允许用户在内核调试器遇到断点时，通过自定义的通道查看变量和数据结构，并支持通过 μC/Probe（探针）显示运行时的信息。

30．内核对象名称

μC/OS-III 的每个内核对象都有一个相关联的名称，这样可以轻易识别出所指定对象的作用。该名称通常为字符串，μC/OS-III 把字符串首地址保存到内核对象对应的结构体中。

本 章 任 务

学习完本章后，上网查阅资料，了解当前常用的嵌入式操作系统，并总结这些操作系统各自的优势与不足。

本 章 习 题

1．简述简单裸机系统的优缺点和常见应用场景。
2．裸机系统和操作系统的任务运行机制有何区别？
3．操作系统可细分为哪几类？划分的依据是什么？
4．μC/OS-III 的任务数量和优先级数量最大为多少？

第2章 GD32F3苹果派开发板简介

本章首先介绍选择 GD32 的理由和 GD32F3 系列微控制器，并解释为什么选择 GD32F3 苹果派开发板作为本书的实践载体；然后，简要介绍 GD32F3 苹果派开发板的电路模块、基于该开发板可以实现的 μC/OS-III 相关实例及本书配套资料包；最后，详细介绍 GD32 微控制器开发工具的安装与配置步骤。

2.1 为什么选择 GD32

兆易创新的 GD32 微控制器是我国高性能通用微控制器领域的领跑者，也是基于 ARM Cortex-M3、Cortex-M4、Cortex-M23、Cortex-M33 及 Cortex-M7 内核的通用微控制器产品系列，现已成为我国 32 位通用微控制器市场的主流之选。所有型号的 GD32 微控制器在软件和硬件引脚封装方面都保持了相互兼容，全面满足各种高、中、低端嵌入式控制需求和升级需要，具有高性价比、完善的生态系统和易用性优势，全面支持多层次开发，可缩短设计周期。

自 2013 年推出中国第一个 ARM Cortex 内核的微控制器以来，GD32 已经成为我国最大的 ARM 微控制器家族，提供了 48 个产品系列共 600 余个型号供用户选择。各系列都具有很高的设计灵活性，并且软、硬件相互兼容，使得用户可以根据项目开发需求在不同型号间自由切换。

GD32 产品家族以 Cortex-M3 和 Cortex-M4 主流型内核为基础，由 GD32F1、GD32F3 和 GD32F4 等系列产品构建，并不断向高性能和低成本两个方向延伸。其中，子系列 GD32F303 通用微控制器基于 120MHz Cortex-M4 内核并支持快速 DSP（数字信号处理）功能，持续以更高性能、更低功耗、更方便易用的灵活性为工控消费及物联网等市场主流应用注入澎湃动力。

"以触手可及的开发生态为用户提供更好的使用体验"是兆易创新支持服务的理念。兆易创新丰富的生态系统和开放的共享中心，既与用户需求紧密结合，又与合作伙伴互利共生，在蓬勃发展中使多方受益，惠及大众。

兆易创新联合全球合作厂商推出了多种集成开发环境（IDE）、开发套件（EVB）、图形化界面（GUI）、安全组件、嵌入式 AI、操作系统和云连接方案，并打造了全新技术网站，提供多个系列的视频教程和短片，可任意点播在线学习，产品手册和软、硬件资料也可随时下载。此外，兆易创新还推出了多周期全覆盖的微控制器开发人才培养计划，从青少年科普到高等教育全面展开，为新一代工程师提供学习与成长的沃土。

2.2 GD32F3 系列微控制器介绍

在以往的微控制器选型过程中，工程师常常会陷入这样一个困局：一方面 8 位/16 位微控制器的指令和性能有限，另一方面 32 位微控制器的成本和功耗高，到底该如何选择？能否有效地解决这个问题，让工程师不必在性能、成本、功耗等因素中做出取舍？

GD32F3 系列微控制器具有六大子系列（F303、F305、F307、F310、F330 和 F350）共 80 个产品型号，包括 LQFP144、LQFP100、LQFP64、LQFP48、LQFP32、QFN32、QFN28、TSSOP20 共 8 种封装类型，能以很高的设计灵活性和兼容度应对飞速发展的智能应用挑战。

GD32F3 系列微控制器最高主频可达 120MHz，并支持 DSP 指令运算；配备了 128～3072KB 的超大容量 Flash 及 48～96KB 的 SRAM，内核访问 Flash 高速零等待。芯片采用 2.6～

3.6V 供电，I/O 接口可承受 5V 电平；配备了 2 个支持三相 PWM 互补输出和霍尔采集接口的 16 位高级定时器，可用于矢量控制，还拥有多达 10 个 16 位通用定时器、2 个 16 位基本定时器和 2 个多通道 DMA 控制器。芯片还为广泛的主流应用配备了多种基本外设资源，包括 3 个 USART、2 个 UART、3 个 SPI、2 个 I^2C、2 个 I^2S、2 个 CAN2.0B 和 1 个 SDIO，以及外部总线扩展控制器（EXMC）。

其中，全新设计的 I^2C 接口支持快速 Plus（Fm+）模式，频率最高可达 1MHz（1MB/s），是以往数据传输速率的两倍，从而以更高的数据传输速率来适配高带宽应用场合。SPI 接口也已经支持四线制，方便扩展 Quad/SPI/NOR Flash 并实现高速访问。内置的 USB 2.0 OTG FS 接口可提供 Device、HOST、OTG 等多种传输模式，还拥有独立的 48MHz 振荡器，支持无晶振设计以降低使用成本。10/100Mbit/s 自适应的快速以太网媒体存取控制器（MAC）可协助开发以太网连接功能的实时应用。芯片还配备了 3 个采样率高达 2.6MSPS（每秒采样百万次）的 12 位高速 ADC，提供多达 21 个可复用通道，并新增了 16bit 硬件过采样滤波功能和分辨率可配置功能，还拥有 2 个 12 位 DAC。多达 80% 的 GPIO 具有多种可选功能，还支持端口重映射，并以增强的连接性满足主流开发应用需求。

由于采用了最新的 Cortex-M4 内核，GD32F3 系列主流产品在最高主频下的工作性能（整数计算能力）可达 150DMIPS（每秒执行百万条整数运算指令），CoreMark 测试可达 403 分。同主频下的代码执行效率相比市场同类 Cortex-M4 产品提高 10%～20%，相比 Cortex-M3 产品提高 30%。不仅如此，全新设计的电压域支持高级电压管理功能，使得芯片在所有外设全速运行模式下的最大工作电流仅为 380μA，电池供电时的 RTC 待机电流仅为 0.8μA，在确保高性能的同时实现了最佳的能耗比，从而全面超越 GD32F1 系列产品。此外，GD32F3 系列与 GD32F1 系列保持了完美的软件和硬件兼容性，并使用户可以在多个产品系列之间方便地自由切换，以前所未有的灵活性和易用性构建设计蓝图。

兆易创新还为新产品系列配备了完整丰富的固件库，包括多种开发板和应用软件在内的 GD32 开发生态系统也已准备就绪。GD32 微控制器线上技术门户已经为研发人员提供了强大的产品支持、技术讨论及设计参考平台。得益于广泛丰富的 ARM 生态体系，Keil MDK、CrossWorks 等更多开发环境和第三方烧录工具也均已全面提供支持。这些都极大地简化了项目开发难度并有效缩短了产品上市周期。

由于拥有丰富的外设、强大的开发工具、易于上手的固件库，在 32 位微控制器选型中，GD32 微控制器已经成为许多工程师的首选。而且经过多年的积累，相关开发资料非常完善，这也降低了初学者的学习难度。因此，本书选用 GD32 微控制器作为载体，GD32F3 苹果派开发板上的主控芯片就是封装为 LQFP144 的 GD32F303ZET6 芯片，其最高主频可达 120MHz。

GD32F303ZET6 芯片拥有的资源包括 64KB SRAM、512KB Flash、1 个 EXMC 接口、1 个 NVIC、1 个 EXTI（支持 20 个外部中断/事件请求）、2 个 DMA（支持 12 个通道）、1 个 RTC、2 个 16 位基本定时器、4 个 16 位通用定时器、2 个 16 位高级定时器、1 个独立看门狗定时器、1 个窗口看门狗定时器（WDGT）、1 个 24 位 SysTick、2 个 I^2C、3 个 USART、2 个 UART、3 个 SPI、2 个 I^2S、1 个 SDIO、1 个 CAN、1 个 USBD、112 个 GPIO、3 个 12 位 ADC（可测量 16 个外部和 2 个内部信号源）、2 个 12 位 DAC、1 个内置温度传感器和 1 个串行调试接口 JTAG 等。

GD32 微控制器可以用于开发各种产品，如智能小车、无人机、电子体温枪、电子血压计、血糖仪、胎心多普勒、监护仪、呼吸机、智能楼宇控制系统和汽车控制系统等。

2.3　GD32F3 苹果派开发板电路简介

本书将以 GD32F3 苹果派开发板为载体对 μC/OS-III 原理与应用进行介绍。那么，到底什么是 GD32F3 苹果派开发板呢？

GD32F3 苹果派开发板如图 2-1 所示，是由电源转换电路、通信-下载模块电路、GD-Link 调试下载模块电路、LED 电路、蜂鸣器电路、独立按键电路、触摸按键电路、外部温湿度电路、SPI Flash 电路、EEPROM 电路、外部 SRAM 电路、NAND Flash 电路、音频电路、以太网电路、RS-485 电路、RS-232 电路、CAN 电路、SD Card 电路、USB Slave 电路、摄像头接口电路、LCD 接口电路、外扩引脚电路、外扩接口电路和 GD32 微控制器电路组成的电路板。

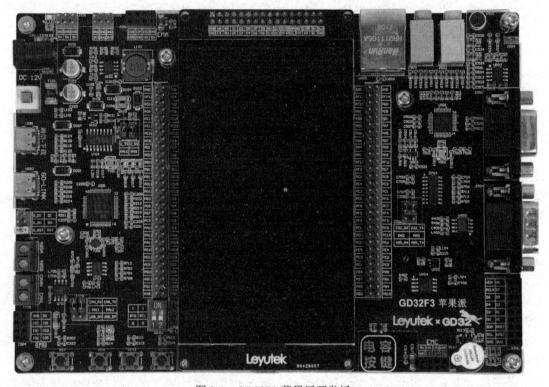

图 2-1　GD32F3 苹果派开发板

利用 GD32F3 苹果派开发板验证本书实例，还需要搭配两条 USB 转 Type-C 连接线。开发板上集成的通信-下载模块和 GD-Link 调试下载模块分别通过一条 USB 转 Type-C 连接线连接到计算机，通信-下载模块除了可以用于下载程序到微控制器中，还可以实现开发板与计算机之间的数据通信；GD-Link 调试下载模块既能下载程序，又能进行在线调试。GD32F3 苹果派开发板和计算机的连接图如图 2-2 所示。

图 2-2　GD32F3 苹果派开发板和计算机连接图

1. 通信-下载模块电路

　　工程师编写完程序后，需要通过通信-下载模块将.hex（或.bin）文件下载到微控制器中。通信-下载模块通过一条 USB 转 Type-C 型连接线与计算机连接，通过计算机上的 GD32 下载工具（如 GigaDevice MCU ISP Programmer），就可以将程序下载到微控制器中。通信-下载模块除了具备程序下载功能，还担任着"通信员"的角色，即可以通过通信-下载模块实现计算机与 GD32F3 苹果派开发板之间的通信。此外，除了使用 12V 电源适配器供电，还可以用通信-下载模块的 Type-C 接口为开发板提供 5V 电源。注意，开发板上的 PWR_KEY 为电源开关，通过通信-下载模块的 Type-C 接口引入 5V 电源后，还需要按下电源开关才能使开发板正常工作。

　　通信-下载模块电路如图 2-3 所示。USB$_1$ 为 Type-C 接口，可引入 5V 电源。编号为 U$_{104}$ 的芯片 CH340G 为 USB 转串口芯片，可以实现计算机与微控制器之间的通信。J$_{104}$ 为 2×2Pin 双排排针，在使用通信-下载模块之前应先使用跳线帽分别将 CH340_TX 和 USART0_RX、CH340_RX 和 USART0_TX 连接。

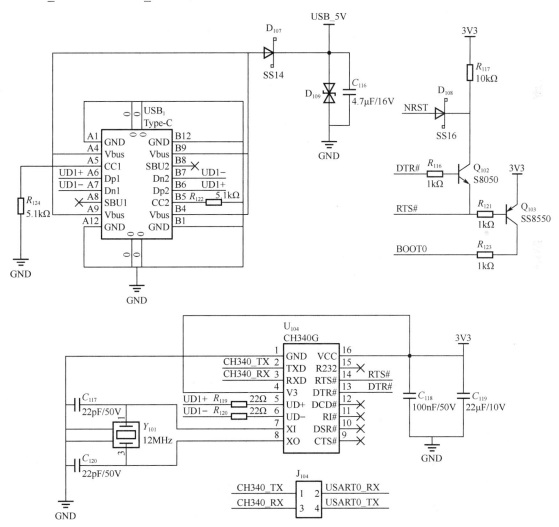

图 2-3　通信-下载模块电路

2．GD-Link 调试下载模块电路

GD-Link 调试下载模块不仅可以下载程序，还可以对 GD32F303ZET6 芯片进行断点调试。图 2-4 为 GD-Link 调试下载模块电路，USB_2 为 Type-C 接口，同样可引入 5V 电源，USB_2 上的 UD2+ 和 UD2- 通过一个 22Ω 电阻连接 GD32F103RGT6 芯片，该芯片为 GD-Link 调试下载模块电路的核心，可通过 SWD 接口对 GD32F303ZET6 芯片进行断点调试或程序下载。

虽然 GD-Link 调试下载模块既可以下载程序，又能进行断点调试，但是无法实现 GD32 微控制器与计算机之间的通信。因此，在设计产品时，除了保留 GD-Link 接口，还建议保留通信-下载接口。

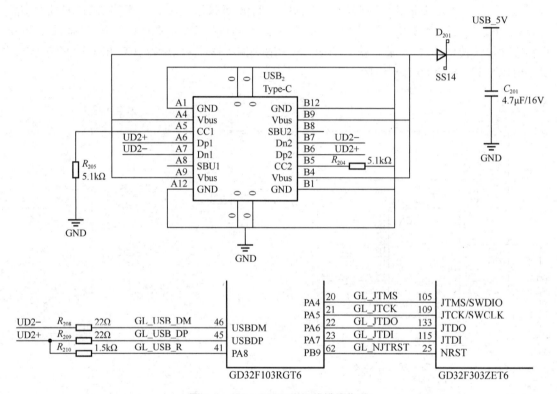

图 2-4　GD-Link 调试下载模块电路

3．电源转换电路

如图 2-5 所示为 5V 转 3.3V 电源转换电路，其功能是将 5V 输入电压转换为 3.3V 输出电压。通信-下载模块和 GD-Link 调试下载模块的两个 Type-C 接口均可引入 5V 电源（USB_5V 网络），由 12V 电源适配器引入 12V 电源后，通过 12V 转 5V 电路同样可以得到 5V 电压（VCC_5V 网络）。然后通过电源开关 PWR_KEY 控制开发板的电源，开关闭合时，USB_5V 和 VCC_5V 网络与 5V 网络连通，并通过 AMS1117-3.3 芯片转出 3.3V 电压，开发板即可正常工作。D_{103} 为瞬态电压抑制二极管，用于防止电源电压过高时损坏芯片。U_{101} 为低压差线性稳压芯片，可将 Vin 端输入的 5V 电压转化为 3.3V 电压在 Vout 端输出。

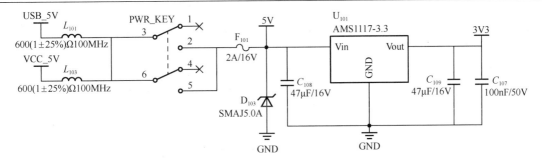

图 2-5　电源转换电路

2.4　基于 μC/OS-III 的应用实例

基于本书配套的 GD32F3 苹果派开发板，可以实现的嵌入式实例非常丰富，例如，基于微控制器片上外设开发的基础实例，基于复杂外设开发的进阶实例，基于微控制器原理开发的应用实例，基于 emWin 开发的应用实例，基于 μC/OS-III 和 FreeRTOS 开发的应用实例。下面仅列出与 μC/OS-III 相关的 16 个实例，如表 2-1 所示。

表 2-1　与 μC/OS-III 操作系统相关的实例清单

序　　号	实 例 名 称	序　　号	实 例 名 称
1	基准工程	9	μC/OS-III 事件标志组
2	简易操作系统实现	10	μC/OS-III 等待多个项目
3	μC/OS-III 移植	11	μC/OS-III 内建消息队列
4	μC/OS-III 任务管理	12	μC/OS-III 内建信号量
5	μC/OS-III 时间管理	13	μC/OS-III 软件定时器
6	μC/OS-III 消息队列	14	μC/OS-III 内存管理
7	μC/OS-III 信号量	15	μC/OS-III 中断管理
8	μC/OS-III 互斥量	16	μC/OS-III CPU 利用率

2.5　本书配套资料包

本书配套的"《μC/OS-III 原理与应用——基于 GD32》资料包"可通过微信公众号"卓越工程师培养系列"提供的链接获取。为了保持与本书实践操作的一致性，建议将资料包复制到计算机的 D 盘中。资料包由若干文件夹组成，清单如表 2-2 所示。

表 2-2　《μC/OS-III 原理与应用——基于 GD32》资料包清单

序　　号	文 件 夹 名	文件夹介绍
01	入门资料	存放学习 μC/OS-III 应用开发相关的入门资料，建议读者在开始学习前，先阅读入门资料
02	相关软件	存放本书使用到的软件，如 MDK5.30、CH340 驱动程序、串口烧录工具等
03	原理图	存放 GD32F3 苹果派开发板的 PDF 版本原理图
04	例程资料	存放 μC/OS-III 应用开发实例的相关例程
05	PPT 课件	存放配套 PPT 课件
06	视频资料	存放配套视频资料

续表

序　号	文 件 夹 名	文件夹介绍
07	数据手册	存放 GD32F3 苹果派开发板使用到的部分元器件的数据手册
08	软件资料	存放 μC/OS-III 源码包和编码规范文件《C 语言软件设计规范（LY-STD001—2019）》
09	参考资料	存放 GD32F30x 系列微控制器的相关参考手册，如《GD32F303xx 数据手册》《GD32F30x 用户手册（中文版）》《GD32F30x 用户手册（英文版）》《GD32F30x 固件库使用指南》《Micriμm-μCOS-III-UsersManual》等

2.6　GD32 微控制器开发工具安装与配置

自兆易创新 2013 年推出 GD32 微控制器起，与 GD32 配套的开发工具逐渐增多，如 Keil 公司的 Keil、ARM 公司的 DS-5、Embest 公司的 EmbestIDE、IAR 公司的 IAR EWARM 等。目前国内使用较多的是 IAR EWARM 和 Keil。

IAR EWARM 是 IAR 公司为 ARM 微处理器开发的一个集成开发环境。与其他 ARM 开发环境相比较，IAR EWARM 具有入门容易、使用方便和代码紧凑的特点。Keil 是 Keil 公司开发的基于 ARM 内核的系列微控制器集成开发环境，它适合不同层次的开发者，包括专业的应用程序开发工程师和嵌入式软件开发初学者。Keil 包含具有工业标准的 Keil C 编译器、宏汇编器、调试器、实时内核等组件，支持所有基于 ARM 内核的芯片，能帮助工程师按照计划完成项目。

本书所有例程均基于 Keil μVision5 软件编写，建议读者选择相同版本的开发环境。

2.6.1　安装 Keil μVision5

双击运行本书配套资料包"02.相关软件\MDK5.30"文件夹中的 MDK5.30.exe 程序，在弹出的如图 2-6 所示的对话框中，单击"Next"按钮。

系统弹出如图 2-7 所示的对话框，勾选"I agree to all the terms of the preceding License Agreement"复选框，然后单击"Next"按钮。

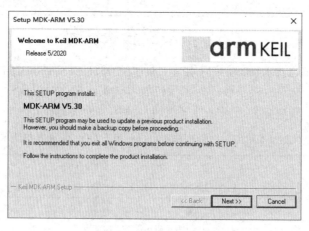

图 2-6　Keil μVision5 安装步骤 1

如图 2-8 所示，选择安装路径和包存放路径，这里建议安装在 D 盘中。然后，单击"Next"按钮。读者也可以自行选择安装路径。

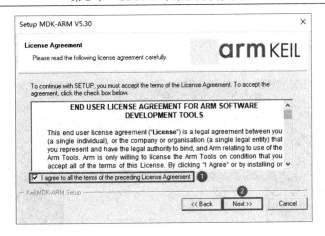

图 2-7　Keil μVision5 安装步骤 2

图 2-8　Keil μVision5 安装步骤 3

系统弹出如图 2-9 所示的对话框，输入 First Name、Last Name、Company Name 和 E-mail 信息，然后单击"Next"按钮。软件开始安装。

图 2-9　Keil μVision5 安装步骤 4

在软件安装过程中，系统会弹出如图 2-10 所示的对话框，勾选"始终信任来自'ARM Ltd'的软件"复选框，然后单击"安装"按钮。

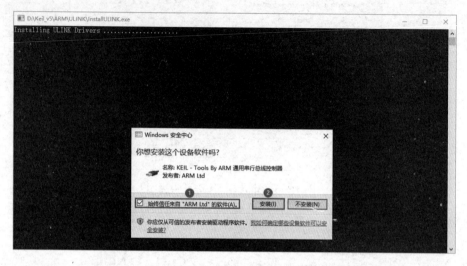

图 2-10　Keil μVision5 安装步骤 5

软件安装完成后，系统弹出如图 2-11 所示的对话框，取消勾选"Show Release Notes."复选框，然后单击"Finish"按钮。

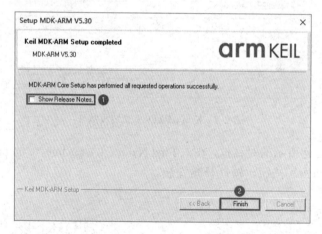

图 2-11　Keil μVision5 安装步骤 6

在如图 2-12 所示的对话框中，取消勾选"Show this dialog at startup"复选框，然后单击"OK"按钮，关闭"Pack Installer"对话框。

在资料包的"02.相关软件\MDK5.30"文件夹中，还有 1 个名为 GigaDevice.GD32F30x_DFP.2.1.0.pack 的文件，该文件为 GD32F30x 系列微控制器的固件库包。如果使用 GD32F30x 系列微控制器，则需要安装该固件库包。双击运行 GigaDevice.GD32F30x_DFP.2.1.0.pack，打开如图 2-13 所示的对话框，直接单击"Next"按钮，固件库包即开始安装。

固件库包安装完成后，弹出如图 2-14 所示的对话框，单击"Finish"按钮。

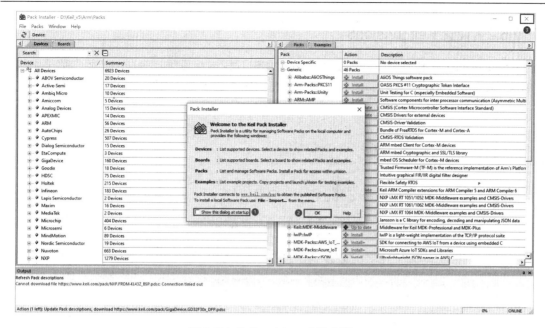

图 2-12　Keil μVision5 安装步骤 7

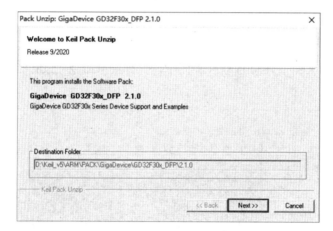

图 2-13　固件库包安装步骤 1

图 2-14　固件库包安装步骤 2

2.6.2　设置 Keil μVision5

Keil μVision5 安装完成后，需要对 Keil 软件进行标准化设置。先在"开始"菜单中找到并单击"Keil μVision5"选项，软件启动后，在如图 2-15 所示的对话框中单击"是"按钮。

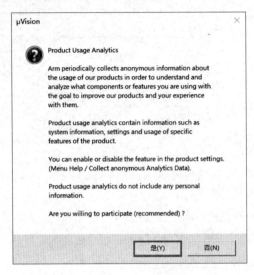

图 2-15　Keil μVision5 设置步骤 1

然后，在打开的 Keil μVision5 软件界面中，执行菜单命令"Edit"→"Configuration"，如图 2-16 所示。

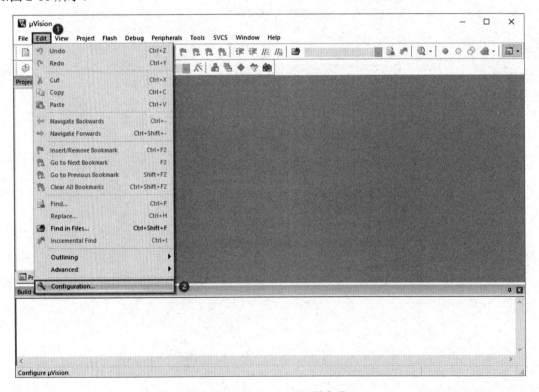

图 2-16　Keil μVision5 设置步骤 2

系统弹出如图 2-17 所示的"Configuration"对话框，在"Editor"标签页的"Encoding"栏中选择"Chinese GB2312(Simplified)"选项。将编码格式改为 Chinese GB2312(Simplified)可以防止代码文件中输入的中文出现乱码现象。在"C/C++ Files"选项组中勾选所有复选框，并在"Tab size"栏中输入 2；在"ASM Files"选项组中勾选所有复选框，并在"Tab size"栏中输入 2；在"Other Files"选项组中勾选所有复选框，并在"Tab size"栏中输入 2。这样，将缩进的空格数设置为 2，同时将 Tab 键也设置为 2 个空格，可以防止使用不同的编辑器阅读代码时出现代码布局不整齐的现象。设置完成后，单击"OK"按钮。

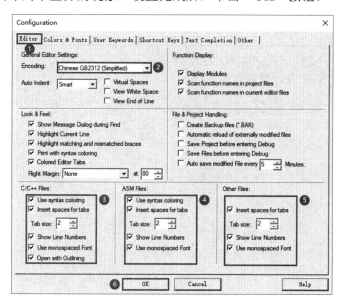

图 2-17 设置 Keil μVision5 步骤 3

2.6.3 安装 CH340 驱动程序

借助开发板上集成的通信-下载模块，可以实现通过串口下载程序到微控制器中，以及微控制器与计算机之间的通信。因此，要先安装通信-下载模块驱动程序。

在本书配套资料包的"02.相关软件\CH340 驱动(USB 串口驱动)_XP_WIN7 共用"文件夹中，双击运行 SETUP.EXE，单击"安装"按钮，在弹出的"DriverSetup"对话框中单击"确定"按钮，如图 2-18 所示。

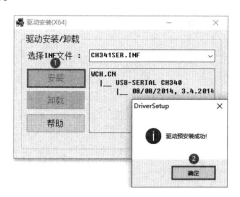

图 2-18 安装 CH340 驱动程序

本 章 任 务

　　进入兆易创新官网了解 GD32 的产品系列和最新资讯，尝试搜索 GD32F30x 系列微控制器的相关参考手册、固件库包、Demo 程序并下载。熟悉 GD32F3 苹果派开发板的 2 个 Type-C 接口电路及对应的功能。

本 章 习 题

　　1．GD32F3 苹果派开发板上的主控芯片型号是什么？该芯片的内部 Flash 和内部 SRAM 的容量分别是多少？

　　2．通信-下载模块和 GD-Link 调试下载模块的功能有何异同？

　　3．为什么要对 Keil 进行软件标准化设置？

第3章 基 准 工 程

本书所有实例的代码均基于 Keil μVision5 开发环境编写，并以 GD32F3 苹果派开发板为载体。在开始 μC/OS-III 应用开发之前，本章先以一个基准工程为主线，对 Keil 软件的使用、本书配套例程的基本架构及开发板的使用方法进行介绍。读者通过学习本章，可以初步熟悉软硬件平台的用法，为后续的 μC/OS-III 开发打下基础。

3.1 GD32F30x 系列微控制器的系统架构与存储器映射

3.1.1 系统架构

GD32F30x 系列微控制器的系统架构如图 3-1 所示。GD32F30x 系列微控制器采用 32 位多层总线结构，该结构可使系统中的多个主机和从机之间进行并行通信。多层总线结构包括 1 个 AHB 互联矩阵、1 个 AHB 总线和 2 个 APB 总线。

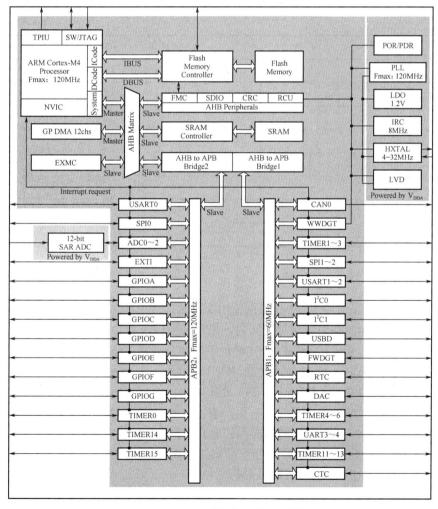

图 3-1 GD32F30x 系列微控制器的系统架构

AHB 互联矩阵通过几条主机总线连接到主机，分别为 IBUS、DBUS、SBUS、DMA0、DMA1 和 ENET。IBUS 是 Cortex-M4 内核的指令总线，用于从代码区域（0x0000 0000～0x1FFF FFFF）中取指令和向量。DBUS 是 Cortex-M4 内核的数据总线，用于数据的加载和存储，以及代码区域的调试访问。SBUS 是 Cortex-M4 内核的系统总线，用于指令和向量的获取、数据的加载和存储，以及系统区域的调试访问。系统区域包括内部 SRAM 区域和外设区域。DMA0 和 DMA1 分别拥有各自的存储器总线。ENET 是以太网。

AHB 互联矩阵通过几条从机总线连接到从机，分别为 FMC-I、FMC-D、SRAM、EXMC、AHB、APB1 和 APB2。FMC-I 是闪存存储器控制器的指令总线，FMC-D 是闪存存储器控制器的数据总线，SRAM 是片上静态随机存取存储器，EXMC 是外部存储器控制器。AHB 是连接所有 AHB 从机的 AHB 总线，APB1 和 APB2 是连接所有 APB 从机的两条 APB 总线。两条 APB 总线连接所有的 APB 外设。APB1 操作速度（工作频率）最大能达到 60MHz，APB2 操作速度最大能达到全速（GD32F30x 系列微控制器的最高主频高达 120MHz），即 120MHz。

AHB 互联矩阵的互联关系列表如表 3-1 所示。"1"表示相应的主机可以通过 AHB 互联矩阵访问对应的从机，空白的单元格表示相应的主机不可以通过 AHB 互联矩阵访问对应的从机。

表 3-1　AHB 互联矩阵的互联关系列表

从机总线	主机总线					
	IBUS	DBUS	SBUS	DMA0	DMA1	ENET
FMC-I	1					
FMC-D		1		1	1	
SRAM	1	1	1	1	1	1
EXMC	1	1	1	1	1	1
AHB		1	1	1		
APB1		1	1	1		
APB2		1	1	1		

3.1.2　存储器映射

Cortex-M4 处理器采用哈佛结构，可以使用相互独立的总线来读取指令和加载/存储数据。指令和数据都位于相同的存储器地址空间内，但地址范围不同。程序存储器、数据存储器、寄存器和 I/O 端口都在同一个线性的 4GB 地址空间内。这是 Cortex-M4 处理器的最大地址范围，因为它的地址总线宽度为 32 位（2^{32}B=4GB）。另外，为了降低不同客户在使用相同应用时的软件复杂度，存储映射是按 Cortex-M4 处理器提供的规则预先定义的。同时，一部分地址空间由 Cortex-M4 内核的系统外设所占用。表 3-2 为 GD32F30x 系列微控制器的存储器映射表，显示了 GD32F30x 系列微控制器的存储器映射，包括片外外设、外部 RAM、片上外设和其他预定义的区域。几乎每个外设都分配了 1KB 的地址空间用于存放操作该外设的相关寄存器，这样就可以简化每个外设的地址译码。

表 3-2　GD32F30x 系列微控制器的存储器映射表

预定义的区域	总　　线	地 址 范 围	外　　设
片外外设	AHB3	0xA000 0000~0xA000 0FFF	EXMC-SWREG
外部 RAM		0x9000 0000~0x9FFF FFFF	EXMC-PC CARD
		0x7000 0000~0x8FFF FFFF	EXMC-NAND
		0x6000 0000~0x6FFF FFFF	EXMC-NOR/PSRAM/SRAM
片上外设	AHB1	0x5000 0000~0x5003 FFFF	USBFS
		0x4002 A000~0x4FFF FFFF	保留
		0x4002 8000~0x4002 9FFF	ENET
		0x4002 3400~0x4002 7FFF	保留
		0x4002 3000~0x4002 33FF	CRC
		0x4002 2400~0x4002 2FFF	保留
		0x4002 2000~0x4002 23FF	FMC
		0x4002 1400~0x4002 1FFF	保留
		0x4002 1000~0x4002 13FF	RCU
		0x4002 0800~0x4002 0FFF	保留
		0x4002 0400~0x4002 07FF	DMA1
		0x4002 0000~0x4002 03FF	DMA0
		0x4001 8400~0x4001 FFFF	保留
		0x4001 8000~0x4001 83FF	SDIO
	APB2	0x4001 5800~0x4001 7FFF	保留
		0x4001 5400~0x4001 57FF	TIMER10
		0x4001 5000~0x4001 53FF	TIMER9
		0x4001 4C00~0x4001 4FFF	TIMER8
		0x4001 4000~0x4001 4BFF	保留
		0x4001 3C00~0x4001 3FFF	ADC2
		0x4001 3800~0x4001 3BFF	USART0
		0x4001 3400~0x4001 37FF	TIMER7
		0x4001 3000~0x4001 33FF	SPI0
		0x4001 2C00~0x4001 2FFF	TIMER0
		0x4001 2800~0x4001 2BFF	ADC1
		0x4001 2400~0x4001 27FF	ADC0
		0x4001 2000~0x4001 23FF	GPIOG
		0x4001 1C00~0x4001 1FFF	GPIOF
		0x4001 1800~0x4001 1BFF	GPIOE
		0x4001 1400~0x4001 17FF	GPIOD
		0x4001 1000~0x4001 13FF	GPIOC
		0x4001 0C00~0x4001 0FFF	GPIOB

续表

预定义的区域	总　线	地 址 范 围	外　设
片上外设	APB2	0x4001 0800～0x4001 0BFF	GPIOA
		0x4001 0400～0x4001 07FF	EXTI
		0x4001 0000～0x4001 03FF	AFIO
	APB1	0x4000 CC00～0x4000 FFFF	保留
		0x4000 C800～0x4000 CBFF	CTC
		0x4000 7800～0x4000 C7FF	保留
		0x4000 7400～0x4000 77FF	DAC
		0x4000 7000～0x4000 73FF	PMU
		0x4000 6C00～0x4000 6FFF	BKP
		0x4000 6800～0x4000 6BFF	CAN1
		0x4000 6400～0x4000 67FF	CAN0
		0x4000 6000～0x4000 63FF	Shared USBD/CAN SRAM 512B
		0x4000 5C00～0x4000 5FFF	USBD
		0x4000 5800～0x4000 5BFF	I^2C1
		0x4000 5400～0x4000 57FF	I^2C0
		0x4000 5000～0x4000 53FF	UART4
		0x4000 4C00～0x4000 4FFF	UART3
		0x4000 4800～0x4000 4BFF	USART2
		0x4000 4400～0x4000 47FF	USART1
		0x4000 4000～0x4000 43FF	保留
		0x4000 3C00～0x4000 3FFF	$SPI2/I^2S2$
		0x4000 3800～0x4000 3BFF	$SPI1/I^2S1$
		0x4000 3400～0x4000 37FF	保留
		0x4000 3000～0x4000 33FF	FWDGT
		0x4000 2C00～0x4000 2FFF	WWDGT
		0x4000 2800～0x4000 2BFF	RTC
		0x4000 2400～0x4000 27FF	保留
		0x4000 2000～0x4000 23FF	TIMER13
		0x4000 1C00～0x4000 1FFF	TIMER12
		0x4000 1800～0x4000 1BFF	TIMER11
		0x4000 1400～0x4000 17FF	TIMER6
		0x4000 1000～0x4000 13FF	TIMER5
		0x4000 0C00～0x4000 0FFF	TIMER4
		0x4000 0800～0x4000 0BFF	TIMER3
		0x4000 0400～0x4000 07FF	TIMER2
		0x4000 0000～0x4000 03FF	TIMER1

续表

预定义的区域	总　　线	地 址 范 围	外　　设
SRAM	AHB	0x2001 8000～0x3FFF FFFF	保留
		0x2000 0000～0x2001 7FFF	SRAM
Code	AHB	0x1FFF F810～0x1FFF FFFF	保留
		0x1FFF F800～0x1FFF F80F	Options Bytes
		0x1FFF B000～0x1FFF F7FF	Boot loader
		0x0830 0000～0x1FFF AFFF	保留
		0x0800 0000～0x082F FFFF	Main Flash
		0x0030 0000～0x07FF FFFF	保留
		0x0010 0000～0x002F FFFF	Aliased to Main Flash or Boot loader
		0x0002 0000～0x000F FFFF	
		0x0000 0000～0x0001 FFFF	

3.2　GD32 工程模块名称及说明

工程建立完成后，按照模块被分为 App、Alg、HW、OS、TPSW、FW 和 ARM，如图 3-2 所示。各模块名称及说明如表 3-3 所示。

图 3-2　GD32 工程模块分组

表 3-3　GD32 工程模块名称及说明

模　块	名　　称	说　　明
App	应用层	应用层包括 Main、硬件应用和软件应用文件
Alg	算法层	算法层包括项目算法相关文件，如心电算法文件等
HW	硬件驱动层	硬件驱动层包括 GD32 微控制器的片上外设驱动文件，如 UART0、Timer 等
OS	操作系统层	操作系统层包括第三方操作系统，如 μC/OS-III、FreeRTOS 等
TPSW	第三方软件层	第三方软件层包括第三方软件，如 emWin、FatFs 等
FW	固件库层	固件库层包括与 GD32 微控制器相关的固件库，如 gd23f30x_gpio.c 和 gd32f30x_gpio.h
ARM	ARM 内核层	ARM 内核层包括启动文件、NVIC、SysTick 等与 ARM 内核相关的文件

3.3　Keil 编辑、编译和程序下载过程

GD32 微控制器的集成开发环境有很多种，本书使用的是 Keil。首先，用 Keil 建立工程、

编写程序；其次，编译工程并生成二进制或十六进制文件；最后，将二进制或十六进制文件下载到 GD32 微控制器上运行。

3.3.1 Keil 编辑和编译过程

Keil 的编辑和编译过程与其他集成开发环境类似，如图 3-3 所示，可分为以下 4 个步骤：①创建工程，并编辑程序，程序包括 C/C++代码（存放在.c 文件中）和汇编代码（存放于.s 文件中）；②通过编译器 armcc 对.c 文件进行编译，通过汇编器 armasm 对.s 文件进行编译，这两种文件在编译之后，都会生成一个对应的目标程序（.o 文件），.o 文件的内容主要是从源文件编译得到的机器码，包含代码、数据及调试使用的信息；③通过链接器 armlink 将各个.o 文件及库文件链接生成一个映射文件（.axf 或.elf 文件）；④通过格式转换器 fromelf，将.axf 或.elf 文件转换成二进制文件（.bin 文件）或十六进制文件（.hex 文件）。编译过程中使用到的编译器 armcc、汇编器 armasm、链接器 armlink 和格式转换器 fromelf 均位于 Keil 的安装目录下。如果 Keil 默认安装在 C 盘，则这些工具就存放在 C:\Keil_v5\ARM\ARMCC\bin 目录下。

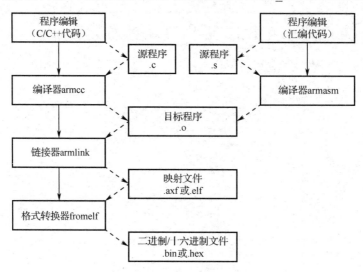

图 3-3　Keil 编辑和编译过程

3.3.2 程序下载过程

通过 Keil 生成的映射文件（.axf 或.elf 文件）或二进制/十六进制文件（.bin 或.hex 文件）可以使用不同的工具下载到 GD32 微控制器的 Flash 中，上电后，系统将运行整个代码。

本书使用了两种下载程序的方法：①使用 Keil 将.axf 文件通过 GD-Link 调试下载模块下载；②使用 GigaDevice MCU ISP Programmer 将.hex 文件通过串口下载。

3.4　相关参考资料

在基于 GD32 微控制器的 μC/OS-III 应用开发过程中，有许多资料可供参考，这些资料存放在本书配套资料包的 "09.参考资料" 文件夹下。下面对这些参考资料进行简要介绍。

1.《GD32F303xx 数据手册》

选定好某一款具体芯片之后，需要清楚地了解该芯片的主功能引脚定义、默认复用引脚定义、重映射引脚定义、电气特性和封装信息等，则可以通过《GD32F303xx 数据手册》查询这些信息。

2.《GD32F30x 用户手册（中文版）》

该手册是 GD32F30x 系列芯片的用户手册（中文版），主要对 GD32F30x 系列芯片的外设，如存储器、FMC、RCU、EXTI、GPIO、DMA、DBG、ADC、DAC、WDGT、RTC、TIMER、USART、I^2C、SPI、SDIO、EXMC 和 CAN 等进行介绍，包括各个外设的架构、工作原理、特性及寄存器等。读者在开发过程中会频繁使用到该手册，尤其是查阅某个外设的工作原理和相关寄存器。

3.《GD32F30x 用户手册（英文版）》

该手册是 GD32F30x 系列芯片的用户手册（英文版）。

4.《GD32F30x 固件库使用指南》

固件库实际上就是读/写寄存器的一系列函数集合，该手册是这些固件库函数的使用说明文档，包括封装寄存器的结构体说明、固件库函数说明、固件库函数参数说明，以及固件库函数使用实例等。不需要记住这些固件库函数，在开发过程中遇到不熟悉的固件库函数时，能够翻阅手册之后解决问题即可。

5.《Micriµm-µCOS-III-UsersManual》

该手册是 Micriµm 官方提供的 µC/OS-III 用户使用手册。该手册详细介绍了如何移植、配置和使用 µC/OS-III，并介绍了 µC/OS-III 核心机制的功能和使用方法，以及相应的 API 函数原型及其说明。此外，该手册还提供了丰富的示例代码和示意图，以便开发者能够快速掌握并应用 µC/OS-III 的各项功能，从而开发出高质量的嵌入式应用程序。

本书中各实例所涉及的上述参考资料均已在各个章节中说明。当进行本书以外的案例开发时，若遇到书中未涉及的知识点，则可查阅以上手册，也可翻阅其他书籍，或者借助于网络资源。

3.5 代 码 框 架

本书所有配套例程均采用相同的工程架构。本章例程是本书后续例程的基础，展现了本书配套例程的代码框架，如图 3-4 所示。在 Main.c 文件的 main 函数中，主要调用 InitHardware、InitSoftware、Proc2msTask、Proc1SecTask 函数。

InitHardware 函数主要用于初始化工程中需要使用的硬件模块，如用于配置微控制器时钟系统的 RCU 模块、用于配置中断优先级分组的 NVIC 模块、用于配置串口通信功能的 UART0 模块、用于配置定时器功能的 Timer 模块。以上外设在初始化完成后即可正常工作，确保系统能够有条不紊地运行。

InitSoftware 函数主要用于初始化软件模块，如用于驱动开发板上两个 LED 的 LED 模块、用于检测开发板上按键状态的 KeyOne 模块。

Proc2msTask 函数主要用于处理需要 2ms 执行一次的任务，如 LED 闪烁任务。

Proc1SecTask 函数主要用于处理需要 1s 执行一次的任务，如串口打印任务。

上述所有需要初始化的模块及需要执行的任务，均在各分组下对应的文件对中声明和实现。

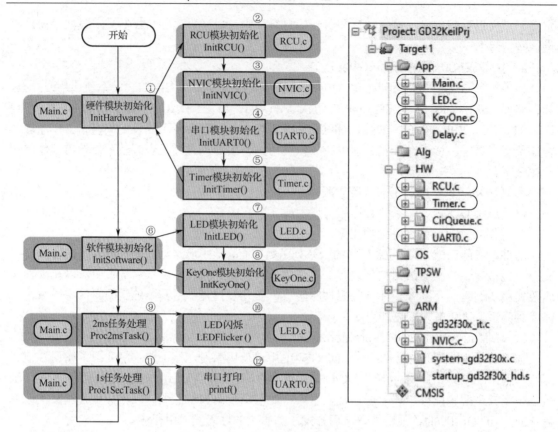

图 3-4 基准工程代码框架

3.6 实例与代码解析

下面介绍基准工程中各文件对（.h 和.c 文件）的代码，并通过将基准工程下载至 GD32F3 苹果派开发板，验证基本功能：开发板上的两个 LED（编号为 LED_1 和 LED_2）每 500ms 交替闪烁一次。

3.6.1 新建存放工程的文件夹

在计算机的 D 盘中建立一个 GD32F3μCOSTest 文件夹，将本书配套资料包中的 "04.例程资料\Material" 文件夹复制到 GD32F3μCOSTest 文件夹中，然后在 GD32F3μCOSTest 文件夹中新建一个 Product 文件夹。工程保存的文件夹路径也可以自行选择。注意，保存工程的文件夹一定要严格按照要求进行命名，从细微之处养成良好的规范习惯。

3.6.2 复制并编译原始工程

首先，将 "D:\GD32F3μCOSTest\Material\01.基准工程" 文件夹复制到 "D:\GD32F3μCOSTest\Product" 文件夹中。其次，双击运行 "D:\GD32F3μCOSTest\Product\01.基准工程\Project" 文件夹中的 "GD32KeilPrj.uvprojx" 文件，单击工具栏中的▣按钮，对整个工程进行编译。当 Build Output 栏中出现 "FromELF：creating hex file..." 时，表示已经成功生成.hex 文件，出现 "0 Error(s), 0 Warning(s)时"，表示编译成功。最后，将.axf 文件下载到 GD32F303ZET6 芯

片的内部 Flash 中，按下 GD32F3 苹果派开发板上的"RST"按键进行复位。若开发板上的两个 LED 交替闪烁，则表示原始工程正确。

3.6.3 LED 文件对介绍

1. LED.h 文件

在 LED.h 文件的"API 函数声明"区，进行如程序清单 3-1 所示的声明。InitLED 函数用于初始化 LED 模块，每个模块都有模块初始化函数。在模块使用前，要先在 Main.c 文件的 InitHardware 或 InitSoftware 函数中通过调用模块初始化函数进行模块初始化，硬件相关的模块初始化在 InitHardware 函数中实现，软件相关的模块初始化在 InitSoftware 函数中实现。LEDFlicker 函数可控制 GD32F3 苹果派开发板上的 LED_1 和 LED_2 的电平翻转。

程序清单 3-1

```
void  InitLED(void);                      //初始化 LED 模块
void  LEDFlicker(unsigned short cnt);     //使 LED 闪烁
```

2. LED.c 文件

在 LED.c 文件的"包含头文件"区的最后，是 LED.h 和 gd32f30x_conf.h 头文件。gd32f30x_conf.h 是 GD32F30x 系列微控制器的固件库头文件，LED 模块主要对 GPIO 相关寄存器进行操作，因此包含了 gd32f30x_gpio.h，就可以使用 GPIO 的固件库函数，并可以对 GPIO 相关寄存器进行间接操作。

gd32f30x_conf.h 包含了各种固件库头文件，包括 gd32f30x_gpio.h，因此也可以在 LED.c 文件的"包含头文件"区的最后直接包含 gd32f30x_gpio.h 头文件。

在"内部函数声明"区，声明内部函数，如程序清单 3-2 所示。本书规定，所有的内部函数都必须在"内部函数声明"区中声明，并且内部函数无论是声明还是实现，都必须加 static 关键字，表示该函数只能在其所在文件的内部调用。

程序清单 3-2

```
static  void  ConfigLEDGPIO(void);   //配置 LED 的 GPIO
```

在"内部函数实现"区，编写 ConfigLEDGPIO 函数的实现代码，如程序清单 3-3 所示。

（1）第 4 至 5 行代码：GD32F3 苹果派开发板上的 LED_1 和 LED_2 分别与 GD32F303ZET6 芯片上的 PA8 和 PE6 相连接，因此需要通过 rcu_periph_clock_enable 函数使能 GPIOA 和 GPIOE 时钟。

（2）第 7 行和第 10 行代码：通过 gpio_init 函数将 PA8 和 PE6 配置为推挽输出模式，并将两个 I/O 端口的最大输出速度配置为 50MHz。

（3）第 8 行和第 11 行代码：通过 gpio_bit_set 函数和 gpio_bit_reset 函数将 PA8 和 PE6 的默认电平分别设置为高电平和低电平，即将 LED_1 和 LED_2 的默认状态分别设置为点亮和熄灭。

程序清单 3-3

```
1.    static  void  ConfigLEDGPIO(void)
2.    {
3.      //使能 RCU 相关时钟
4.      rcu_periph_clock_enable(RCU_GPIOA);              //使能 GPIOA 时钟
```

```
5.      rcu_periph_clock_enable(RCU_GPIOE);                         //使能 GPIOE 时钟
6.
7.      gpio_init(GPIOA, GPIO_MODE_OUT_PP, GPIO_OSPEED_50MHZ, GPIO_PIN_8);//设置 GPIO 输出模式及速度
8.      gpio_bit_set(GPIOA, GPIO_PIN_8);                            //将 LED₁ 默认状态设置为点亮
9.
10.     gpio_init(GPIOE, GPIO_MODE_OUT_PP, GPIO_OSPEED_50MHZ, GPIO_PIN_6);//设置 GPIO 输出模式及速度
11.     gpio_bit_reset(GPIOE, GPIO_PIN_6);                          //将 LED₂ 默认状态设置为熄灭
12.   }
```

在"API 函数实现"区，编写 InitLED 和 LEDFlicker 函数的实现代码，如程序清单 3-4 所示。

（1）第 1 至 4 行代码：InitLED 函数作为 LED 模块的初始化函数，通过调用 ConfigLEDGPIO 函数来实现对 LED 模块的初始化。

（2）第 6 至 22 行代码：LEDFlicker 函数作为 LED 的闪烁函数，通过改变 GPIO 引脚电平来实现 LED 的闪烁，参数 cnt 用于控制闪烁的周期。例如，当 cnt 为 250 时，由于 LEDFlicker 函数每隔 2ms 被调用一次，因此 LED_1 和 LED_2 每 500ms 点亮、熄灭一次。

程序清单 3-4

```
1.    void InitLED(void)
2.    {
3.      ConfigLEDGPIO();   //配置 LED 的 GPIO
4.    }
5.
6.    void LEDFlicker(unsigned short cnt)
7.    {
8.      static unsigned short s_iCnt;   //定义静态变量 s_iCnt，作为计数器
9.
10.     s_iCnt++;                       //计数器的计数值加 1
11.
12.     if(s_iCnt >= cnt)               //计数器的计数值大于或等于 cnt
13.     {
14.       s_iCnt = 0;                   //计数器的计数值重置为 0
15.
16.       //LED₁ 状态取反，实现 LED₁ 闪烁
17.       gpio_bit_write(GPIOA, GPIO_PIN_8, (FlagStatus)(1 - gpio_output_bit_get(GPIOA, GPIO_PIN_8)));
18.
19.       //LED₂ 状态取反，实现 LED₂ 闪烁
20.       gpio_bit_write(GPIOE, GPIO_PIN_6, (FlagStatus)(1 - gpio_output_bit_get(GPIOE, GPIO_PIN_6)));
21.     }
22.   }
```

3.6.4　KeyOne 文件对介绍

1. KeyOne.h 文件

在 KeyOne.h 文件的"宏定义"区，定义按键按下的电平，如程序清单 3-5 所示。

程序清单 3-5

```
1.    //各个按键按下的电平
2.    #define   KEY_DOWN_LEVEL_KEY1        0xFF        //0xFF 表示按键 KEY₁ 按下为高电平
3.    #define   KEY_DOWN_LEVEL_KEY2        0x00        //0x00 表示按键 KEY₂ 按下为低电平
4.    #define   KEY_DOWN_LEVEL_KEY3        0x00        //0x00 表示按键 KEY₃ 按下为低电平
```

在"枚举结构体"区，编写如程序清单 3-6 所示的代码，主要对按键名进行定义。例如，KEY_1 的按键名为 KEY_NAME_KEY1，对应值为 0；KEY_3 的按键名为 KEY_NAME_KEY3，对应值为 2。

程序清单 3-6

```
1.   typedef enum
2.   {
3.     KEY_NAME_KEY1 = 0,    //KEY₁
4.     KEY_NAME_KEY2,        //KEY₂
5.     KEY_NAME_KEY3,        //KEY₃
6.     KEY_NAME_MAX
7.   }EnumKeyOneName;
```

在"API 函数声明"区，编写如程序清单 3-7 所示的 API 函数声明代码。InitKeyOne 函数用于初始化 KeyOne 模块。ScanKeyOne 函数用于进行按键扫描，建议每 10ms 调用该函数一次，即每 10ms 读取一次按键电平。

程序清单 3-7

```
void  InitKeyOne(void);                                          //初始化 KeyOne 模块
u32 ScanKeyOne(unsigned char keyName, void(*OnKeyOneUp)(void), void(*OnKeyOneDown)(void));
                                                                 //每 10ms 调用一次
```

2. KeyOne.c 文件

在 KeyOne.c 文件的"宏定义"区，编写如程序清单 3-8 所示的宏定义代码，定义读取 3 个按键的电平状态。

程序清单 3-8

```
1.   //KEY1 为读取 PA0 引脚电平
2.   #define KEY1    (gpio_input_bit_get(GPIOA, GPIO_PIN_0))
3.   //KEY2 为读取 PG13 引脚电平
4.   #define KEY2    (gpio_input_bit_get(GPIOG, GPIO_PIN_13))
5.   //KEY3 为读取 PG14 引脚电平
6.   #define KEY3    (gpio_input_bit_get(GPIOG, GPIO_PIN_14))
```

在"内部变量"区，编写内部变量的定义代码，如程序清单 3-9 所示。

程序清单 3-9

```
//按键按下的电平，0xFF 表示按下为高电平，0x00 表示按下为低电平
static  unsigned char  s_arrKeyDownLevel[KEY_NAME_MAX];//使用前要在 InitKeyOne 函数中进行初始化
```

在"内部函数声明"区，编写内部函数的声明代码，如程序清单 3-10 所示。

程序清单 3-10

```
static  void  ConfigKeyOneGPIO(void);   //配置按键的 GPIO
```

在"内部函数实现"区，编写 ConfigKeyOneGPIO 函数的实现代码，如程序清单 3-11 所示。

（1）第 3 至 5 行代码：GD32F3 苹果派开发板上的 KEY_1、KEY_2 和 KEY_3 分别与 GD32F303ZET6 芯片的 PA0、PG13 和 PG14 引脚相连接，因此需要通过 rcu_periph_clock_enable

函数使能 GPIOA 和 GPIOG 时钟。

（2）第 7 至 9 行代码：通过 gpio_init 函数将 PA0 引脚配置为下拉输入模式，将 PG13 和
PG14 引脚配置为上拉输入模式。

程序清单 3-11

```
1.   static  void  ConfigKeyOneGPIO(void)
2.   {
3.     //使能 RCU 相关时钟
4.     rcu_periph_clock_enable(RCU_GPIOA); //使能 GPIOA 时钟
5.     rcu_periph_clock_enable(RCU_GPIOG); //使能 GPIOG 时钟
6.
7.     gpio_init(GPIOA, GPIO_MODE_IPD, GPIO_OSPEED_50MHZ, GPIO_PIN_0);//配置 PA0 为下拉输入模式
8.     gpio_init(GPIOG, GPIO_MODE_IPU, GPIO_OSPEED_50MHZ, GPIO_PIN_13); //配置 PG13 为上拉输入模式
9.     gpio_init(GPIOG, GPIO_MODE_IPU, GPIO_OSPEED_50MHZ, GPIO_PIN_14);  //配置 PG14 为上拉输入模式
10.  }
```

在"API 函数实现"区，编写 InitKeyOne 和 ScanKeyOne 函数的实现代码，如程序清
单 3-12 所示。

（1）第 1 至 8 行代码：InitKeyOne 函数作为 KeyOne 模块的初始化函数，先调用
ConfigKeyOneGPIO 函数配置独立按键的 GPIO；然后，分别设置 3 个按键按下时的电平（KEY_1
按下时为高电平，KEY_2 和 KEY_3 按下时为低电平）。

（2）第 10 至 62 行代码：ScanKeyOne 为按键扫描函数，该函数有 3 个参数，分别为
keyName、OnKeyOneUp 和 OnKeyOneDown。其中，keyName 为按键名称，取值为 KeyOne.h
文件中定义的枚举值；OnKeyOneUp 为按键弹起时的响应函数名，由于函数名也是指向函数
的指针，因此 OnKeyOneUp 也为指向 OnKeyOneUp 函数的指针；OnKeyOneDown 为按键按
下时的响应函数名，也为指向 OnKeyOneDown 函数的指针。因此，(*OnKeyOneUp)()为按键
弹起时的响应函数，(*OnKeyOneDown)()为按键按下时的响应函数。

程序清单 3-12

```
1.   void InitKeyOne(void)
2.   {
3.     ConfigKeyOneGPIO(); //配置独立按键的 GPIO
4.
5.     s_arrKeyDownLevel[KEY_NAME_KEY1] = KEY_DOWN_LEVEL_KEY1;   //按键 KEY1 按下时为高电平
6.     s_arrKeyDownLevel[KEY_NAME_KEY2] = KEY_DOWN_LEVEL_KEY2;   //按键 KEY2 按下时为低电平
7.     s_arrKeyDownLevel[KEY_NAME_KEY3] = KEY_DOWN_LEVEL_KEY3;   //按键 KEY3 按下时为低电平
8.   }
9.
10.  u32 ScanKeyOne(unsigned char keyName, void(*OnKeyOneUp)(void), void(*OnKeyOneDown)(void))
11.  {
12.    static  unsigned char  s_arrKeyVal[KEY_NAME_MAX];     //定义一个 unsigned char 类型的数组，
用于存放按键的数值
13.    static  unsigned char  s_arrKeyFlag[KEY_NAME_MAX];    //定义一个 unsigned char 类型的数组，
用于存放按键的标志位
14.
15.    s_arrKeyVal[keyName] = s_arrKeyVal[keyName] << 1;   //左移一位
16.
17.    switch (keyName)
```

```
18.    {
19.      case KEY_NAME_KEY1:
20.        s_arrKeyVal[keyName] = s_arrKeyVal[keyName] | KEY1; //按下/弹起时，KEY1 为 1/0
21.        break;
22.      case KEY_NAME_KEY2:
23.        s_arrKeyVal[keyName] = s_arrKeyVal[keyName] | KEY2; //按下/弹起时，KEY2 为 0/1
24.        break;
25.      case KEY_NAME_KEY3:
26.        s_arrKeyVal[keyName] = s_arrKeyVal[keyName] | KEY3; //按下/弹起时，KEY3 为 0/1
27.        break;
28.      default:
29.        break;
30.    }
31.
32.    //当按键标志位的值为 TRUE 时，判断是否有按键有效按下
33.    if(s_arrKeyVal[keyName] == s_arrKeyDownLevel[keyName] && s_arrKeyFlag[keyName] == TRUE)
34.    {
35.      //执行按键按下时的响应函数
36.      if(NULL != OnKeyOneDown)
37.      {
38.        (*OnKeyOneDown)();
39.      }
40.
41.      //表示按键处于按下状态，按键标志位的值更改为 FALSE
42.      s_arrKeyFlag[keyName] = FALSE;
43.
44.      //表示有按键按下
45.      return 1;
46.    }
47.
48.    //当按键标志位的值为 FALSE 时，判断是否有按键有效弹起
49.    else  if(s_arrKeyVal[keyName]  ==  (unsigned  char)(~s_arrKeyDownLevel[keyName])  &&
s_arrKeyFlag[keyName] == FALSE)
50.    {
51.      //执行按键弹起时的响应函数
52.      if(NULL != OnKeyOneUp)
53.      {
54.        (*OnKeyOneUp)();
55.      }
56.
57.      //表示按键处于弹起状态，按键标志位的值更改为 TRUE
58.      s_arrKeyFlag[keyName] = TRUE;
59.    }
60.
61.    return 0;
62. }
```

3.6.5　Delay 文件对介绍

1．Delay.h 文件

在 Delay.h 文件的 "API 函数声明" 区，编写如程序清单 3-13 所示的 API 函数声明代码。

DelayNms 函数用于进行毫秒级延时，DelayNus 函数用于进行微秒级延时。

程序清单 3-13

```
void DelayNms(unsigned int nms); //毫秒级延时函数
void DelayNus(unsigned int nus); //微秒级延时函数
```

2. Delay.c 文件

在 Delay.c 文件的"API 函数实现"区，编写 DelayNms 和 DelayNus 函数的实现代码，如程序清单 3-14 所示。DelayNus 函数通过一个内嵌了 for 循环语句的 while 循环语句实现微秒级的延时，for 循环语句的执行时间大约为 1μs。DelayNms 函数则通过调用 DelayNus 函数来实现毫秒级的延时。

程序清单 3-14

```
1.   void DelayNms(unsigned int nms)
2.   {
3.     DelayNus(nms * 1000);
4.   }
5.
6.   void DelayNus(unsigned int nus)
7.   {
8.     unsigned int s_iTimCnt = nus;        //定义一个变量 s_iTimCnt 作为延时计数器，赋值为 nus
9.     unsigned short i;                     //定义一个变量作为循环计数器
10.
11.    while(s_iTimCnt != 0)                 //延时计数器 s_iTimCnt 的值不为 0
12.    {
13.      for(i = 0; i < 22; i++)            //空循环，产生延时功能
14.      {
15.
16.      }
17.
18.      s_iTimCnt--;                        //成功延时 1μs，变量 s_iTimCnt 减 1
19.    }
20.  }
```

3.6.6 RCU 文件对介绍

1. RCU.h 文件

在 RCU.h 文件的"API 函数声明"区，编写如程序清单 3-15 所示的 API 函数声明代码。InitRCU 函数用于初始化 RCU（时钟控制器）模块。

程序清单 3-15

```
void InitRCU(void);     //初始化 RCU 模块
```

2. RCU.c 文件

在 RCU.c 文件的"内部函数声明"区，编写 ConfigRCU 函数的声明代码，如程序清单 3-16 所示，该函数用于配置 RCU。

程序清单 3-16

```
static  void  ConfigRCU(void);  //配置 RCU
```

在"内部函数实现"区，编写 ConfigRCU 函数的实现代码，如程序清单 3-17 所示。

（1）第 5 行代码：通过 rcu_deinit 函数将 RCU 部分寄存器重设为默认值。

（2）第 7 行代码：通过 rcu_osci_on 函数使能外部高速晶振。

（3）第 9 行代码：通过 rcu_osci_stab_wait 函数判断外部高速晶振是否稳定，返回值赋值给 HXTALStartUpStatus。

（4）第 13 行代码：通过 fmc_wscnt_set 函数将延时设置为 1 个等待状态。

（5）第 15 行代码：通过 rcu_ahb_clock_config 函数将高速 AHB 时钟的预分频系数设置为 1，即 AHB 时钟频率与 CK_SYS 时钟频率相等，CK_SYS 时钟频率为 120MHz，因此 AHB 时钟频率也为 120MHz。

（6）第 17 行代码：通过 rcu_apb2_clock_config 函数将高速 APB2 时钟的预分频系数设置为 1，即 APB2 时钟频率与 AHB 时钟频率相等，AHB 时钟频率为 120MHz，因此 APB2 时钟频率也为 120MHz。

（7）第 19 行代码：通过 rcu_apb1_clock_config 函数将高速 APB1 时钟的预分频系数设置为 2，即 APB1 时钟是 AHB 时钟的 2 分频，由于 AHB 时钟频率为 120MHz，因此 APB1 时钟频率为 60MHz。

（8）第 21 至 24 行代码：通过 rcu_pllpresel_config 和 rcu_predv0_config 函数配置高速外部晶振 HXTAL 为锁相环 PLL 预输入时钟源。

（9）第 26 行代码：通过 rcu_pll_config 函数设置 PLL 时钟源及倍频系数。在本书配套例程中，频率为 8MHz 的 HXTAL 时钟经过 15 倍频后作为 PLL 时钟，即 PLL 时钟频率为 120MHz。

（10）第 28 行代码：通过 rcu_osci_on 函数使能 PLL 时钟。

（11）第 30 至 33 行代码：通过 rcu_flag_get 函数判断 PLL 时钟是否就绪。

（12）第 35 至 36 行代码：通过 rcu_system_clock_source_config 函数将 PLL 时钟选作 CK_SYS 的时钟源。

程序清单 3-17

```
1.    static void ConfigRCU(void)
2.    {
3.      ErrStatus HXTALStartUpStatus;
4.
5.      rcu_deinit();                                      //使 RCU 配置恢复默认值
6.
7.      rcu_osci_on(RCU_HXTAL);                            //使能外部高速晶振
8.
9.      HXTALStartUpStatus = rcu_osci_stab_wait(RCU_HXTAL); //等待外部高速晶振稳定
10.
11.     if(HXTALStartUpStatus == SUCCESS)                  //外部高速晶振已经稳定
12.     {
13.       fmc_wscnt_set(WS_WSCNT_1);
14.
15.       rcu_ahb_clock_config(RCU_AHB_CKSYS_DIV1);        //设置高速 AHB 时钟（HCLK）= CK_SYS
16.
17.       rcu_apb2_clock_config(RCU_APB2_CKAHB_DIV1);      //设置高速 APB2 时钟（PCLK2）= AHB
18.
19.       rcu_apb1_clock_config(RCU_APB1_CKAHB_DIV2);      //设置低速 APB1 时钟（PCLK1）= AHB/2
20.
```

```
21.      //设置锁相环 PLL = HXTAL / 1 * 15 = 120 MHz
22.      rcu_pllpresel_config(RCU_PLLPRESRC_HXTAL);
23.
24.      rcu_predv0_config(RCU_PREDV0_DIV1);
25.
26.      rcu_pll_config(RCU_PLLSRC_HXTAL_IRC48M, RCU_PLL_MUL15);
27.
28.      rcu_osci_on(RCU_PLL_CK);
29.
30.      //等待锁相环就绪
31.      while(0U == rcu_flag_get(RCU_FLAG_PLLSTB))
32.      {
33.      }
34.
35.      //选择 PLL 时钟作为系统时钟源
36.      rcu_system_clock_source_config(RCU_CKSYSSRC_PLL);
37.
38.      //等待 PLL 时钟成功用于系统时钟
39.      while(0U == rcu_system_clock_source_get())
40.      {
41.      }
42.   }
43. }
```

在 RCU.c 文件的"API 函数实现"区，编写 InitRCU 函数的实现代码，如程序清单 3-18 所示，该函数通过调用 ConfigRCU 函数来实现对 RCU 模块的初始化。

程序清单 3-18

```
1.   void InitRCU(void)
2.   {
3.     ConfigRCU();  //配置 RCU
4.   }
```

3.6.7　Timer 文件对介绍

1. Timer.h 文件
在 Timer.h 文件的"API 函数声明"区，编写如程序清单 3-19 所示的 API 函数声明代码。

（1）第 1 行代码：InitTimer 函数用于初始化 Timer 模块。

（2）第 3 至 4 行代码：Get2msFlag 函数用于获取 2ms 标志位的值，Clr2msFlag 函数用于清除 2ms 标志位，Main.c 文件中的 Proc2msTask 函数通过调用这两个函数来实现 2ms 任务处理功能。

（3）第 6 至 7 行代码：Get1SecFlag 函数用于获取 1s 标志位的值，Clr1SecFlag 函数用于清除 1s 标志位，Main.c 文件中的 Proc1SecTask 函数通过调用这两个函数来实现 1s 任务处理功能。

（4）第 9 行代码：GetSysTime 函数用于获取系统运行时间。

程序清单 3-19

```
1.   void  InitTimer(void);                //初始化 Timer 模块
2.
3.   unsigned char  Get2msFlag(void);      //获取 2ms 标志位的值
```

```
4.   void  Clr2msFlag(void);              //清除 2ms 标志位
5.
6.   unsigned char  Get1SecFlag(void);    //获取 1s 标志位的值
7.   void  Clr1SecFlag(void);             //清除 1s 标志位
8.
9.   unsigned long long GetSysTime(void); //获取系统运行时间
```

2. Timer.c 文件

在 Timer.c 文件的"内部变量"区，编写内部变量的定义代码，如程序清单 3-20 所示。其中，s_i2msFlag 为 2ms 标志位，s_i1SecFlag 为 1s 标志位，这两个变量在定义时，需要初始化为 FALSE；s_iSysTime 为系统运行时间。

程序清单 3-20

```
static  unsigned char  s_i2msFlag  = FALSE;      //将 2ms 标志位的值设置为 FALSE
static  unsigned char  s_i1SecFlag = FALSE;      //将 1s 标志位的值设置为 FALSE
static  unsigned long long s_iSysTime  = 0;      //系统运行时间（ms）
```

在"内部函数声明"区，编写内部函数的声明代码，如程序清单 3-21 所示。其中，ConfigTimer2 函数用于配置 TIMER2，ConfigTimer5 函数用于配置 TIMER5。

程序清单 3-21

```
static  void  ConfigTimer2(unsigned short arr, unsigned short psc);  //配置 TIMER2
static  void  ConfigTimer5(unsigned short arr, unsigned short psc);  //配置 TIMER5
```

在"内部函数实现"区，编写 ConfigTimer2 和 ConfigTimer5 函数的实现代码，如程序清单 3-22 所示。这两个函数的功能类似，下面仅对 ConfigTimer2 函数中的语句进行解释说明。

（1）第 5 至 6 行代码：在使用 TIMER2 之前，需要通过 rcu_periph_clock_enable 函数来使能 TIMER2 的时钟。

（2）第 8 至 9 行代码：先通过 timer_deinit 函数复位外设 TIMER2，再通过 timer_struct_para_init 函数初始化用于设置定时器参数的结构体 timer_initpara。

（3）第 11 至 16 行代码：通过 timer_init 函数对 TIMER2 进行配置。在本书配套例程中，时钟分频系数为 1，即不分频。计数器的自动重载值和时钟预分频值通过 ConfigTimer2 函数的输入参数 arr 和 psc 确定。

（4）第 18 行代码：通过 timer_interrupt_enable 函数使能 TIMER2 的更新中断。

（5）第 19 行代码：通过 nvic_irq_enable 函数使能 TIMER2 的中断，同时设置抢占优先级为 1，子优先级为 0。

（6）第 20 行代码：通过 timer_enable 函数使能 TIMER2。

程序清单 3-22

```
1.   static  void ConfigTimer2(unsigned short arr, unsigned short psc)
2.   {
3.       timer_parameter_struct timer_initpara;          //timer_initpara 用于存放定时器的参数
4.
5.       //使能 RCU 相关时钟
6.       rcu_periph_clock_enable(RCU_TIMER2);            //使能 TIMER2 的时钟
7.
8.       timer_deinit(TIMER2);                           //TIMER2 参数恢复默认值
9.       timer_struct_para_init(&timer_initpara);        //初始化 timer_initpara
```

```
10.
11.      //配置 TIMER2
12.      timer_initpara.prescaler        = psc;                //设置时钟预分频值
13.      timer_initpara.counterdirection = TIMER_COUNTER_UP;   //设置递增计数模式
14.      timer_initpara.period           = arr;                //设置自动重载值
15.      timer_initpara.clockdivision    = TIMER_CKDIV_DIV1;   //设置时钟分频
16.      timer_init(TIMER2, &timer_initpara);                  //根据参数初始化定时器
17.
18.      timer_interrupt_enable(TIMER2, TIMER_INT_UP);         //使能 TIMER2 的更新中断
19.      nvic_irq_enable(TIMER2_IRQn, 1, 0);                   //设置优先级
20.      timer_enable(TIMER2);                                 //使能 TIMER2
21.  }
22.
23.  static  void ConfigTimer5(unsigned short arr, unsigned short psc)
24.  {
25.      timer_parameter_struct timer_initpara;          //timer_initpara 用于存放定时器的参数
26.
27.      //使能 RCU 相关时钟
28.      rcu_periph_clock_enable(RCU_TIMER5);                  //使能 TIMER5 的时钟
29.
30.      timer_deinit(TIMER5);                                 //TIMER5 参数恢复默认值
31.      timer_struct_para_init(&timer_initpara);              //初始化 timer_initpara
32.
33.      //配置 TIMER5
34.      timer_initpara.prescaler        = psc;                //设置时钟预分频值
35.      timer_initpara.counterdirection = TIMER_COUNTER_UP;   //设置递增计数模式
36.      timer_initpara.period           = arr;                //设置自动重载值
37.      timer_initpara.clockdivision    = TIMER_CKDIV_DIV1;   //设置时钟分频
38.      timer_init(TIMER5, &timer_initpara);                  //根据参数初始化定时器
39.
40.      timer_interrupt_enable(TIMER5, TIMER_INT_UP);         //使能 TIMER5 的更新中断
41.      nvic_irq_enable(TIMER5_IRQn, 1, 0);                   //设置优先级
42.
43.      timer_enable(TIMER5);                                 //使能 TIMER5
44.  }
```

在 ConfigTimer5 函数的实现代码后，编写 TIMER2_IRQHandler 和 TIMER5_IRQHandler 中断服务函数的实现代码，如程序清单 3-23 所示。Timer.c 文件中的 ConfigTimer2 函数使能 TIMER2 的更新中断，因此当 TIMER2 递增计数出现溢出时，TIMER2_IRQHandler 函数将会执行，TIMER5 同理。这两个中断服务函数的功能类似，下面仅对 TIMER2_IRQHandler 函数中的语句进行解释说明。

（1）第 5 至 8 行代码：通过 timer_interrupt_flag_get 函数获取 TIMER2 更新中断标志位。当 TIMER2 递增计数出现溢出时，将产生更新中断并执行 TIMER2_IRQHandler 函数。因此，在 TIMER2_IRQHandler 函数中还需要通过 timer_interrupt_flag_clear 函数清除中断标志位。

（2）第 10 至 16 行代码：变量 s_i2msFlag 为 2ms 标志位，而 TIMER2_IRQHandler 函数每 1ms 执行一次，因此还需要一个计数器（s_iCnt2），TIMER2_IRQHandler 函数每执行一次，计数器 s_iCnt2 就执行一次加 1 操作，当 s_iCnt2 等于 2 时，将 s_i2msFlag 置 1，并将 s_iCnt2 清零。

（3）第 18 行代码：TIMER2_IRQHandler 函数每 1ms 执行一次，因此 s_iSysTime 每 1ms 执行一次加 1 操作，用于记录系统时间。

程序清单 3-23

```
1.   void TIMER2_IRQHandler(void)
2.   {
3.     static  unsigned short s_iCnt2 = 0;           //定义一个静态变量 s_iCnt2 作为 2ms 计数器
4.
5.     if(timer_interrupt_flag_get(TIMER2, TIMER_INT_FLAG_UP) == SET)//判断定时器更新中断是否发生
6.     {
7.       timer_interrupt_flag_clear(TIMER2, TIMER_INT_FLAG_UP);    //清除中断标志位
8.     }
9.
10.    s_iCnt2++;            //2ms 计数器的计数值加 1
11.
12.    if(s_iCnt2 >= 2)      //2ms 计数器的计数值大于或等于 2
13.    {
14.      s_iCnt2 = 0;         //重置 2ms 计数器的计数值为 0
15.      s_i2msFlag = TRUE;   //将 2ms 标志位的值设置为 TRUE
16.    }
17.
18.    s_iSysTime++;          //系统运行时间加 1
19.  }
20.
21.  void TIMER5_IRQHandler(void)
22.  {
23.    static  signed short s_iCnt1000  = 0;    //定义一个静态变量 s_iCnt1000 作为 1s 计数器
24.
25.    if (timer_interrupt_flag_get(TIMER5, TIMER_INT_FLAG_UP) == SET) //判断定时器更新中断是否发生
26.    {
27.      timer_interrupt_flag_clear(TIMER5, TIMER_INT_FLAG_UP);   //清除中断标志位
28.    }
29.
30.    s_iCnt1000++;              //1000ms 计数器的计数值加 1
31.
32.    if(s_iCnt1000 >= 1000)   //1000ms 计数器的计数值大于或等于 1000
33.    {
34.      s_iCnt1000 = 0;          //重置 1000ms 计数器的计数值为 0
35.      s_i1SecFlag = TRUE;      //将 1s 标志位的值设置为 TRUE
36.    }
37.  }
```

在 "API 函数实现" 区, 编写 API 函数的实现代码, 如程序清单 3-24 所示。

(1)第 1 至 7 行代码: InitTimer 函数分别调用 ConfigTimer2 和 ConfigTimer5 函数对 TIMER2 和 TIMER5 进行初始化, 由于 TIMER2 和 TIMER5 的时钟源均为 APB1 时钟, APB1 的时钟频率为 60MHz, 而 APB1 预分频器的分频系数为 2, 因此 TIMER2 和 TIMER5 的时钟频率等于 APB1 的时钟频率的 2 倍, 即 120MHz。ConfigTimer2 和 ConfigTimer5 函数的参数 arr 和 psc 分别为 999 和 119, 因此 TIMER2 和 TIMER5 每 1ms 产生一次更新事件。

(2) 第 9 至 17 行代码: Get2msFlag 函数用于获取 s_i2msFlag 的值, Clr2msFlag 函数用于将 s_i2msFlag 清零。

(3) 第 19 至 27 行代码: Get1SecFlag 函数用于获取 s_i1SecFlag 的值, Clr1SecFlag 函数用于将 s_i1SecFlag 清零。

(4) 第 29 至 32 行代码: GetSysTime 函数用于返回系统时间。

程序清单 3-24

```
1.    void InitTimer(void)
2.    {
3.      ConfigTimer2(999, 119);    //120MHz/(119+1)=1MHz，由 0 计数到 999 为 1ms
4.      ConfigTimer5(999, 119);    //120MHz/(119+1)=1MHz，由 0 计数到 999 为 1ms
5.
6.      s_iSysTime = 0;
7.    }
8.
9.    unsigned char  Get2msFlag(void)
10.   {
11.     return(s_i2msFlag);        //返回 2ms 标志位的值
12.   }
13.
14.   void  Clr2msFlag(void)
15.   {
16.     s_i2msFlag = FALSE;        //将 2ms 标志位的值设置为 FALSE
17.   }
18.
19.   unsigned char  Get1SecFlag(void)
20.   {
21.     return(s_i1SecFlag);       //返回 1s 标志位的值
22.   }
23.
24.   void  Clr1SecFlag(void)
25.   {
26.     s_i1SecFlag = FALSE;       //将 1s 标志位的值设置为 FALSE
27.   }
28.
29.   unsigned long long GetSysTime(void)
30.   {
31.     return s_iSysTime;
32.   }
```

3.6.8 Main.c 文件介绍

在 Main.c 文件的"包含头文件"区，包含了如程序清单 3-25 所示的头文件。因此，在 Main.c 文件中可以调用其他文件对中的函数。

程序清单 3-25

```
1.    #include "Main.h"
2.    #include "gd32f30x_conf.h"
3.    #include "RCU.h"
4.    #include "NVIC.h"
5.    #include "Timer.h"
6.    #include "UART0.h"
7.    #include "LED.h"
8.    #include "KeyOne.h"
```

在"内部函数声明"区，编写内部函数声明代码，如程序清单 3-26 所示。InitHardware 和 InitSoftware 函数分别用于初始化硬件和软件相关模块，Proc2msTask 和 Proc1SecTask 分别用于处理 2ms 和 1s 任务。

程序清单 3-26

```
1.    static  void  InitHardware(void);   //初始化硬件相关模块
2.    static  void  InitSoftware(void);   //初始化软件相关模块
3.    static  void  Proc2msTask(void);    //处理 2ms 任务
4.    static  void  Proc1SecTask(void);   //处理 1s 任务
```

在"内部函数实现"区，首先实现 InitHardware 函数，如程序清单 3-27 所示。在 InitHardware 函数中，调用 HW 模块下各个文件的模块初始化函数完成对 RCU、NVIC、UART、Timer 模块的初始化。

程序清单 3-27

```
1.    static  void  InitHardware(void)
2.    {
3.      InitRCU();            //初始化 RCU 模块
4.      InitNVIC();           //初始化 NVIC 模块
5.      InitUART0(115200);    //初始化 UART 模块
6.      InitTimer();          //初始化 Timer 模块
7.    }
```

在 InitHardware 函数的实现代码后编写 InitSoftware 函数的实现代码，如程序清单 3-28 所示。在 InitSoftware 函数中，调用 App 模块下各个文件的模块初始化函数完成对 LED、KeyOne 模块的初始化。

程序清单 3-28

```
1.    static  void  InitSoftware(void)
2.    {
3.      InitLED();    //初始化 LED 模块
4.      InitKeyOne(); //初始化 KeyOne 模块
5.    }
```

在 InitSoftware 函数的实现代码后编写 Proc2msTask 函数的实现代码，如程序清单 3-29 所示。在 Proc2msTask 函数中，先通过 Get2msFlag 函数获取 2ms 标志位的值。若标志位的值为 TRUE，则调用 LEDFlicker 函数实现 LED 闪烁，然后通过 Clr2msFlag 函数清除 2ms 标志位。由于 2ms 标志位由 TIMER2 产生，且每 2ms 被置为 TRUE 一次，所以 LEDFlicker 函数每 2ms 执行一次。

程序清单 3-29

```
1.    static  void  Proc2msTask(void)
2.    {
3.      if(Get2msFlag())  //判断 2ms 标志位状态
4.      {
5.        LEDFlicker(250);//调用闪烁函数
6.        Clr2msFlag();   //清除 2ms 标志位
7.      }
8.    }
```

在 Proc2msTask 函数的实现代码后编写 Proc1SecTask 函数的实现代码，如程序清单 3-30 所示。Proc1SecTask 函数用于处理需要 1s 执行一次的任务，其实现原理与 Proc2msTask 函数基本一致。

程序清单 3-30

```
1.   static  void  Proc1SecTask(void)
2.   {
3.     if(Get1SecFlag()) //判断 1s 标志位状态
4.     {
5.       Clr1SecFlag();   //清除 1s 标志位
6.     }
7.   }
```

在"API 函数实现"区，编写 main 函数的实现代码，如程序清单 3-31 所示。在 main 函数中，先调用 InitHardware 和 InitSoftware 函数初始化软件和硬件相关模块，再通过 while 语句循环处理 2ms 和 1s 任务。

程序清单 3-31

```
1.   int main(void)
2.   {
3.     InitHardware();    //初始化硬件相关模块
4.     InitSoftware();    //初始化软件相关模块
5.
6.     printf("Init System has been finished\r\n");
7.
8.     while(1)
9.     {
10.      Proc2msTask();   //处理 2ms 任务
11.      Proc1SecTask();  //处理 1s 任务
12.    }
13.  }
```

3.6.9　程序下载

取出开发套件中的两条 USB 转 Type-C 连接线和 GD32F3 苹果派开发板。将两条连接线的 Type-C 接口端接入开发板的通信-下载模块和 GD-Link 调试下载模块接口，然后将两条连接线的 USB 接口端均接入计算机的 USB 接口，如图 3-5 所示。最后，按下 PWR_KEY 电源开关启动开发板。

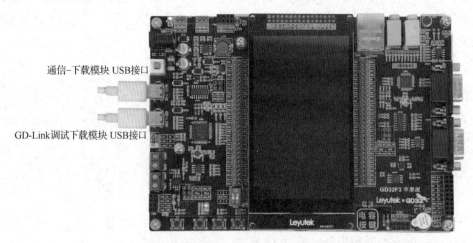

图 3-5　GD32F3 苹果派开发板连接实物图

在计算机的设备管理器中找到 USB 串口，如图 3-6 所示。注意，串口号不一定是 COM3，每台计算机可能会不同。

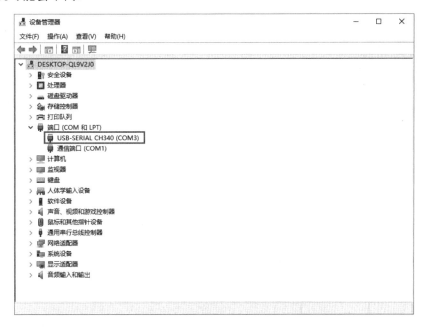

图 3-6　计算机设备管理器中显示 USB 串口信息

1. 通过 GigaDevice ISP Programmer 下载程序

首先，确保在开发板的 J_{104} 排针上已用跳线帽分别将 U_TX 和 PA10 引脚、U_RX 和 PA9 引脚连接。然后，在本书配套资料包的"02.相关软件\串口烧录工具\GigaDevice_MCU_ISP_Programmer_V3.0.2.5782_1"文件夹中，双击运行"GigaDevice MCU ISP Programmer.exe"，如图 3-7 所示。

图 3-7　程序下载步骤 1

在如图 3-8 所示的"GigaDevice ISP Programmer 3.0.2.5782"对话框中，将 Port Name 设置为 COM3（需在设备管理器中查看串口号）；将 Baud Rate 设置为 57600；将 Boot Switch 设置为 Automatic；将 Boot Option 设置为"RTS 高电平复位，DTR 高电平进 Bootloader"，最后单击"Next"按钮。

在如图 3-9 所示的对话框中单击"Next"按钮。

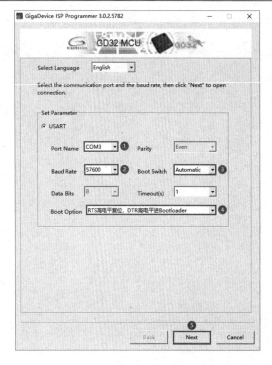

图 3-8　程序下载步骤 2

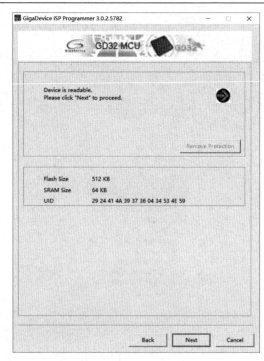

图 3-9　程序下载步骤 3

在如图 3-10 所示的对话框中单击"Next"按钮。

在如图 3-11 所示的对话框中，选中"Download to Device"和"Erase all pages (faster)"单选按钮，然后单击"OPEN"按钮，定位编译生成的.hex 文件。

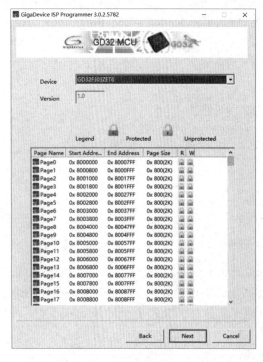

图 3-10　程序下载步骤 4

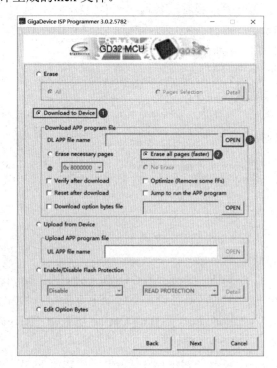

图 3-11　程序下载步骤 5

如图 3-12 所示，在 "D:\GD32F3μCOSTest\Product\01.基准工程\Project\Objects" 路径下，找到 "GD32KeilPrj. hex" 文件并单击 "Open" 按钮。

图 3-12　程序下载步骤 6

返回如图 3-11 所示的对话框，单击 "Next" 按钮开始下载，出现如图 3-13 所示的界面表示程序下载成功。注意，使用 GigaDevice ISP Programmer 成功下载程序后，需要按开发板上的 RST 按键进行复位，程序才会运行。

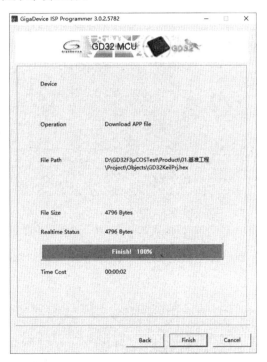

图 3-13　程序下载步骤 7

2. 通过 GD-Link 调试下载模块下载程序

确保如图 3-5 所示的硬件连接完好。单击工具栏中的 ▦ 按钮编译无误后，单击工具栏中的 🔨 按钮，进入设置界面。在弹出的 "Options for Target 'Target1'" 对话框中，选择 "Debug" 标签页，如图 3-14 所示，在 "Use" 下拉列表中选择 "CMSIS-DAP Debugger"，然后单击 "Settings" 按钮。

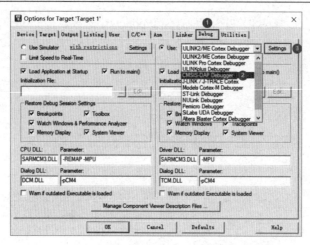

图 3-14　GD-Link 调试下载模块下载设置步骤 1

在弹出的"CMSIS-DAP Cortex-M Target Driver Setup"对话框中，选择"Debug"标签页，如图 3-15 所示，在"Port"下拉列表中，选择"SW"选项；在"Max Clock"下拉列表中，选择"1MHz"选项。

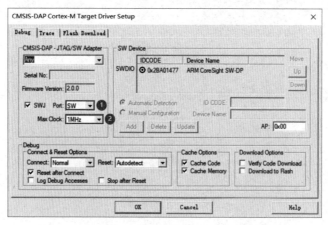

图 3-15　GD-Link 调试下载模块下载设置步骤 2

再选择"Flash Download"标签页，如图 3-16 所示，勾选"Reset and Run"复选框，单击"OK"按钮。

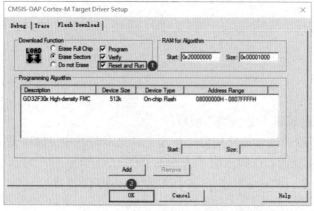

图 3-16　GD-Link 调试下载模块下载设置步骤 3

打开"Options for Target 'Target 1'"对话框中的"Utilities"标签页，如图 3-17 所示，勾选"Use Debug Driver"和"Update Target before Debugging"复选框，单击"OK"按钮。

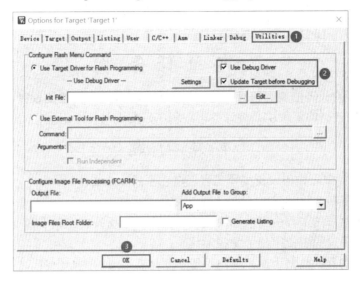

图 3-17　GD-Link 调试下载模块下载设置步骤 4

GD-Link 调试下载模块下载设置完成后，在如图 3-18 所示的界面中，单击工具栏中的 按钮，将程序下载到 GD32F303ZET6 微控制器的内部 Flash 中。下载成功后，"Bulid Output"栏中将显示方框中所示的内容。

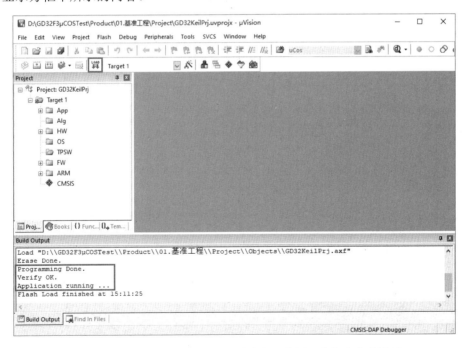

图 3-18　通过 GD-Link 调试下载模块向开发板下载程序成功界面

在以上 2 种下载方式中，通过 GD-Link 调试下载模块下载更为简单便捷，后续实例中将使用 GD-Link 调试下载模块进行程序下载。

3.6.10 运行结果

下载程序并进行复位后，可以看到 GD32F3 苹果派开发板上的绿色 LED（编号为 LED_1）和蓝色 LED（编号为 LED_2）每 500ms 交替闪烁一次。

本 章 任 务

熟悉基准工程的代码框架，自行创建一个新的工程并进行标准化设置，将基准工程中的驱动程序文件添加到新的工程中，编译并下载程序，实现与基准工程相同的功能。

本 章 习 题

1. 在 Keil 软件中，如何设置编译工程后自动生成.hex 文件？
2. 通过查找资料，总结.hex、.bin 和.axf 文件的区别。
3. 本书配套例程的工程由哪些模块组成？操作系统相关文件属于哪一个模块？
4. Keil 的编译过程中使用到了哪些工具？
5. 简述微控制器的数据手册、用户手册和固件库手册的主要内容。

第4章 简易操作系统实现

第 3 章介绍了基准工程的代码框架，在正式进入 μC/OS-III 操作系统学习之前，我们先通过本章内容学习如何实现一个简易的操作系统。本章将在基准工程的基础上搭建简易操作系统，该操作系统包含任务切换部分，并且支持优先级管理等基本功能。关于 μC/OS-III 操作系统的相关知识，将在第 5 章介绍。

4.1 裸机系统与操作系统的区别

第 1 章简要介绍了裸机系统和操作系统。在裸机系统中，除了模块初始化部分，用户程序都在主循环中运行。为了提高 CPU 的利用率，可以通过定时器周期性地改变标志位。CPU 在主循环中检查这些标志位，若标志位符合条件则执行相应的用户程序。在更简单的裸机系统中，甚至可以直接通过软件延时的方式来执行任务。这种方式不仅效率低下，而且系统的实时性得不到保证，但优点是系统稳定。

操作系统中的用户程序被称为任务，每个任务都有自己的主循环，任务之间相互独立，并行运行，统一由操作系统来决定当前哪个任务拥有 CPU 使用权。此外，每个任务还有各自的优先级，高优先级任务可以抢占低优先级任务的 CPU 使用权，这样就可以将一些实时性要求高的任务设置为高优先级。例如，将按键扫描设置为高优先级，以防止按键的偶发性失灵。

操作系统的 CPU 利用率远高于裸机系统，并且 CPU 的占用率在 30%左右，而裸机系统的 CPU 占用率为 100%。操作系统在效率和功耗方面都优于裸机系统。在系统稳定性方面，裸机系统则更胜一筹。但经过多年的发展，操作系统已经非常成熟，出错率极低。

4.2 任务切换基本原理

4.1 节提到，操作系统中的每个任务都有一个循环，即每个任务都包含一个 while(1)语句。那么单片机如何从一个任务跳转到另一个任务（任务是如何放弃 CPU 使用权，并将其移交给下一个任务）？

实际上，在裸机系统中也存在 CPU 从"死循环"中跳出并执行其他任务的情况。以定时器为例，用户配置定时器后，CPU 将每隔一段时间从主循环中跳出，去执行定时器中断服务程序，然后返回主循环中被"打断"的位置继续执行主循环任务。由此得到任务切换的思路：每当任务要放弃 CPU 使用权时，就会触发一个中断，然后在中断中修改返回地址，这样中断结束后即可执行另一个任务。目前主流的 MCU 都带有 PendSV 中断，该中断专门用于操作系统中的任务切换，用户只需要输入一条简单的指令即可触发 PendSV 中断。

4.3 CPU 工作寄存器和栈区

程序从中断返回时，不仅要知道正确的返回地址，还要恢复任务的现场数据，如局部变量的值等。因此，在切换任务时，不仅要保存程序当前的运行位置，还要保存任务的现场数据，这样从中断返回时才能继续执行原来的任务。

Cortex-M3 内核中有 R0～R15 共 16 个 CPU 工作寄存器，如图 4-1 所示。其中，R0～R12 为通用目的寄存器，可用于存储函数中定义的局部变量；R13（SP）为栈指针；R14（LR）

为链接寄存器，用于存放函数调用时的返回地址；R15（PC）为程序计数器，用于保存当前正在执行的语句地址，修改 PC 指针可以控制 CPU 跳转到程序的指定位置。此外，CPU 工作寄存器还有程序状态寄存器（PSR）、中断屏蔽寄存器（PRIMASK、FAULTMASK、BASEPRI）和控制寄存器（CONTROL）这些特殊寄存器。程序状态寄存器用于存储进位、借位等运算标志，任务切换时也要将其保存下来。

相较于 Cortex-M3，Cortex-M4 内核增加了浮点运算单元，包括浮点运算工作寄存器 S0～S31、浮点状态和控制寄存器（FPSCR），如图 4-2 所示。其中，S0 和 S1 为单精度的 16 位寄存器，二者可以组合为双精度的 32 位寄存器（D0），其他寄存器同理。

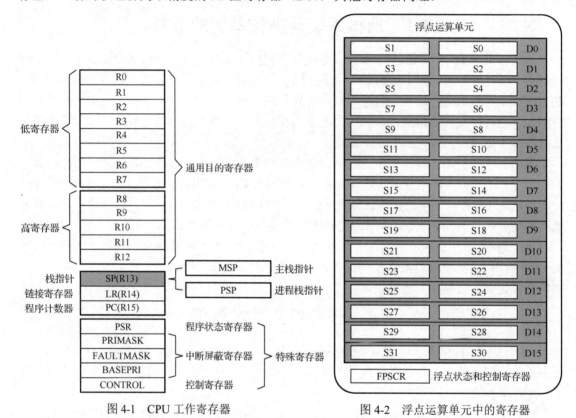

图 4-1　CPU 工作寄存器　　　　　　图 4-2　浮点运算单元中的寄存器

下面通过一个简单的例子来介绍 CPU 工作寄存器的作用，假设要计算 1+1，用 C 语言实现，如程序清单 4-1 所示。

程序清单 4-1

```
int a, b, c;
a = 1;
b = 1;
c = a + b;
```

用汇编语言实现，如程序清单 4-2 所示。

程序清单 4-2

```
MOV R0, #1
MOV R1, #1
ADD R2, R0, R1
```

　　单片机内的所有计算都要通过 CPU 工作寄存器来完成,程序的局部变量存储在 R0～R12
中,若局部变量过多,则需要将部分局部变量压入栈区。静态变量存储在 SRAM 的指定位置,
由链接器自动分配。常量通常保存在 Flash 中。

　　那么,什么是栈区?为什么局部变量要存放到栈区中?队列通常被用作单片机的内部缓
冲区,保存单片机接收到的数据,需要使用数据时再从缓冲区中依次取出。实际上,队列是
一个先进先出的数据结构,即先保存到队列中的数据先取出。栈区与队列不同,栈区的特性
是后进先出,这一特性使其更适合用在各种嵌套场景中,如函数嵌套调用。

　　如程序清单 4-3 所示,假设函数 A 中的 a、b、c 三个局部变量分别被加载到 R0、R1、
R2 寄存器中,然后调用函数 B,函数 B 同样需要使用 R0、R1、R2 寄存器。由于工作寄存器
为全局共享资源,程序中的任何位置都能访问这些寄存器。如果不对工作寄存器加以保护,
那么在函数 B 执行完后,函数 A 中的局部变量的值将被改变。因此,需要通过栈区来保存工
作寄存器,即在函数 B 执行之前先将工作寄存器保存,函数 B 执行完后再将其恢复,此时函
数 B 对工作寄存器的修改才不会影响函数 A 的正常运行。

程序清单 4-3

```
//函数A
void funcA(void)
{
  int a, b, c; //假设分别用到了R0、R1、R2
  a = b + c;   //对应的汇编指令: ADD R0, R1, R2

  //调用函数B
  funcB();
  ...
}

//函数B
void funcB(void)
{
  int d, e, f; //假设分别用到了R0、R1、R2
  d = e * f;   //对应的汇编指令: MUL R0, R1, R2
...
}
```

　　既然栈区的功能为保存数据,那么为什么不用队列代替呢?下面通过一个函数嵌套使用
场景来解释。假设有 A、B、C 三个函数,函数 A 调用了函数 B,函数 B 又调用了函数 C,
此时函数 A 和函数 B 中局部变量的保存情况如图 4-3 所示。若使用队列来保存局部变量,由
于队列的数据存取方式为先进先出,当从函数 C 返回函数 B 时,从队列中取出的数据为函数
A 保存的局部变量,而不是函数 B 保存的局部变量,这将导致数据错误。若使用的是栈区,
由于栈区的数据存取方式为后进先出,这样即可正确地取出函数 B 保存的局部变量。

图 4-3　栈区和队列的对比

局部变量的入栈和出栈操作无须在用户程序中实现，编译器将编程语言转换为汇编指令时会自动添加入栈、出栈指令。注意，保存局部变量时需要消耗内存空间，而单片机的内存空间通常较小，所以函数嵌套层数不宜过多，并且应避免在函数中使用太多局部变量，尤其是大容量数组。因为 CPU 工作寄存器的数量有限，当局部变量过多、工作寄存器不够用时，CPU 会将部分局部变量存放到栈区中，因此局部变量过多很容易使栈区溢出，甚至导致系统故障。此时可以选择将部分局部变量设为静态变量，保存在其他区域中，还可以通过动态内存分配提高内存利用率。

系统默认的栈区在启动文件"startup_gd32f30x_hd.s"中定义，如程序清单 4-4 所示。Stack_Size 为栈区大小，可根据实际需要调整，当需要使用的局部变量较多时，可以将栈区定义得更大；Stack_Mem 表示栈底地址，__initial_sp 表示栈顶地址，Cortex-M3/M4 内核的栈顶指针由高地址向低地址移动。

程序清单 4-4

```
Stack_Size      EQU     0x00000400


                AREA    STACK, NOINIT, READWRITE, ALIGN=3
Stack_Mem       SPACE   Stack_Size
__initial_sp
```

有关 Cortex-M3/M4 内核工作寄存器的详细介绍可参考苹果派开发板配套教材《GD32 微控制器原理与应用》。

4.4 中断与异常

4.4.1 Cortex-M3/M4 中断与异常

在 Cortex-M3/M4 内核中，中断即为异常。微控制器在内部 Flash 的起始位置处存放了一张中断向量表，表中包含每个中断服务函数的入口（地址），该表在启动文件中定义。以定时器为例，用户配置定时器后，定时器每隔一段时间向 CPU 发起中断请求，CPU 收到中断请求后暂停当前程序，通过查询中断向量表得到定时器中断服务函数入口，从而跳转到定时器中断服务函数中并执行该函数。

在 Cortex-M3 内核中，为了快速响应中断，CPU 在执行中断服务函数之前会自动将部分工作寄存器（包括 R0、LR、PC 等）压入栈区形成栈帧，如图 4-4 所示。注意，若使能了双字节栈对齐，则当栈顶指针数值不为偶数时，栈顶指针会向下移动一个数据单元，以实现双字节对齐。

GD32F3 苹果派开发板上搭载的 GD32F303ZET6 微控制器的内核为 Cortex-M4。由于 Cortex-M4 内核包含浮点运算单元，因此其栈帧与 Cortex-M3 内核略有不同，如图 4-5 所示。

为了保存完整的临时数据，进入中断服务函数后，程序需要手动将剩下的工作寄存器压入栈区。退出中断服务函数后，程序需要手动将先前压入栈区的工作寄存器还原。同时，CPU 会自动将栈帧从栈区中取出，恢复剩余的工作寄存器。栈帧中包含"返回地址"，即断点位置，从中断返回时 CPU 会将返回地址赋值给 PC，因此程序将从断点位置开始继续运行。

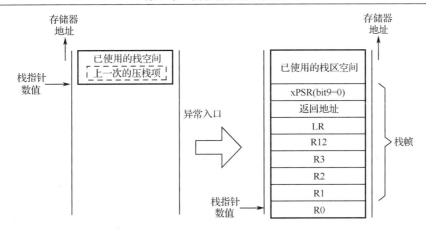

图 4-4　Cortex-M3 内核异常/中断栈帧

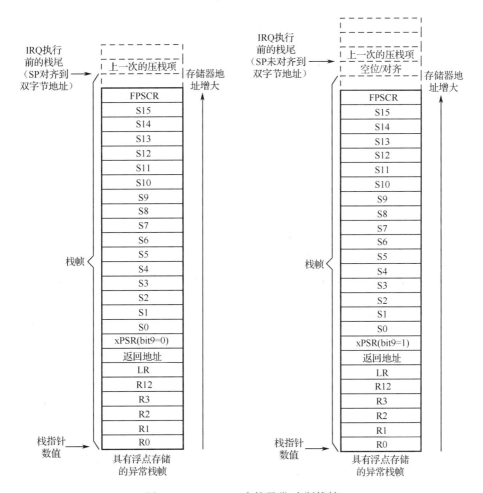

图 4-5　Cortex-M4 内核异常/中断栈帧

　　假设程序中的每个任务都有一个栈区，如图 4-6 所示，每个栈区的底部都有一个栈帧，并且栈帧中包含一个指向任务本身的返回地址，那么只要在中断服务函数中修改 R13（栈指针，SP），使之指向不同的栈区，当程序从中断服务函数中退出时，就可以跳转到目标任务中。大多数操作系统实现任务切换的原理也是如此，利用中断可以打断当前进程的特性，在中断服务函数中修改栈区，实现任务切换。

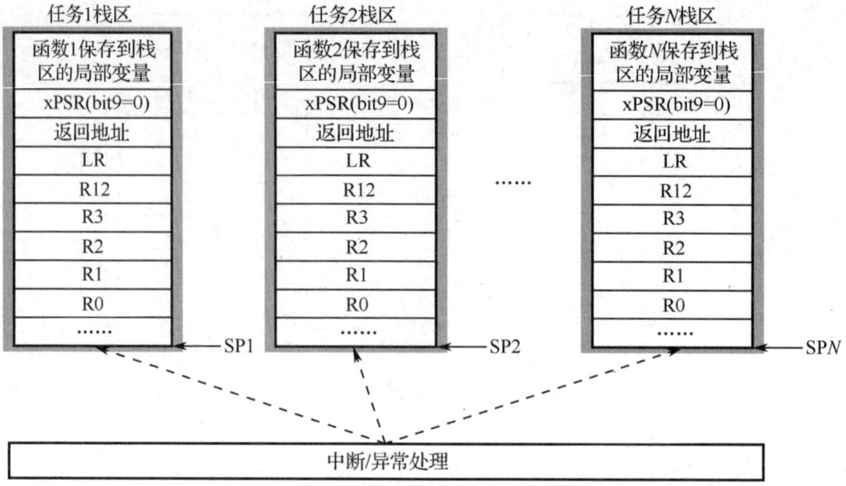

图 4-6   多任务栈区

第一次执行任务前，需要手动设置栈帧内容，并且需要将返回地址设置为任务函数入口地址，否则将无法跳转到任务程序。实际上，如果不预设栈区，CPU 将会检测到异常并跳转到硬件错误中断 HardFault_Handler 中。第一次跳转成功后，栈区将由 CPU 自动控制，栈帧自动生成，无须手动设置栈帧。

4.4.2　中断/异常返回

ARM Cortex-M3/M4 处理器的异常返回机制由一个特殊的地址 EXC_RETURN 触发，进入中断/异常时该地址值被保存到 LR 寄存器中，将该值写入 PC 寄存器后，将触发异常返回流程。

EXC_RETURN 为 32 位数值，具体位定义如表 4-1 所示。

表 4-1   EXC_RETURN 的位定义

位	描　述	数　值
31～28	EXC_RETURN 指示	0xF
27～5	保留	23 位均为 1
4	栈帧类型	1：8 字； 0：26 字。 当浮点运算单元不可用时，该位为 1。在进入异常处理流程时，该位会被置为 CONTROL 寄存器的 FPCA 位
3	返回模式	1：返回线程； 0：返回处理
2	返回栈	1：返回线程栈； 0：返回主栈
1	保留	0
0	保留	1

Cortex-M3/M4 处理器有两种操作模式：处理模式和线程模式。在执行中断服务程序时，处理器处于处理模式，此时处理器具有特级访问权限；处理器在执行普通应用程序时可以拥有特级访问权限，也可以无特级访问权限，无特级访问权限的操作模式即为线程模式。CPU 拥有特级访问权限时可以执行所有指令，能访问处理器的所有资源；在非特级访问权限下，部分指令（如 MSR、MRS、CPS 等）存在使用限制。操作系统切换任务时通常要求处理器拥有特级访问权限。

为了更好地支持嵌入式操作系统，保证各个任务之间的独立性，Cortex-M3/M4 内核的栈指针（R13/SP）在物理上分为两种：主栈指针（MSP）和进程栈指针（PSP）。处理器处理中断服务程序时使用主栈指针，从中断服务程序退出后，可以选择使用主栈指针或进程栈指针。通常，裸机系统只存在一个栈区，所以执行普通应用程序时默认使用主栈指针。而在嵌入式操作系统中，因为每个任务都有自己的任务栈区，此时可以启用进程栈指针，这样处理器在执行用户任务时使用进程栈指针，在执行中断服务程序时使用主栈指针。当然，嵌入式操作系统也可以统一使用主栈指针，此时处理器执行中断服务程序时将占用部分任务栈，因此在初始化时需要将任务栈定义得更大。在本章介绍的简易操作系统中，为了使系统更加精简，中断服务程序和普通应用程序统一使用主栈指针。

EXC_RETURN 的合法值如表 4-2 所示，处理器会实时监控系统的状态，并在执行中断服务函数前自动确定 EXC_RETURN 的值。

表 4-2 EXC_RETURN 的合法值

状 态	浮点运算单元在中断前使用（FPCA=1）	浮点运算单元在中断前未使用（FPCA=0）
返回处理模式（总是使用主栈指针）	0xFFFFFFE1	0xFFFFFFF1
返回线程模式并在返回后 使用主栈指针	0xFFFFFFE9	0xFFFFFFF9
返回线程模式并在返回后 使用进程栈指针	0xFFFFFFED	0xFFFFFFFD

由于退出中断时需要将 EXC_RETURN 写入 PC 寄存器，因此 EXC_RETURN 的值不能与用户代码的地址重合，Cortex-M3/M4 内核中所有存储器、处理器外设的地址统一编码，一个内存单元对应一个地址，如图 4-7 所示。由于用户代码除了可以存放在内部 Flash 中，还可以存放在 SRAM、外部 SRAM 或外部 Flash 中，对应的地址范围为 0x0000 0000～0xDFFF FFFF，因此将 EXC_RETURN 的值设置在范围 0xF000 0000～0xFFFF FFFF 内即可。

通过设定一个特殊的跳转地址退出中断，使得 Cortex-M3/M4 内核不再需要通过特殊的指令来退出中断。例如，在 51 单片机中，从中断退出需要一条特殊的指令"RETI"，这就要求编写中断服务函数时必须使用关键字 interrupt 来表明这是一个中断服务程序，而大部分编译器并不支持这个关键字，因此 51 单片机的程序只能由特定的编译器编译。而 Cortex-M3/M4 处理器进入中断服务程序时，自动将 LR 设为 EXC_RETURN，从中断返回时只需将 LR 赋值给 PC，即可触发中断退出。因此，Cortex-M3/M4 内核的 C 语言代码可以支持多种编译器，便于在不同系列、不同平台，甚至不同架构间移植。

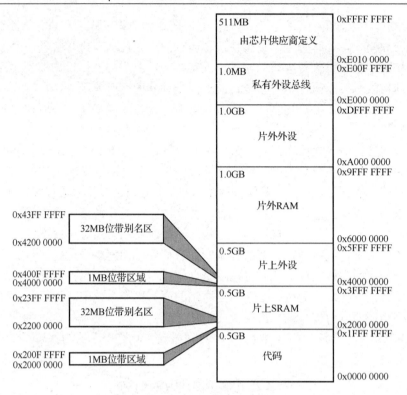

图 4-7   Cortex-M3/M4 内存映射

4.4.3   SVC 与 PendSV 异常简介

µC/OS、FreeRTOS 等嵌入式操作系统都是通过 SVC（请求管理调用）与 PendSV（可挂起的系统调用）异常实现任务切换的。

SVC 异常在 Cortex-M3/M4 内核中的异常编号为 11，支持可编程的优先级。SVC 异常的触发方式有两种：一是通过软件触发中断寄存器 STIR（地址为 0xE000EF00）来挂起 SVC 异常，但由于不同处理器的处理方式不同，异常挂起后 CPU 可能不会立即处理该异常，而是先执行其他指令，因此不建议使用这种方式；二是利用特殊的汇编指令完成触发，如 SVC #0x03，SVC 异常根据该指令中的立即数执行不同的操作。在操作系统中，SVC 异常通常用于启动第一个任务。

PendSV 异常在 Cortex-M3/M4 内核中的异常编号为 14，同样支持可编程的优先级。该异常可以通过向中断控制和状态寄存器 ICSR（地址为 0xE000ED04）写入 0x10000000 来触发。操作系统一般通过 PendSV 异常来切换上下文。

4.5   任务的特性

4.5.1   任务优先级

嵌入式操作系统中的任务一般都具有优先级，与中断优先级类似，高优先级任务可以抢占低优先级任务的 CPU 使用权，用于处理紧急事件，如信号采集、按键扫描、交互显示等。但无论当前执行的任务优先级如何，中断总可以抢占其 CPU 使用权。

μC/OS 操作系统的任务优先级与中断优先级类似，优先级数值越小则优先级越大；而 FreeRTOS 操作系统恰恰相反，优先级数值越大则任务优先级越大。本章实现的简易操作系统的任务优先级与 μC/OS 操作系统保持一致，优先级数值越小，优先级越大。

4.5.2　任务状态

嵌入式操作系统的任务状态可简单划分为 3 种：阻塞态、就绪态和运行态。处于阻塞态的任务正在等待某一事件的发送，可以是计时完成、唤醒等；任务从阻塞态退出后进入就绪态，就绪态是指任务准备完成，即将运行，处于就绪态的任务没有运行的原因是有一个更高优先级的任务正在运行或处于就绪态；运行态是指任务获得了 CPU 使用权，正在运行。任务状态及状态转换将在 6.1.2 节中详细介绍。

4.5.3　不可剥夺内核和可剥夺内核

内核是操作系统最核心的部分，其主要功能是决定任务的运行状态并完成任务切换。

不可剥夺内核的特性：任务在获得 CPU 使用权后，若不主动移交 CPU 使用权，则将一直运行下去，直到任务结束，不管是否有更高优先级的任务在等待。若任务运行时发生了中断，则先运行中断服务函数，无论中断服务函数中是否创建了更高优先级的任务，都必须返回原任务运行。不可剥夺内核的任务调度示例如图 4-8 所示。

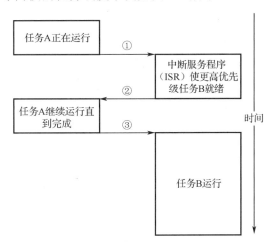

图 4-8　不可剥夺内核的任务调度示例

在图 4-8 中，①任务 A 运行时发生中断，进入中断服务函数；②从中断返回后，继续运行任务 A；③任务 A 结束后，任务 B 获得 CPU 使用权，开始运行。

由于中断优先级比任务更高，因此若任务 A 运行时发生中断，则 CPU 控制权将被移交给中断服务函数，任务 A 被挂起。在中断服务函数中，比任务 A 优先级更高的任务 B 将从阻塞态或挂起态转换为就绪态。由于采用不可剥夺内核，在中断服务函数返回后，优先级较低的任务 A 将获得 CPU 的使用权，直到任务 A 运行完成或主动移交 CPU 使用权，优先级更高的任务 B 才得以运行。

可剥夺内核采用不同的调度策略：任务一旦就绪，如果当前没有更高优先级的任务处于就绪态或运行态，那么该任务将获得 CPU 使用权并开始运行。可剥夺内核的任务调度示例如图 4-9 所示。

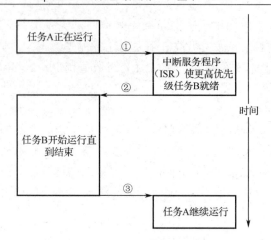

图 4-9　可剥夺内核的任务调度示例

在图 4-9 中，①任务 A 运行时发生中断，进入中断服务函数；②从中断返回后，优先级较高的任务 B 开始运行；③任务 B 结束后，任务 A 继续运行。

使用不可剥夺内核的嵌入式操作系统有 μClinux。不可剥夺内核的中断响应快，并且允许使用不可重入函数（非线程安全函数），也几乎不需要信号量保护全局资源。但不可剥夺内核最大的缺陷在于其响应时间，在低优先级任务运行时，即使高优先级任务已经进入就绪态也不能运行，必须等待低优先级任务运行完成或主动放弃 CPU 使用权，这将影响系统的实时性。

当系统对实时性的需求较高时，就要采用可剥夺内核了。嵌入式操作系统大多是可剥夺内核，包括 μC/OS、FreeRTOS、RTX、VxWorks 等。使用可剥夺内核时，最高优先级任务的执行时间是可以预知的，任务的响应时间得以最优化。使用可剥夺内核时，不建议使用不可重入函数，同时还应考虑使用信号量保护全局资源，防止多线程访问全局资源时产生冲突。本章中实现的简易操作系统采用可剥夺内核。信号量和线程安全函数将在第 9 章和第 10 章中介绍。

4.5.4　空闲任务简介

在介绍空闲任务前，我们需要先了解时间片的概念。在操作系统中，时间被均匀细分，每个时间片段称为一个时间片，如 1ms、10ms 等。假设某一操作系统的时间片为 1ms，操作系统中含有两个任务，任务 1 每 2ms 执行一次，任务 2 的优先级比任务 1 高，并且每 10ms 执行一次。单片机的主频较高，因此通常能在一个时间片内完成多个任务。如图 4-10 所示，任务 1 和任务 2 的执行时间都小于一个时间片，那么在执行完任务 1 或任务 2 后，CPU 就可以执行空闲任务了，直至下一个时间片开始。用户可以在空闲任务中触发 CPU 进入休眠状态，以降低单片机的功耗，也可以不做任何处理，执行空循环。实际上，操作系统大部分时间都在运行空闲任务，通过统计空闲任务在 1s 内的执行时间即可得出 CPU 利用率。

CPU 利用率能反映出很多问题，在程序设计时需要特别关注，CPU 利用率低于 10%说明操作系统性能过剩，高于 90%表示操作系统的实时性较差。

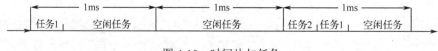

图 4-10　时间片与任务

如果在任务 1 中执行了比较耗时的操作，如打印一个字符串、进行大量的数据处理等，导致任务 1 的执行时间超出一个时间片，并且下一个时间片开始时没有高优先级的任务就绪，那么任务 1 将继续执行，否则将如图 4-11 所示，优先级更高的任务 2 将抢占 CPU 使用权，直到任务 2 结束才能继续执行任务 1。

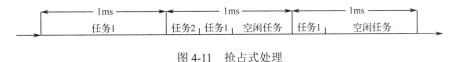

图 4-11　抢占式处理

在操作系统中，空闲任务的优先级最低，并且空闲任务总是处于就绪态或运行态。

4.6　实例与代码解析

下面将在上一章的基准工程的基础上搭建一个简易操作系统，实现任务注册、任务调度及优先级管理等操作系统基本功能，然后在 GD32F3 苹果派开发板上部署该操作系统并验证其功能。

4.6.1　复制并编译原始工程

首先，将"D:\GD32F3μCOSTest\Material\02.简易操作系统实现"文件夹复制到"D:\GD32F3μCOSTest\Product"文件夹中。其次，双击运行"D:\GD32F3μCOSTest\Product\02.简易操作系统实现\Project"文件夹中的 GD32KeilPrj.uvprojx，单击工具栏中的圖按钮进行编译，当"Build Output"栏中出现"FromELF：creating hex file..."时表示已经成功生成.hex 文件，出现"0 Error(s), 0Warning(s)"时表示编译成功。最后，将.axf 文件下载到微控制器的内部 Flash 中，下载成功后，若串口输出"Init System has been finished"，则表明原始工程正确，可以进行下一步操作。

4.6.2　添加 EasyOS 文件对

将"D:\GD32F3μCOSTest\Product\02.简易操作系统实现\OS\EasyOS"文件夹中的 EasyOS.c 文件添加到 OS 分组，然后将路径"D:\GD32F3μCOSTest\Product\02.简易操作系统实现\OS\EasyOS"添加到"Include Paths"栏。

4.6.3　完善 EasyOS.h 文件

单击圖按钮进行编译，编译结束后，在"Project"面板中，双击"EasyOS.c"节点下的"EasyOS.h"文件。在 EasyOS.h 文件的"包含头文件"区，添加包含头文件的代码#include "DataType.h"，在 DataType.h 头文件中，主要定义用数据类型的缩写替换。

在"宏定义"区，添加如程序清单 4-5 所示的宏定义代码。其中，OS_MAX_TIME 为最大延时，EasyOS（简易操作系统）每隔 1ms 计时一次，为防止计时溢出，使用无符号的 64 位整型数据来计数。OS_MAX_TASK 为最大任务数量，其中包含了一个必须存在的空闲任务。为了简化系统，EasyOS 使用数组而非链表来管理各个任务，因此理论上存在一个最大任务数量，用户可以根据实际需求设置该值。

程序清单 4-5

```
1.   //最大延时，使用 64 位计时，每隔 1ms 计时一次
2.   #define OS_MAX_TIME (u64)(0xFFFFFFFFFFFFFFFF)
3.
4.   //最大任务数量，含空闲任务
5.   #define OS_MAX_TASK (u32)(10)
```

在"枚举结构体"区，添加如程序清单 4-6 所示的任务句柄结构体声明代码。任务句柄用于描述一个任务，包含该任务的各项信息。其中，栈顶指针必须是 4 字节的，且在结构体的起始位置，其他成员变量可以根据需要增减。tick 每隔 1ms 递减一次，当递减到 0 时表明任务已就绪。

注意，在 μC/OS 操作系统中，数值越大优先级越低，最高优先级为 0，与单片机内部中断优先级定义一致，这里将 EasyOS 任务的最高优先级设置为 0。

程序清单 4-6

```
1.   //任务句柄
2.   typedef struct
3.   {
4.     u32*  stackTop;   //栈顶指针，8 字节对齐，必须位于起始位置
5.     u32*  stackBase;  //栈区首地址
6.     u32   stackSize;  //栈区大小，按 4 字节计算
7.     void* func;       //任务入口，为 void (*)(void) 类型的函数指针
8.     u32   priority;   //任务优先级，最高优先级为 0
9.     u64   tick;       //延时计数，每隔 1ms 计数一次，递减到 0 时执行任务，为防止溢出，使用 64
位数据长度
10.  }StructTaskHandle;
```

在"API 函数声明"区，添加如程序清单 4-7 所示的函数声明代码。其中，部分操作系统内部函数不允许用户调用，且无法设为内部函数。为了简化 EasyOS，在用户函数部分只声明任务注册、系统开启和任务延时函数，用户在学习本书后可以自行添加其他函数，如注销任务、消息队列等函数。

程序清单 4-7

```
1.   //操作系统内部函数
2.   void UpdateCurrentTask(void);                 //更新当前任务句柄到任务优先级最高的任务
3.   void SysTick_Handler(void);                   //SysTick 中断服务函数
4.   void SVC_Handler(void);                       //SVC 中断服务函数
5.   void PendSV_Handler(void);                    //PendSV 中断服务函数
6.
7.   //用户函数
8.   u32  OSRegister(StructTaskHandle* handle);    //任务注册
9.   void OSStart(void);                           //系统开启
10.  void OSDelay(u32 time);                       //任务延时
```

4.6.4 完善 EasyOS.c 文件

在 EasyOS.c 文件的"包含头文件"区，添加包含头文件 gd32f30x_conf.h 和 cmsis_armcc.h 的代码，如程序清单 4-8 所示。

程序清单 4-8

```
#include "gd32f30x_conf.h"
#include "cmsis_armcc.h"
```

在"宏定义"区，添加 PendSV 异常软件触发的宏定义代码，如程序清单 4-9 所示。使用该宏相当于向地址 0xE000ED04（即 ICSR 寄存器）写入 0x10000000，触发 PendSV 异常。

程序清单 4-9

```
#define PENDSV_TRIGGER (*(u32*)0xE000ED04 |= 0x10000000) //PendSV 异常软件触发
```

在"内部变量"区，添加如程序清单 4-10 所示的内部变量定义代码。

（1）第 1 至 2 行代码：s_arrTaskHandle 数组用于存放各个任务句柄的首地址，每注册一个任务，就将句柄地址保存到 s_arrTaskHandle 中。

（2）第 3 至 4 行代码：s_arrIdleStack 为空闲任务栈区，栈区大小为 128 字，即 512 字节。对于内存容量小的处理器，可以为任务栈区分配更少的空间。

（3）第 5 至 6 行代码：s_pCurrentTask 为当前任务句柄指针，由于异常 SVC 与 PendSV 的中断服务函数中都引用了该指针，而这两个函数均使用汇编语言实现，因此该指针不能设置为静态变量。

程序清单 4-10

```
1.    //任务组
2.    static StructTaskHandle* s_arrTaskHandle[OS_MAX_TASK] = {0};
3.    //空闲任务栈区
4.    static u32 s_arrIdleStack[128];
5.    //当前任务句柄
6.    volatile StructTaskHandle* s_pCurrentTask = NULL;
```

在"内部函数声明"区，添加如程序清单 4-11 所示的函数声明代码。IdleTask 函数即为空闲任务。

程序清单 4-11

```
static void IdleTask(void);
```

在"枚举结构体"区，添加如程序清单 4-12 所示的结构体定义代码。s_structIdleHandle 为空闲任务句柄结构体，存放了空闲任务的栈区首地址、栈区大小、任务入口、优先级等信息。这里将空闲任务栈区设置为 s_arrIdleStack 数组，任务入口为 IdleTask 函数，优先级为 0xFFFF（最低优先级），延时计数为 0，使该任务一直处于就绪态或运行态。

程序清单 4-12

```
1.    static StructTaskHandle s_structIdleHandle =
2.    {
3.      .stackBase = s_arrIdleStack,
4.      .stackSize = sizeof(s_arrIdleStack) / 4,
5.      .func      = IdleTask,
6.      .priority  = 0xFFFF,
7.      .tick      = 0,
8.    };
```

在"内部函数实现"区，添加 IdleTask 函数的实现代码，如程序清单 4-13 所示。IdleTask 函数为空闲任务，其中只有一个空循环。若用户需要降低功耗，则可以在循环中加入低功耗指令，使 CPU 在空闲时进入休眠状态，从而有效降低芯片功耗。

程序清单 4-13

```
1.   static void IdleTask(void)
2.   {
3.     while(1)
4.     {
5.
6.     }
7.   }
```

在"API 函数实现"区，添加 UpdateCurrentTask 函数的实现代码，如程序清单 4-14 所示。

（1）第 6 至 14 行代码：s_arrTaskHandle 数组用于存放已注册的任务句柄指针，0 表示该位置没有任务注册。因此更新任务句柄需要先遍历 s_arrTaskHandle 数组元素，筛选出优先级最高且处于就绪状态的任务（tick 为 0 表示任务处于就绪态）。

（2）第 16 至 17 行代码：将查找到的任务更新到 s_pCurrentTask 中。异常 SVC 与 PendSV 可以根据 s_pCurrentTask 得到任务栈顶指针，从而实现跳转到该任务并执行。

程序清单 4-14

```
1.    void UpdateCurrentTask(void)
2.    {
3.      u32 i;
4.      StructTaskHandle *task;
5.
6.      //查找优先级最高的任务，保存到 task
7.      task = &s_structIdleHandle;
8.      for(i = 0; i < OS_MAX_TASK; i++)
9.      {
10.     if((NULL != s_arrTaskHandle[i]) && (0 == s_arrTaskHandle[i]->tick) && (s_arrTaskHandle[i]
->priority < task->priority))
11.       {
12.         task = s_arrTaskHandle[i];
13.       }
14.     }
15.
16.     //更新到 s_pCurrentTask
17.     s_pCurrentTask = task;
18.   }
```

在 UpdateCurrentTask 函数的实现代码后，添加 SysTick_Handler 函数的实现代码，如程序清单 4-15 所示。EasyOS 以 SysTick 为系统时钟源，每隔 1ms 计时一次，并将任务句柄中的 tick 减 1，当 tick 递减到 0 时表明任务已就绪。

SysTick_Handler 函数用于将已注册任务的计时减 1，使处于阻塞态的任务逐渐变为就绪态。当某个任务变为就绪态时将触发 PendSV 异常，CPU 使用权将转交给优先级最高且处于就绪态的任务。

注意，SysTick 异常的优先级高于 PendSV 异常，因此在 SysTick 异常退出后，PendSV 异常的中断服务函数才会被执行，即表明任务切换发生在 SysTick 异常之后。

删除第 15 行代码即可禁用优先级抢占功能。此时，系统内核变为不可剥夺内核，需要在空闲任务中实时监测是否有任务就绪，以便及时移交 CPU 使用权，否则系统将一直执行空闲任务。

程序清单 4-15

```
1.   void SysTick_Handler(void)
2.   {
3.     u32 i;
4.
5.     //任务计时递减，空闲任务除外
6.     for(i = 0; i < OS_MAX_TASK; i++)
7.     {
8.       if((NULL != s_arrTaskHandle[i]) && (0 != s_arrTaskHandle[i]->tick))
9.       {
10.        s_arrTaskHandle[i]->tick--;
11.      }
12.    }
13.
14.    //触发任务切换
15.    PENDSV_TRIGGER;
16.  }
```

在 SysTick_Handler 函数的实现代码后，添加 SVC_Handler 函数的实现代码，如程序清单 4-16 所示。第一个任务被启动时并未正式进入操作系统，因此无须保存现场数据，只需要将优先级最高且处于就绪态的任务的栈顶指针赋给 SP，然后恢复第一个任务预设的现场数据，并从异常中退出即可跳转到第一个任务并运行。

启动第一个任务之前，CPU 使用的栈区为启动文件中定义的默认栈区，启动第一个任务即开启操作系统后，使用的栈区为任务各自的独立栈区。由于从异常中返回时，默认使用主栈指针，因此当再次进入任一异常时，系统将临时征用任务栈区，而启动文件中定义的栈区将不再使用。

注意，中断服务函数 SVC_Handler 使用内嵌汇编的编程方式，虽然 SVC_Handler 函数与其他函数位于同一个文件中，但它们不属于同一个代码段，因此该函数中用到的 UpdateCurrentTask 和 s_pCurrentTask 不能设为内部函数和变量。由于使用了内嵌汇编，使用 Keil 调试时无法正常设置断点，如果需要使用调试功能，则建议重新创建一个 .s 文件来存放汇编部分代码。

汇编语言相关知识可通过 GD32F3 苹果派开发板配套教材《GD32 微控制器原理与应用》了解。

程序清单 4-16

```
1.   __asm void SVC_Handler(void)
2.   {
3.     PRESERVE8                    //该段起始地址按 8 字节对齐
4.     IMPORT UpdateCurrentTask     //引入标号 UpdateCurrentTask
5.     IMPORT s_pCurrentTask        //引入标号 s_pCurrentTask
6.
7.     //屏蔽所有中断
```

```
8.      CPSID F
9.
10.     //查找优先级最高的任务，更新到 s_pCurrentTask 中
11.     BL UpdateCurrentTask
12.
13.     //恢复第一个任务栈区指针(结构体第一个成员变量即为栈区指针)
14.     LDR R4,= s_pCurrentTask   //获取 s_pCurrentTask 的地址，保存到 R4 中
15.     LDR R5, [R4]              //获取 s_pCurrentTask 的内容，即当前任务句柄首地址，保存到 R5 中
16.     LDR SP, [R5]             //获取任务句柄首地址 4 字节数据，保存到栈区指针中
17.
18.     //恢复第一个任务预设的现场数据
19.     POP{R4-R11}              //恢复 R4~R11
20.     VPOP{S16-S31}            //恢复 S16~S31
21.     POP{LR}                 //恢复 LR
22.
23.     //取消屏蔽中断
24.     CPSIE F
25.
26.     //从异常中退出
27.     BX LR
28.     NOP
29.  }
```

在 SVC_Handler 函数的实现代码后，添加 PendSV_Handler 函数的实现代码，如程序清单 4-17 所示。在 PendSV_Handler 函数中，首先将当前任务的现场数据保存至任务栈区中，并通过 UpdateCurrentTask 函数查找优先级最高且处于就绪态的任务，通过 s_pCurrentTask 变量获取该任务的栈顶指针并设置 SP，然后从该任务的栈区中取出保存的数据，最后退出异常，跳转至目标任务。

程序清单 4-17

```
1.   __asm void PendSV_Handler(void)
2.   {
3.     PRESERVE8                //该段起始地址按 8 字节对齐
4.     IMPORT UpdateCurrentTask //引入标号 UpdateCurrentTask
5.     IMPORT s_pCurrentTask    //引入标号 s_pCurrentTask
6.
7.     //屏蔽所有中断
8.     CPSID F
9.
10.    //保存当前任务现场数据（xPSR、PC、LR、R12 及 R0~R3 已经自动保存）
11.    PUSH{LR}                //保存 LR 到栈区中
12.    VPUSH{S16-S31}          //保存 S16~S31 到栈区中
13.    PUSH{R4-R11}            //保存 R4~R11 到栈区中
14.
15.    //保存当前任务栈区指针(结构体第一个成员变量即为栈区指针)
16.    LDR R4,= s_pCurrentTask //获取 s_pCurrentTask 的地址，保存到 R4 中
17.    LDR R5, [R4]            //获取 s_pCurrentTask 的内容，即当前任务句柄首地址，保存到 R5 中
18.    STR SP, [R5]            //将栈区指针按字保存到任务句柄起始位置处，即 StructTaskHandle
       结构体的第一个成员变量
19.
20.    //更新所有任务时间和查找优先级最高的任务
```

```
21.    BL UpdateCurrentTask
22.
23.    //恢复下一个任务栈区指针(结构体第一个成员变量即为栈区指针)
24.    LDR R4,= s_pCurrentTask    //获取 s_pCurrentTask 的地址，保存到 R4 中
25.    LDR R5, [R4]               //获取 s_pCurrentTask 的内容，即当前任务句柄首地址，保存到 R5 中
26.    LDR SP, [R5]               //获取任务句柄首地址 4 字节数据，保存到栈区指针中
27.
28.    //恢复下一个任务现场数据
29.    POP{R4-R11}                //恢复 R4～R11
30.    VPOP{S16-S31}              //恢复 S16～S31
31.    POP{LR}                    //恢复 LR
32.
33.    //取消屏蔽中断
34.    CPSIE F
35.
36.    //从异常中退出
37.    BX LR
38.  }
```

在 PendSV_Handler 函数的实现代码后，添加 OSRegister 函数的实现代码，如程序清单 4-18 所示。OSRegister 函数用于向操作系统注册一个任务。

（1）第 12 至 18 行代码：首先预设栈区数据，这些数据将在首次跳转到该任务时被取出，然后栈区由 CPU 自动控制，栈帧自动生成。

（2）第 23 至 31 行代码：在 s_arrTaskHandle 数组中查找空位（值为 0），并将任务句柄保存到 s_arrTaskHandle 数组中。由于 EasyOS 有最大任务数量限制，当 s_arrTaskHandle 数组存满时，任务注册将会失败。

程序清单 4-18

```
1.    u32 OSRegister(StructTaskHandle* handle)
2.    {
3.      u32  i;    //循环变量
4.      u32* top;  //栈顶地址
5.
6.      //栈区清零
7.      for(i = 0; i < handle->stackSize; i++)
8.      {
9.        handle->stackBase[i] = 0;
10.     }
11.
12.     //栈区预处理
13.     top       = (u32*)(handle->stackBase + handle->stackSize - 1); //获取栈顶地址
14.     top       = (u32*)((u32)top & ~0x00000007) - 1;               //向下做 8 字节对齐
15.     *(top - 0) = 0x01000000;                                      //xPSR
16.     *(top - 1) = ((u32)handle->func) & (u32)0xFFFFFFFEUL ;        //任务入口地址
17.     *(top - 2) = (u32)NULL;                                       //任务返回地址
18.     *(top - 8) = (u32)0xFFFFFFF9UL;                               //第一次从异常返回时 LR 的值
19.
20.     //设置栈区地址
21.     handle->stackTop = top - 32;
22.
```

```
23.    //查找空位
24.    for(i = 0; i < OS_MAX_TASK; i++)
25.    {
26.       if(NULL == s_arrTaskHandle[i])
27.       {
28.          s_arrTaskHandle[i] = handle;
29.          return 0;
30.       }
31.    }
32.    return 1;
33. }
```

由于初始化的栈帧仅在第一次跳转到该任务时使用，并且没有使用到浮点运算单元，所以异常返回值可以设置为 0xFFFFFFF9，此时的栈帧如表 4-3 所示。其中，灰色部分为异常退出后 CPU 自动装载的部分，其他部分则需要用户手动设置并通过汇编指令从栈区中弹出。表中的 x 值表示任意值，无须初始化。若任务函数带有参数，则可以通过 R0 传递参数。GD32F303ZET6 微控制器的内核为 Cortex-M4，内置了浮点运算单元。考虑到任务运行过程中可能会用到浮点运算单元，因此栈帧中手动装载部分要包含浮点运算单元。若微控制器的内核为 Cortex-M3，则不需要包含浮点运算单元。

表 4-3　不使用浮点运算单元的栈帧

地　　址	寄　存　器	值
top-0	xPSR	0x01000000
top-1	返回地址	任务入口地址
top-2	LR	NULL
top-3	R12	x
top-4	R3	x
top-5	R2	x
top-6	R1	x
top-7	R0	x
top-8	LR	0xFFFFFFF9
top-9	S31	x
top-10	S30	x
top-11	S29	x
top-12	S28	x
top-13	S27	x
top-14	S26	x
top-15	S25	x
top-16	S24	x
top-17	S23	x
top-18	S22	x
top-19	S21	x
top-20	S20	x

地　　址	寄　存　器	值
top-21	S19	x
top-22	S18	x
top-23	S17	x
top-24	S16	x
top-25	R11	x
top-26	R10	x
top-27	R9	x
top-28	R8	x
top-29	R7	x
top-30	R6	x
top-31	R5	x
top-32	R4	x

若要统一使用浮点运算单元，则可以参考如表 4-4 所示的栈帧。栈帧中 LR 需要设置为 0xFFFFFFE9，表示从异常中退出时将返回线程模式，使用主栈指针，并使用浮点运算单元，最后的栈顶指针要设置为"top-49"。

表 4-4　使用浮点运算单元的栈帧

地　　址	寄　存　器	值
top-0	FPSCR	x
top-1	S15	x
top-2	S14	x
top-3	S13	x
top-4	S12	x
top-5	S11	x
top-6	S10	x
top-7	S9	x
top-8	S8	x
top-9	S7	x
top-10	S6	x
top-11	S5	x
top-12	S4	x
top-13	S3	x
top-14	S2	x
top-15	S1	x
top-16	S0	x
top-17	xPSR	0x01000000
top-18	返回地址	任务入口地址

续表

地　址	寄 存 器	值
top-19	LR	NULL
top-20	R12	x
top-21	R3	x
top-22	R2	x
top-23	R1	x
top-24	R0	x
top-25	LR	0xFFFFFFE9
top-26	S31	x
top-27	S30	x
top-28	S29	x
top-29	S28	x
top-30	S27	x
top-31	S26	x
top-32	S25	x
top-33	S24	x
top-34	S23	x
top-35	S22	x
top-36	S21	x
top-37	S20	x
top-38	S19	x
top-39	S18	x
top-40	S17	x
top-41	S16	x
top-42	R11	x
top-43	R10	x
top-44	R9	x
top-45	R8	x
top-46	R7	x
top-47	R6	x
top-48	R5	x
top-49	R4	x

在 OSRegister 函数的实现代码后，添加 OSStart 函数的实现代码，如程序清单 4-19 所示。OSStart 函数用于开启操作系统，在该函数中，通过 OSRegister 函数注册空闲任务，然后将 SysTick 设置为 1ms 中断一次，并设置 SysTick、SVC 和 PendSV 的优先级（这里需确保 PendSV 为最低优先级），最后通过内嵌汇编指令 "SVC #0x03" 触发 SVC 异常，开启第一个任务，至此操作系统将正式开始运行。

实际上，也可以通过触发 PendSV 异常来启动第一个任务，此时启动操作系统之前的现场数据将会被保存到启动文件中定义的栈区中，虽然后面将不再使用该栈区，但该栈区的数据将存在于程序的整个生命周期，并且占用部分内存。

程序清单 4-19

```
1.   void OSStart(void)
2.   {
3.     SCB->CCR |= SCB_CCR_STKALIGN_Msk;        //使能双字栈对齐特性
4.     OSRegister(&s_structIdleHandle);         //注册空闲任务
5.     SysTick_Config(SystemCoreClock / 1000U); //配置系统滴答定时器 1ms 中断一次
6.     NVIC_SetPriority(SysTick_IRQn, 0x00U);   //设置 SysTick 优先级
7.     NVIC_SetPriority(SVCall_IRQn, 0x01U);    //设置 SVC 优先级
8.     NVIC_SetPriority(PendSV_IRQn, 0xFFU);    //设置 PendSV 优先级，最低优先级
9.     __ASM("SVC #0x03");                      //启动第一个任务
10.  }
```

在 OSStart 函数的实现代码后，添加 OSDelay 函数的实现代码，如程序清单 4-20 所示。OSDelay 函数用于实现任务延时，该函数首先将延时值赋给任务句柄中的 tick，然后触发 PendSV 异常切换任务，主动交出 CPU 控制权。由于 s_pCurrentTask 为全局静态变量，在 SysTick 中断服务函数中也修改了该变量，为了保护全局资源，需要在修改 s_pCurrentTask 前关闭所有中断，修改完成后再打开中断总开关。

程序清单 4-20

```
1.   void OSDelay(u32 time)
2.   {
3.     __set_BASEPRI(1);          //关中断
4.     s_pCurrentTask->tick = time; //保存延时值
5.     __set_BASEPRI(0);          //开中断
6.     PENDSV_TRIGGER;            //触发任务切换
7.   }
```

至此，简易操作系统的核心部分已完成。

4.6.5　完善 Main.c 文件

在 Main.c 文件的"包含头文件"区，添加包含头文件 EasyOS.h 的代码，如程序清单 4-21 所示。

程序清单 4-21

```
#include "EasyOS.h"
```

在"内部变量"区，声明 3 个数组，分别作为 3 个任务的栈区，如程序清单 4-22 所示。

程序清单 4-22

```
static u32 s_arrLED1Stack[128];
static u32 s_arrLED2Stack[128];
static u32 s_arrFPUStack[128];
```

在"内部函数声明"区，添加函数的声明代码，如程序清单 4-23 所示。

程序清单 4-23

```
static void LED1Task(void);        //LED1 任务
static void LED2Task(void);        //LED2 任务
static void FPUTask(void);         //浮点运算单元测试任务
```

在"枚举结构体"区，添加如程序清单 4-24 所示的结构体声明代码。这里声明了 LED1 任务、LED2 任务和浮点运算单元测试任务的句柄结构体，写法与空闲任务类似。

程序清单 4-24

```
1.    static StructTaskHandle s_structLED1Handle =
2.    {
3.      .stackBase = s_arrLED1Stack,
4.      .stackSize = sizeof(s_arrLED1Stack) / 4,
5.      .func      = LED1Task,
6.      .priority  = 1,
7.      .tick      = 0,
8.    };
9.
10.   static StructTaskHandle s_structLED2Handle =
11.   {
12.     .stackBase = s_arrLED2Stack,
13.     .stackSize = sizeof(s_arrLED2Stack) / 4,
14.     .func      = LED2Task,
15.     .priority  = 2,
16.     .tick      = 0,
17.   };
18.
19.
20.   static StructTaskHandle s_structFPUHandle =
21.   {
22.     .stackBase = s_arrFPUStack,
23.     .stackSize = sizeof(s_arrFPUStack) / 4,
24.     .func      = FPUTask,
25.     .priority  = 3,
26.     .tick      = 0,
27.   };
```

在"内部函数实现"区，添加 LED1Task、LED2Task 和 FPUTask 函数的实现代码，如程序清单 4-25 所示。LED1Task 函数每隔 300ms 翻转一次 LED_1 的电平，LED2Task 函数每隔 700ms 翻转一次 LED_2 的电平，FPUTask 函数用于测试临时浮点变量是否被正确保存。

程序清单 4-25

```
1.    void LED1Task(void)
2.    {
3.      while(1)
4.      {
5.        //PA8 状态取反，实现 LED₁闪烁
6.        gpio_bit_write(GPIOA, GPIO_PIN_8, (FlagStatus)(1 - gpio_output_bit_get(GPIOA, GPIO_
PIN_8)));
7.        OSDelay(300);
8.      }
```

```
9.   }
10.
11.  void LED2Task(void)
12.  {
13.    while(1)
14.    {
15.      //PE6 状态取反，实现 LED₂ 闪烁
16.      gpio_bit_write(GPIOE, GPIO_PIN_6, (FlagStatus)(1 - gpio_output_bit_get(GPIOE, GPIO_
PIN_6)));
17.      OSDelay(700);
18.    }
19.  }
20.
21.  void FPUTask(void)
22.  {
23.    int a = 0;
24.    double b = 0;
25.    u64 time;
26.
27.    while(1)
28.    {
29.      a = a + 1;
30.      b = b + 0.1;
31.      time = GetSysTime();
32.      printf("FPUTask: a = %d, b = %.2f, time = %lld\r\n", a, b, time);
33.      OSDelay(1000);
34.    }
35.  }
```

最后，按照程序清单 4-26 修改 main 函数，添加 3 个任务的注册代码，并开启操作系统。

程序清单 4-26

```
1.   int main(void)
2.   {
3.     InitHardware();   //初始化硬件相关函数
4.     InitSoftware();   //初始化软件相关函数
5.
6.     printf("Init System has been finished\r\n");
7.
8.     //注册任务
9.     OSRegister(&s_structLED1Handle);
10.    OSRegister(&s_structLED2Handle);
11.    OSRegister(&s_structFPUHandle);
12.
13.    //开启操作系统
14.    OSStart();
15.  }
```

4.6.6　编译及下载验证

代码编写完成并编译通过后，下载程序并进行复位。GD32F3 苹果派开发板上的 LED₁
和 LED₂ 闪烁，打开资料包"02.相关软件\串口助手"文件夹中的串口助手软件 sscom5.13.1.exe，

选择对应的串口号（需要在设备管理器中查看），将波特率设置为 115200，单击"打开串口"按钮（单击后按钮文本将变为"关闭串口"），串口助手软件界面上将打印浮点运算单元测试任务运行结果，如图 4-12 所示。

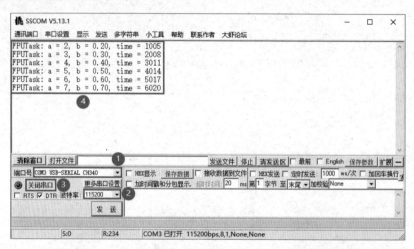

图 4-12　运行结果

本 章 任 务

1. 修改本章例程中的任务 2，在任务 2 中使用软件延时（相关函数在 Delay.c 文件中定义），验证操作系统的任务优先级管理。

2. 修改 EasyOS.c 文件，将简易操作系统的内核修改为不可剥夺内核并测试。

本 章 习 题

1. 简述裸机系统和嵌入式操作系统各自的优缺点。

2. Cortex-M3/M4 异常返回值的作用是什么？

3. 在嵌入式操作系统中，SVC 和 PendSV 异常的作用分别是什么？

4. 如果简易操作系统中要用到线程栈指针，那么 SVC 和 PendSV 异常该如何处理？

第5章 μC/OS-III 移植

上一章简要介绍了操作系统的基本原理，并实现了一个简易的操作系统。但该简易操作系统的功能还不够完善，一个完整的操作系统至少要包含任务注册、注销、挂起、通知及内存管理等功能。从本章开始，我们将正式进入 μC/OS-III 操作系统的学习，了解操作系统的核心机制和运行原理。

5.1 μC/OS-III 源码获取

本书配套资料包"08.软件资料"中提供了 3.04.04 版本的 μC/OS-III 源码。最新版本的源码或更多的 μC/OS-III 相关资料可以通过 SILICON LABS 官网获取。此外，还可以通过下载官方移植完成的示例程序获取源码。

5.2 μC/OS-III 配置

5.2.1 os_cfg.h 文件

μC/OS-III 支持自定义配置，用户可以根据需求裁剪 μC/OS-III 内核。适当裁剪内核可以减少 ROM 和 RAM 的占用量。裁剪过程即为进行一系列的宏定义配置，这些宏定义均位于 μC/OS-III 源码文件夹"μCOS-III\μCOS-CONFIG"的 os_cfg.h 文件中。下面介绍各个宏定义对应的功能。

1. OS_CFG_APP_HOOKS_EN

当将该宏设为1时，μC/OS-III 内核将通过对应的函数指针调用用户定义的应用钩子函数。内核钩子函数、对应函数指针和应用如表 5-1 所示。此宏定义可用于拓展 μC/OS-III 内核的功能。

表 5-1 钩子函数清单

内核钩子函数	对应函数指针	应　　用
OSIdleTaskHook	OS_AppIdleTaskHookPtr	空闲任务调用，可用于控制 CPU 进入低功耗模式
OSInitHook	None	系统初始化时调用
OSStatTaskHook	OS_AppStatTaskHookPtr	每隔 1s 被统计任务调用一次
OSTaskCreateHook	OS_AppTaskCreateHookPtr	任务创建时调用
OSTaskDelHook	OS_AppTaskDelHookPtr	任务删除时调用
OSTaskReturnHook	OS_AppTaskReturnHookPtr	任务意外返回时调用
OSTaskSwHook	OS_AppTaskSwHookPtr	任务切换时调用
OSTimeTickHook	OS_AppTimeTickHookPtr	每个时间片都被调用一次

默认的应用钩子函数在 os_app_hook.c 文件中定义，如程序清单 5-1 所示，用户可根据需要添加相应代码。

程序清单 5-1

```
void App_OS_TaskCreateHook(OS_TCB *p_tcb)
{
    (void)&p_tcb;
    //用户代码
}

void App_OS_TaskDelHook(OS_TCB *p_tcb)
{
    (void)&p_tcb;
    //用户代码
}

void App_OS_TaskReturnHook(OS_TCB *p_tcb)
{
    (void)&p_tcb;
    //用户代码
}

void  App_OS_IdleTaskHook (void)
{
    //用户代码
}

void App_OS_InitHook (void)
{
    //用户代码
}

void  App_OS_StatTaskHook (void)
{
    //用户代码
}

void App_OS_TaskSwHook(void)
{
    //用户代码
}

void App_OS_TimeTickHook (void)
{
    //用户代码
}
```

　　内核钩子函数使用的函数指针需要由用户进行初始化，如程序清单 5-2 所示。这些函数指针需要被一一赋值为对应的应用钩子函数，此外，也可以调用 os_app_hook.c 文件中的 App_OS_SetAllHooks 函数一次性初始化所有的内核钩子函数。

程序清单 5-2

```
void main(void)
{
    OS_ERR err;
```

```
OSInit(&err);
...
OS_AppTaskCreateHookPtr = App_OS_TaskCreateHook;
OS_AppTaskDelHookPtr    = App_OS_TaskDelHook;
OS_AppTaskReturnHookPtr = App_OS_TaskReturnHook;
OS_AppIdleTaskHookPtr   = App_OS_IdleTaskHook;
OS_AppStatTaskHookPtr   = App_OS_StatTaskHook;
OS_AppTaskSwHookPtr     = App_OS_TaskSwHook;
OS_AppTimeTickHookPtr   = App_OS_TimeTickHook;
...
OSStart(&err);
}
```

用户也可以自定义钩子函数，只需要在初始化时将自定义的钩子函数入口地址赋值给相应的函数指针即可。

2. OS_CFG_ARG_CHK_EN

当将该宏设为 1 时，参数校验功能将开启，此时 μC/OS-III 的 API 函数将对输入参数进行校验，如指针是否为 NULL、输入参数的值是否在合理范围内等。通常，在开发初期将该宏设为 1，使 μC/OS-III 内核校验输入参数是否合理；在开发结束后将该宏设为 0，以节省存储空间。

3. OS_CFG_CALLED_FROM_ISR_CHK_EN

当将该宏设为 1 时，μC/OS-III 的大部分 API 函数将不能在中断中调用，因为 μC/OS-III 的 API 函数应该在任务中调用，在中断中调用可能会造成不可预估的后果。通常，在开发初期将该宏设为 1，使 μC/OS-III 内核校验是否有相关 API 函数在中断中调用，若有则输出错误信息。用户修改后再将该宏设为 0，以节省存储空间。

此外，当将该宏设为 1 时，可以在中断中调用消息队列、信号量等内核项目的发送函数，这些函数可用于实现中断与任务之间的通信。

4. OS_CFG_DBG_EN

当将该宏设为 1 时，调试功能被使能。

5. OS_CFG_ISR_POST_DEFERRED_EN

当将该宏设为 1 时，中断服务管理任务被使能，且 μC/OS-III 内核中的大多数临界段将不再通过开关中断的方式构建，而是通过开关调度器实现，这将降低中断潜伏期，使中断可以被快速响应并得到处理，但会增加中断到任务的耗时。若使能了中断服务，则建议将该宏设为 1，否则中断延时将无法预计。当使用表 5-2 中的服务时，建议使能 OS_CFG_ISR_POST_DEFERRED_EN 宏。

表 5-2　建议使能 OS_CFG_ISR_POST_DEFERRED_EN 宏的服务列表

μC/OS-III 服务	服务需要使能的宏
状态标志组	OS_CFG_FLAG_EN
等待多个项目（Multiple Pend）	OS_CFG_PEND_MULTI_EN
带广播的发送服务	—
项目删除服务	—
移除等待服务	—

6. OS_CFG_OBJ_TYPE_CHK_EN

当将该宏设为 1 时，项目类型检测功能被使能。例如，当用户尝试释放信号量时，信号量释放函数将会校验作为输入参数的项目首地址是否指向一个信号量。

7. OS_CFG_TS_EN

当将该宏设为 1 时，时间戳功能被使能。

8. OS_CFG_PEND_MULTI_EN

当将该宏设为 1 时，允许任务等待多个项目。

9. OS_CFG_PRIO_MAX

该宏为任务优先级的最大数量。μC/OS-III 任务优先级的位宽由位于 os_type.h 文件中的 OS_PRIO 宏决定，若 OS_PRIO 定义为 CPU_INT08U 类型，即无符号 8 位整型，那么 OS_CFG_PRIO_MAX 的取值范围为 0～255；若 OS_PRIO 定义为 CPU_INT16U，那么 OS_CFG_PRIO_MAX 的取值范围为 0～65535。

μC/OS-III 不限制任务优先级范围，用户可以定义任意多的优先级，但任务优先级不能超过或等于 OS_CFG_PRIO_MAX。建议将 OS_PRIO 定义为 CPU_INT08U 类型，只使用 256 个优先级，这样既可以提高内核效率，也能满足绝大部分应用的需求。设置 OS_CFG_PRIO_MAX 的值时，除其本身外，应按 8 的偶数倍取值，如 8、16、32、64、128、256 等。优先级的数量越多，所消耗的 RAM 空间越大。

在 μC/OS-III 中，任务优先级的取值范围为 2～OS_CFG_PRIO_MAX-3，其他优先级被 μC/OS-III 内核留用，如表 5-3 所示。

表 5-3　μC/OS-III 的任务优先级分配

优 先 级	用 途
0	中断服务管理任务（ISR Handler Task）
1	μC/OS-III 保留
2	用户使用
⋮	⋮
OS_CFG_PRIO_MAX-3	用户使用
OS_CFG_PRIO_MAX-2	μC/OS-III 保留
OS_CFG_PRIO_MAX-1	空闲任务（Idle Task）

10. OS_CFG_SCHED_LOCK_TIME_MEAS_EN

当将该宏设为 1 时，测量调度器关闭时长功能被使能。

11. OS_CFG_SCHED_ROUND_ROBIN_EN

当将该宏设为 1 时，时间片转轮功能被使能。

12. OS_CFG_STK_SIZE_MIN

该宏为任务栈区的最小值，单位为 cpu.h 文件定义的 CPU_STK。

13. OS_CFG_FLAG_EN

当将该宏设为 1 时，状态标志组被使能。

14. OS_CFG_FLAG_DEL_EN

当将该宏设为 1 时，用于删除状态标志组的 OSFlagDel 函数被使能。

15．OS_CFG_FLAG_MODE_CLR_EN

当将该宏设为 1 时，事件标志组标志位清零功能被使能。

16．OS_CFG_FLAG_PEND_ABORT_EN

当将该宏设为 1 时，用于移除事件标志组等待列表中任务的 OSFlagPendAbort 函数被使能。

17．OS_CFG_MEM_EN

当将该宏设为 1 时，内存管理组件被使能。

18．OS_CFG_MUTEX_EN

当将该宏设为 1 时，互斥量组件被使能。

19．OS_CFG_MUTEX_DEL_EN

当将该宏设为 1 时，用于删除互斥量的 OSMutexDel 函数被使能。

20．OS_CFG_MUTEX_PEND_ABORT_EN

当将该宏设为 1 时，用于移除互斥量等待列表中任务的 OSMutexPendAbort 函数被使能。

21．OS_CFG_Q_EN

当将该宏设为 1 时，消息队列组件被使能。

22．OS_CFG_Q_DEL_EN

当将该宏设为 1 时，用于删除消息队列的 OSQDel 函数被使能。

23．OS_CFG_Q_FLUSH_EN

当将该宏设为 1 时，用于清空消息队列的 OSQFlush 函数被使能。

24．OS_CFG_Q_PEND_ABORT_EN

当将该宏设为 1 时，用于移除消息队列等待列表中任务的 OSQPendAbort 函数被使能。

25．OS_CFG_SEM_EN

当将该宏设为 1 时，信号量组件被使能。

26．OS_CFG_SEM_DEL_EN

当将该宏设为 1 时，用于删除信号量的 OSSemDel 函数被使能。

27．OS_CFG_SEM_PEND_ABORT_EN

当将该宏设为 1 时，用于移除信号量等待列表中任务的 OSSemPendAbort 函数被使能。

28．OS_CFG_SEM_SET_EN

当将该宏设为 1 时，用于设置信号量的 OSSemSet 函数被使能。

29．OS_CFG_STAT_TASK_EN

当将该宏设为 1 时，统计任务被使能。统计任务用于计算 CPU 利用率、各个任务栈区利用率，以及各个任务各自的 CPU 利用率等。

使能统计任务后，μC/OS-III 内核将以 OS_CFG_STAT_TASK_RATE_HZ 为频率执行统计任务，该频率可以在 os_cfg_app.h 文件中配置。统计任务计算得到的 CPU 利用率将保存在 OSStatTaskCPUUsage 变量中。使能 OS_CFG_APP_HOOKS_EN 后，每次执行统计任务都会调用 OSStatTaskHook 函数，用户可以设置应用钩子函数以拓展统计任务的功能。统计任务的优先级可在 os_cfg_app.h 文件中配置。

30．OS_CFG_STAT_TASK_STK_CHK_EN

当将该宏设为 1 时，统计任务将计算各个任务的栈区使用率，并将任务栈区的剩余量和使用量分别保存在任务控制块（TCB）结构体的 StkFree 和 StkUsed 成员变量中。

31. OS_CFG_TASK_CHANGE_PRIO_EN

当将该宏设为 1 时，用于在运行时修改任务优先级的 OSTaskChangePrio 函数被使能。

32. OS_CFG_TASK_DEL_EN

当将该宏设为 1 时，用于删除任务的 OSTaskDel 函数被使能。

33. OS_CFG_TASK_Q_EN

当将该宏设为 1 时，内建消息队列被使能。

34. OS_CFG_TASK_Q_PEND_ABORT_EN

当将该宏设为 1 时，用于移除内建消息队列等待列表中任务的 OSTaskQPendAbort 函数被使能。

35. OS_CFG_TASK_PROFILE_EN

当将该宏设为 1 时，任务分析功能被使能。此时每个任务的任务控制块中将额外增加几个变量，这些变量用于记录任务切换回来的时间、任务执行时间、CPU 利用率等。该功能会增加 RAM 的消耗。

36. OS_CFG_TASK_REG_TBL_SIZE

该宏为任务寄存器数组的大小。

37. OS_CFG_TASK_SEM_PEND_ABORT_EN

当将该宏设为 1 时，用于移除内建信号量等待列表中任务的 OSTaskSemPendAbort 函数被使能。

38. OS_CFG_TASK_SUSPEND_EN

当将该宏设为 1 时，用于挂起任务的 OSTaskSuspend 和 OSTaskResume 函数被使能。

39. OS_CFG_TIME_DLY_HMSM_EN

当将该宏设为 1 时，OSTimeDlyHMSM 函数被使能。

40. OS_CFG_TIME_DLY_RESUME_EN

当将该宏设为 1 时，用于唤醒延时阻塞功能的 OSTimeDlyResume 函数被使能。

41. OS_CFG_TMR_EN

当将该宏设为 1 时，软件定时器功能被使能。

42. OS_CFG_TMR_DEL_EN

当将该宏设为 1 时，用于删除软件定时器的 OSTmrDel 函数被使能。

43. TRACE_CFG_EN

当将该宏设为 1 时，允许使用第三方调试器或跟踪器。

5.2.2　os_type.h 文件

在 μC/OS-III 源码文件夹"μCOS-III\μCOS-III\Source"的 os_type.h 文件中，定义了任务优先级的位宽、系统节拍计数器的位宽、信号量计数器的位宽等，用户可以根据需要来设置这些值。

5.2.3　os_cfg_app.h 文件

μC/OS-III 允许用户配置空闲任务栈区大小、统计任务栈区大小、消息池大小等，这些配置均可在 μC/OS-III 源码文件夹"μCOS-III\μCOS-CONFIG"的 os_cfg_app.h 文件中修改。

1. OS_CFG_TASK_STK_LIMIT_PCT_EMPTY

该宏为空闲任务、统计任务、系统节拍任务、中断服务管理任务、软件定时器任务的栈区深度限位。

2. OS_CFG_IDLE_TASK_STK_SIZE

该宏为空闲任务栈区的大小，必须大于或等于 OS_CFG_STK_SIZE_MIN。

3. OS_CFG_INT_Q_SIZE

该宏为中断服务管理任务消息队列的数量。

4. OS_CFG_INT_Q_TASK_STK_SIZE

该宏为中断服务管理任务栈区的大小。

5. OS_CFG_ISR_STK_SIZE

该宏为中断服务函数栈区的大小。

6. OS_CFG_MSG_POOL_SIZE

该宏为消息池的大小，单位为 os.h 文件定义的 OS_MSG，消息池在 os_cfg_app.c 文件中定义，如程序清单 5-3 所示。

程序清单 5-3

```
OS_MSG OSCfg_MsgPool[OS_CFG_MSG_POOL_SIZE];
```

7. OS_CFG_STAT_TASK_PRIO

该宏为统计任务的优先级，一般该优先级的值要尽可能小，但要大于空闲任务优先级的值，如 OS_CFG_PRIO_MAX-2。

8. OS_CFG_STAT_TASK_RATE_HZ

该宏为统计任务的执行频率。

9. OS_CFG_STAT_TASK_STK_SIZE

该宏为统计任务的栈区大小。

10. OS_CFG_TICK_RATE_HZ

该宏为系统时钟频率，单位为 Hz。系统时钟频率范围应为 10～1000Hz，频率越高，内核所消耗的 CPU 资源越多。

11. OS_CFG_TICK_TASK_PRIO

该宏为时钟节拍任务的优先级，通常该优先级的值要尽可能大，取值范围为 1～OS_CFG_PRIO_MAX-2。

12. OS_CFG_TICK_TASK_STK_SIZE

该宏为系统节拍任务的栈区大小。

13. OS_CFG_TMR_TASK_PRIO

该宏为软件定时器任务的优先级。

14. OS_CFG_TMR_TASK_RATE_HZ

该宏为软件定时器任务的频率。

15. OS_CFG_TMR_TASK_STK_SIZE

该宏为软件定时器任务的栈区大小。

5.3　实例与代码解析

下面将在 GD32F3 苹果派开发板上移植 μC/OS-III 操作系统，详细步骤如下。

5.3.1　复制并编译原始工程

首先，将"D:\GD32F3μCOSTest\Material\03.μCOSIII 移植"文件夹复制到"D:\GD32F3μCOSTest\Product"文件夹中。其次，双击运行"D:\GD32F3μCOSTest\Product\03.μCOSIII 移植\Project"文件夹中的 GD32KeilPrj.uvprojx，单击工具栏中的▧按钮进行编译，当"Build Output"栏中出现"FromELF：creating hex file..."时表示已经成功生成.hex 文件，出现"0 Error(s), 0Warning(s)"时表示编译成功。最后，将.axf 文件下载到微控制器的内部 Flash 中，下载成功后，若串口输出"Init System has been finished"，则表明原始工程正确，可以进行下一步操作。

5.3.2　添加 μC/OS-III 源码包

将本书配套资料包"08.软件资料"文件夹下的 μCOS-III 压缩包复制到"D:\GD32F3μCOSTest\Product\03.μCOSIII 移植\OS"文件夹中并解压。解压后的 μCOS-III 文件夹中存放了 μC/OS-III 源码包。该源码包在官方提供的 V3.04.04 版本上进行了一定修改，以适配 GD32F3 苹果派开发板。

下面将 μCOS-III 中的相关文件添加到工程中。由于 μCOS-III 中的各个文件严格按照功能分类，且文件繁多，若统一放在 OS 分组下不利于管理，因此可以在工程中新建 μCOSIII_BSP、μCOSIII_CPU、μCOSIII_LIB、μCOSIII_CORE、μCOSIII_PORT 和 μCOSIII_CONFIG 6 个分组，如图 5-1 所示。

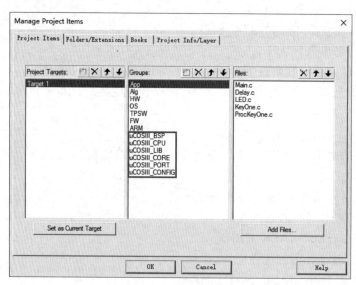

图 5-1　新建工程分组

将 μC/OS-III 源码包中的各个文件按照功能添加到对应的分组中。

将工程中的"...\OS\μCOS-III\uCOS-BSP\bsp.c"文件添加到"μCOSIII_BSP"分组中，如图 5-2 所示。"μCOSIII_BSP"分组中应包含与处理器相关的硬件驱动程序，如流水灯、电机、DWT 定时器、系统节拍定时器等，用户需要根据所使用的处理器进行修改。本例程中的

bsp.c 文件仅包含 DWT 定时器和系统节拍定时器相关驱动。

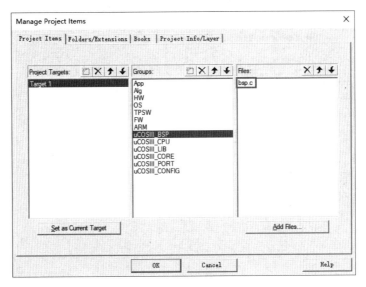

图 5-2 "μCOSIII_BSP" 分组

将 "…\OS\μCOS-III\uCOS-CPU" 文件夹中的 cpu_core.c 文件、"…\OS\μCOS-CPU\ARM-Cortex-M4\RealView"文件夹中的 cpu_c.c 和 cpu_a.asm 文件添加到"μCOSIII_CPU"分组中,如图 5-3 所示。注意,在添加 cpu_a.asm 文件时,需要先将文件类型设置为"Asm source file" 或 "All files"。"μCOSIII_CPU" 分组用于管理 μC/OS-III 的 CPU 模块,移植过程中无须修改。

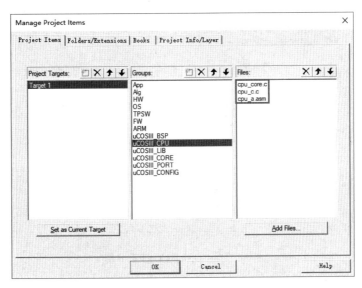

图 5-3 "μCOSIII_CPU" 分组

将 "…\OS\μCOS-III\μCOS-LIB" 文件夹中的所有.c 文件和 "…\OS\μCOS-III\μCOS-LIB\Ports\ARM-Cortex-M4\RealView" 文件夹中的 lib_mem_a.asm 文件添加到 "μCOSIII_LIB" 分组中,如图 5-4 所示。"μCOSIII_LIB" 分组提供了一些基础库,如数学运算库、字符串库、

内存操作库等，移植过程中无须修改。

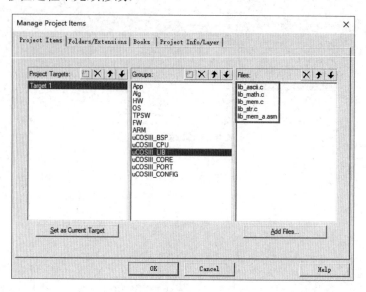

图 5-4 "μCOSIII_LIB"分组

　　将"…\OS\uCOS-III\μCOS-III\Source"文件夹中的所有.c 文件添加到"μCOSIII_CORE"分组中，如图 5-5 所示。"μCOSIII_CORE"分组用于存放 μC/OS-III 内核文件，提供任务管理、时间管理、消息队列、信号量、互斥量等服务，移植过程中无须修改。

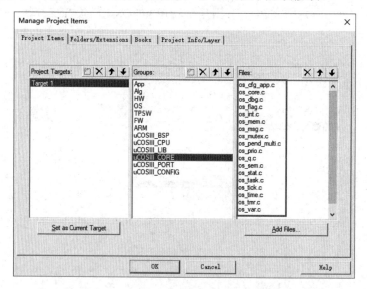

图 5-5 "μCOSIII_CORE"分组

　　将"…\OS\uCOS-III\μCOS-III\Ports\ARM-Cortex-M4\Generic\RealView"文件夹中的.c、.h和.asm 文件添加到"μCOSIII_PORT"分组中，如图 5-6 所示。"μCOSIII_PORT"分组中的文件包含系统节拍时钟的初始化及 PendSV 异常的初始化等，用户需要根据所使用的处理器架构进行相应修改。

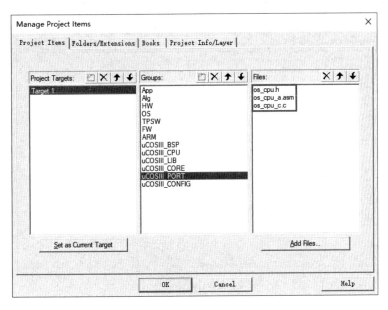

图 5-6　"μCOSIII_PORT"分组

将 "…\OS\μCOS-III\μCOS-CONFIG" 文件夹中的所有.c、.h 文件添加到 "μCOSIII_CONFIG"分组中，如图 5-7 所示。"μC/OS-III" 分组的常规配置宏定义存放在头文件中，为了便于配置，这里将头文件添加到工程中。os_app_hooks.c 文件中定义了 μC/OS-III 钩子函数，钩子函数可以拓展 μC/OS-III 的功能，如实现低功耗等。

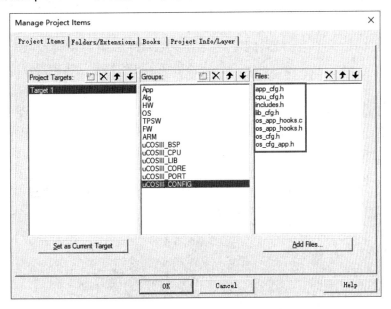

图 5-7　"μCOSIII_CONFIG"分组

最后，将上述文件涉及的所有路径都添加到 "Include Paths" 栏中，如图 5-8 所示，单击 "OK" 按钮保存设置。至此，μC/OS-III 源码包已完整添加至工程中。

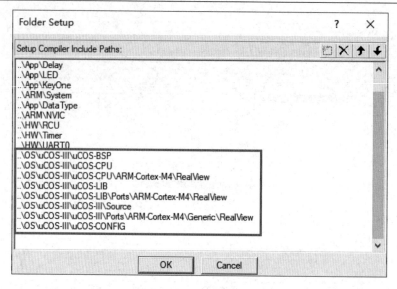

图 5-8　添加路径

5.3.3　移植 μC/OS-III

1. cpu.h 文件

在移植 μC/OS-III 时，首先需要根据开发环境和硬件平台的处理器架构修改 cpu.h 文件。为了便于将 μC/OS-III 移植到各个平台，在 cpu.h 文件中定义了一系列数据类型，如程序清单 5-4 所示。当使用不同的编译器编译代码时，char、short、int 等数据类型的位宽可能不

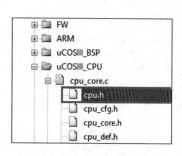

图 5-9　cpu.h 文件路径

一样，此时仅需修改 cpu.h 文件中的这些定义即可适配新的编译器。同理，为了便于将 μC/OS-III 移植到不同架构的处理器上，在 cpu.h 文件中还定义了其他信息，包括指针位宽、CPU 工作寄存器的位宽、存储格式（大端/小端）及处理器中关键寄存器的地址等。对于 Cortex-M4 处理器，μC/OS-III 官方已经在 cpu.h 文件中进行了适配，所以该文件在移植过程中无须修改。

cpu.h 文件位于 μCOSIII_CPU 分组下，如图 5-9 所示。

cpu.h 文件中还定义了 SysTick 相关寄存器地址及 SysTick 相关控制位，因此 μC/OS-III 在初始化过程中可以自动对 SysTick 进行配置，使 SysTick 作为系统节拍时钟。

程序清单 5-4

```
1.   typedef              void     CPU_VOID;
2.   typedef              char     CPU_CHAR;       /*  8-bit character            */
3.   typedef    unsigned  char     CPU_BOOLEAN;    /*  8-bit boolean or logical   */
4.   typedef    unsigned  char     CPU_INT08U;     /*  8-bit unsigned integer     */
5.   typedef      signed  char     CPU_INT08S;     /*  8-bit   signed integer     */
6.   typedef    unsigned  short    CPU_INT16U;     /* 16-bit unsigned integer     */
7.   typedef      signed  short    CPU_INT16S;     /* 16-bit   signed integer     */
8.   typedef    unsigned  int      CPU_INT32U;     /* 32-bit unsigned integer     */
9.   typedef      signed  int      CPU_INT32S;     /* 32-bit   signed integer     */
10.  typedef    unsigned  long long CPU_INT64U;    /* 64-bit unsigned integer     */
```

```
11.  typedef   signed  long  long  CPU_INT64S;        /* 64-bit   signed integer        */
12.  ...
```

2. os_type.h 文件

os_type.h 文件位于 μCOSIII_PORT 分组下，如图 5-10 所示。

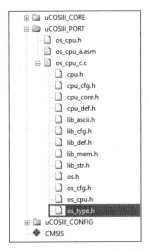

图 5-10　os_type.h 文件路径

os_type.h 文件中定义了任务优先级的位宽、系统节拍计数器的位宽、信号量计数器的位宽等，如程序清单 5-5 所示。用户可以根据需求配置，本例程无须修改。

程序清单 5-5

```
1.  typedef   CPU_INT16U      OS_CPU_USAGE;     /* CPU Usage 0..10000        <16>/32 */
2.  typedef   CPU_INT32U      OS_CTR;           /* Counter,                      32 */
3.  typedef   CPU_INT32U      OS_CTX_SW_CTR;    /* Counter of context switches,  32 */
4.  typedef   CPU_INT32U      OS_CYCLES;        /* CPU clock cycles,         <32>/64 */
5.  ...
```

3. os_cpu_c.c 和 os_cpu_a.asm 文件

os_cpu_c.c 和 os_cpu_a.asm 文件均位于 μCOSIII_PORT 分组下，如图 5-11 所示。

将 μC/OS-III 移植到新的处理器时，要注意 os_cpu_c.c 和 os_cpu_a.asm 文件，os_cpu_c.c 文件中包含了系统节拍时钟的初始化、栈帧的初始化、系统节拍时钟中断服务函数的定义等。os_cpu_a.asm 文件中包含了 PendSV 异常的初始化、PendSV 异常的中断服务函数，以及第一个任务的启动、任务的调度等相关代码。

4. startup_gd32f30x_hd.s 文件

startup_gd32f30x_hd.s 文件位于 ARM 分组下，如图 5-12 所示。

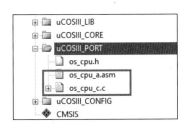

图 5-11　os_cpu_c.c 和 os_cpu_a.asm 文件路径

图 5-12　startup_gd32f30x_hd.s 文件路径

　　注意，在 μC/OS-III 中，SysTick 和 PendSV 的中断服务函数名与中断向量表不同，因此需要修改启动文件 startup_gd32f30x_hd.s 中的相关内容。

　　首先，在启动文件中修改中断向量表，按照程序清单 5-6 的第 15 至 16 行代码修改启动文件的第 57 至 58 行代码，将 PendSVHandler、SysTickHandler 替换为 OS_CPU_PendSVHandler 和 OS_CPU_SysTickHandler。

程序清单 5-6

```
1.    __Vectors       DCD     __initial_sp                    ; Top of Stack
2.                    DCD     Reset_Handler                   ; Reset Handler
3.                    DCD     NMI_Handler                     ; NMI Handler
4.                    DCD     HardFault_Handler               ; Hard Fault Handler
5.                    DCD     MemManage_Handler               ; MPU Fault Handler
6.                    DCD     BusFault_Handler                ; Bus Fault Handler
7.                    DCD     UsageFault_Handler              ; Usage Fault Handler
8.                    DCD     0                               ; Reserved
9.                    DCD     0                               ; Reserved
10.                   DCD     0                               ; Reserved
11.                   DCD     0                               ; Reserved
12.                   DCD     SVC_Handler                     ; SVCall Handler
13.                   DCD     DebugMon_Handler                ; Debug Monitor Handler
14.                   DCD     0                               ; Reserved
15.                   DCD     OS_CPU_PendSVHandler            ; PendSV Handler
16.                   DCD     OS_CPU_SysTickHandler           ; SysTick Handler
17.   ...
```

　　其次，修改对应的函数名称，将启动文件的第 173 至 182 行代码按程序清单 5-7 修改。

程序清单 5-7

```
1.    OS_CPU_PendSVHandler\
2.                    PROC
3.                    EXPORT  OS_CPU_PendSVHandler            [WEAK]
4.                    B       .
5.                    ENDP
6.    OS_CPU_SysTickHandler\
7.                    PROC
8.                    EXPORT  OS_CPU_SysTickHandler           [WEAK]
9.                    B       .
10.                   ENDP
```

　　最后，还需要在启动文件的复位异常（第 128 行代码）中添加程序清单 5-8 的第 9 至 25 行代码，防止处理器在某些情况下跳过浮点寄存器的入栈操作。

程序清单 5-8

```
1.    /* reset Handler */
2.    Reset_Handler   PROC
3.                    EXPORT  Reset_Handler                   [WEAK]
4.                    IMPORT  SystemInit
5.                    IMPORT  __main
6.                    LDR     R0, =SystemInit
7.                    BLX     R0
```

```
8.
9.            IF {FPU} != "SoftVFP"
10.                                    ; Enable Floating Point Support at reset for FPU
11.          LDR.W   R0, =0xE000ED88    ; Load address of CPACR register
12.          LDR     R1, [R0]           ; Read value at CPACR
13.          ORR     R1, R1, #(0xF <<20) ; Set bits 20-23 to enable CP10 and CP11 coprocessors
14.                                    ; Write back the modified CPACR value
15.          STR     R1, [R0]           ; Wait for store to complete
16.          DSB
17.
18.                                    ; Disable automatic FP register content
19.                                    ; Disable lazy context switch
20.          LDR.W   R0, =0xE000EF34    ; Load address to FPCCR register
21.          LDR     R1, [R0]
22.          AND     R1, R1, #(0x3FFFFFFF) ; Clear the LSPEN and ASPEN bits
23.          STR     R1, [R0]
24.          ISB                        ; Reset pipeline now the FPU is enabled
25.          ENDIF
26.
27.          LDR     R0, =__main
28.          BX      R0
29.          ENDP
```

5. os_cfg.h 文件

os_cfg.h 文件位于 μCOSIII_CONFIG 分组下，如图 5-13 所示。

在 os_cfg.h 文件中，优先级的最大数量被设置为 64，表明系统中的任务可以有 64 个优先级，如程序清单 5-9 所示。

程序清单 5-9

```
#define OS_CFG_PRIO_MAX     64u    /* Defines the maximum number of task priorities (see OS_PRIO
data type) */
```

6. os_cfg_app.h 文件

os_cfg_app.h 文件位于 μCOSIII_CONFIG 分组下，如图 5-14 所示。

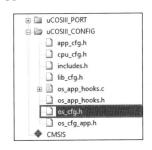

图 5-13　os_cfg.h 文件路径

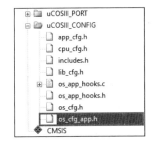

图 5-14　os_cfg_app.h 文件路径

在 os_cfg_app.h 文件中，系统时钟频率被设为 1000Hz，如程序清单 5-10 所示。系统时钟频率范围通常为 10～1000Hz，频率越高，时间越准，但内核消耗的 CPU 资源也会越多。

程序清单 5-10

```
#define  OS_CFG_TICK_RATE_HZ      1000u        /* Tick rate in Hertz (10 to 1000 Hz)        */
```

其他地方保持默认配置即可，此时即完成了 μC/OS-III 的移植。

5.3.4 完善 Main.c 文件

在 Main.c 文件的"包含头文件"区，添加包含头文件 includes.h 和 Delay.h 的代码，如程序清单 5-11 所示。其中，includes.h 文件包含了 μC/OS-III 的常用头文件，Delay.h 包含了软件延时的相关代码。

程序清单 5-11

```
#include "includes.h"
#include "Delay.h"
```

在"内部变量"区，添加开始任务、LED$_1$ 任务和 LED$_2$ 任务的任务控制块（TCB）、任务栈区的定义，如程序清单 5-12 所示。

程序清单 5-12

```
1.   //开始任务
2.   OS_TCB g_tcbStartTask;              //任务控制块
3.   static CPU_STK s_arrStartStack[512]; //任务栈区
4.
5.   //LED₁任务
6.   OS_TCB g_tcbLED1Task;              //任务控制块
7.   static CPU_STK s_arrLED1Stack[128]; //任务栈区
8.
9.   //LED₂任务
10.  OS_TCB  g_tcbLED2Task;             //任务控制块
11.  static CPU_STK s_arrLED2Stack[128]; //任务栈区
```

在"内部函数声明"区，添加开始任务、LED$_1$ 任务和 LED$_2$ 任务的函数声明，如程序清单 5-13 所示。

程序清单 5-13

```
static   void   StartTask(void *pArg);  //开始任务函数
static   void   LED1Task(void *pArg);   //LED₁任务函数
static   void   LED2Task(void *pArg);   //LED₂任务函数
```

在"内部函数实现"区，添加 LED1Task 和 LED2Task 函数的实现代码，如程序清单 5-14 所示。LED$_1$ 任务采用软件延时，每隔 700ms 翻转一次 LED$_1$ 的电平；LED$_2$ 任务采用操作系统的延时函数延时，每隔 500ms 翻转一次 LED$_2$ 的电平。

程序清单 5-14

```
1.   static   void   LED1Task(void *pArg)
2.   {
3.     while(1)
4.     {
5.       gpio_bit_write(GPIOA, GPIO_PIN_8, (FlagStatus)(1 - gpio_output_bit_get(GPIOA, GPIO_PIN_8)));
6.       DelayNms(700);
7.     }
8.   }
9.
```

```
10.  static  void  LED2Task(void *pArg)
11.  {
12.     OS_ERR err;
13.     while(1)
14.     {
15.        gpio_bit_write(GPIOE, GPIO_PIN_6, (FlagStatus)(1 - gpio_output_bit_get(GPIOE, GPIO_PIN_6)));
16.        OSTimeDlyHMSM(0, 0, 0, 500, OS_OPT_TIME_HMSM_STRICT, &err);
17.     }
18.  }
```

在 LED2Task 函数的实现代码后，添加开始任务函数 StartTask 的实现代码，如程序清单 5-15 所示。开始任务用于完成系统初始化、创建各个系统任务等。

由于 μC/OS-III 中任务创建函数的参数较多，通常需要分行写，当系统中任务数量较多时，开始任务的代码就会比较多。因此，在开始任务中需要创建一张任务列表，表中包含各个任务的关键信息，如任务函数、栈区、优先级、任务名等，最后通过循环来创建表中所有的任务。StructTaskInfo 即为任务信息结构体，用户可根据需要修改其中的成员变量。

需要增加新任务时，只需将新任务添加到第 15 至 20 行代码对应的任务列表中即可。

程序清单 5-15

```
1.   static  void  StartTask(void *pArg)
2.   {
3.      //任务信息结构体
4.      typedef struct
5.      {
6.        OS_TCB*      tcb;       //任务控制块
7.        OS_TASK_PTR  func;      //任务入口地址
8.        CPU_CHAR*    name;      //任务名
9.        OS_PRIO      prio;      //任务优先级
10.       CPU_STK*     stkBase;   //任务栈区基地址
11.       CPU_STK_SIZE stkSize;   //栈区大小
12.       OS_MSG_QTY   queSize;   //内建消息队列容量
13.     }StructTaskInfo;
14.
15.     //任务列表
16.     StructTaskInfo taskInfo[] =
17.     {
18.       {&g_tcbLED1Task, LED1Task, "LED1 task", 5, s_arrLED1Stack, sizeof(s_arrLED1Stack) /
sizeof(CPU_STK), 0},
19.       {&g_tcbLED2Task, LED2Task, "LED2 task", 4, s_arrLED2Stack, sizeof(s_arrLED2Stack) /
sizeof(CPU_STK), 0},
20.     };
21.
22.     //局部变量
23.     OS_ERR err;
24.     unsigned int i;
25.
26.     //OS 常规初始化
27.     CPU_Init();        //初始化 CPU 模块
28.     Mem_Init();        //初始化内存管理模块
29.     Math_Init();       //初始化算术模块
```

```
30.     BSP_Tick_Init(); //初始化 SysTick
31.
32.     //CPU 利用率统计初始化
33. #if OS_CFG_STAT_TASK_EN > 0u
34.     OSStatTaskCPUUsageInit(&err);
35. #endif
36.
37.     //测量中断关闭时间初始化
38. #ifdef CPU_CFG_INT_DIS_MEAS_EN
39.     CPU_IntDisMeasMaxCurReset();
40. #endif
41.
42.     //初始化时间片轮转调度功能
43. #if  OS_CFG_SCHED_ROUND_ROBIN_EN
44.     OSSchedRoundRobinCfg(DEF_ENABLED, 10, &err);
45. #endif
46.
47.     //软硬件初始化
48.     InitHardware(); //初始化硬件相关函数
49.     InitSoftware(); //初始化软件相关函数
50.     printf("Init System has been finished\r\n");
51.
52.     //创建任务
53.     for(i = 0; i < sizeof(taskInfo) / sizeof(StructTaskInfo); i++)
54.     {
55.       OSTaskCreate((OS_TCB*)taskInfo[i].tcb,
56.                 (CPU_CHAR*)taskInfo[i].name,
57.                 (OS_TASK_PTR)taskInfo[i].func,
58.                 (void*)0,
59.                 (OS_PRIO)taskInfo[i].prio,
60.                 (CPU_STK*)taskInfo[i].stkBase,
61.                 (CPU_STK_SIZE)taskInfo[i].stkSize / 10,
62.                 (CPU_STK_SIZE)taskInfo[i].stkSize,
63.                 (OS_MSG_QTY)taskInfo[i].queSize,
64.                 (OS_TICK)0,
65.                 (void*)0,
66.                 (OS_OPT)OS_OPT_TASK_STK_CHK | OS_OPT_TASK_STK_CLR | OS_OPT_TASK_SAVE_FP,
67.                 (OS_ERR*)&err
68.                 );
69.
70.       //校验
71.       if(OS_ERR_NONE != err)
72.       {
73.         printf("Fail to create %s (%d)\r\n", taskInfo[i].name, err);
74.         while(1){}
75.       }
76.     }
77.
78.     //删除开始任务
79.     OSTaskDel((OS_TCB*)&g_tcbStartTask, &err);
80. }
```

最后，在 main 函数中向操作系统注册开始任务，按程序清单 5-16 修改 main 函数即可。在 main 函数中，首先通过 OSTaskCreate 函数向操作系统注册开始任务，注册成功后通过 OSStart 函数开启操作系统。操作系统启动后执行开始任务，并在开始任务中注册 LED$_1$ 和 LED$_2$ 任务。

如果不使用 CPU 利用率统计功能，则可以不使用开始任务，在注册所有任务后再开启操作系统即可。

程序清单 5-16

```
1.    int main(void)
2.    {
3.      OS_ERR err;
4.
5.      //初始化操作系统
6.      OSInit(&err);
7.      if(OS_ERR_NONE != err)
8.      {
9.        printf("Fail to init OS (%d)\r\n", err);
10.       while(1){}
11.     }
12.
13.     //创建开始任务
14.     OSTaskCreate((OS_TCB*)&g_tcbStartTask,                   //任务控制块
15.                  (CPU_CHAR*)"Start task",                    //任务名字
16.                  (OS_TASK_PTR)StartTask,                     //任务函数
17.                  (void*)0,                                   //传递给任务函数的参数
18.                  (OS_PRIO)3,                                 //任务优先级
19.                  (CPU_STK*)s_arrStartStack,                  //任务栈区基地址
20.                  (CPU_STK_SIZE)(sizeof(s_arrStartStack) / sizeof(CPU_STK)) / 10, //任务栈区
深度限位
21.                  (CPU_STK_SIZE)sizeof(s_arrStartStack) / sizeof(CPU_STK),    //任务栈区大小
22.                  (OS_MSG_QTY)0,                //禁用任务内部消息队列
23.                  (OS_TICK)0,                   //时间片轮转时使用默认的时间片长度
24.                  (void*)0,                     //用户补充的存储区
25.                  (OS_OPT)OS_OPT_TASK_STK_CHK | //任务选项，使能栈区使用量和剩余量计算
26.                  OS_OPT_TASK_STK_CLR |         //任务选项，使能创建任务时初始化栈区
27.                  OS_OPT_TASK_SAVE_FP,          //任务选项，使能保存浮点运算单元寄存器
28.                  (OS_ERR*)&err);               //存放该函数错误时的返回值
29.     if(OS_ERR_NONE != err)
30.     {
31.       printf("Fail to create start task (%d)\r\n", err);
32.       while(1){}
33.     }
34.
35.     //开启操作系统
36.     OSStart(&err);
37.     if(OS_ERR_NONE != err)
38.     {
39.       printf("Fail to start OS (%d)\r\n", err);
40.       while(1){}
41.     }
```

```
42.
43.    //不应该执行到这里
44.    while(1){}
45.  }
```

5.3.5　编译及下载验证

代码编写完成并编译通过后，下载程序并进行复位。GD32F3 苹果派开发板上的 LED$_1$ 和 LED$_2$ 闪烁，且 LED$_2$ 闪烁频率更高。

注意，虽然 LED$_1$ 任务中使用了软件延时，但 LED$_2$ 的任务优先级较高，所以 LED$_2$ 任务能打断正在运行的 LED$_1$ 任务，实现翻转 LED$_2$ 的电平。

本 章 任 务

在 SILICON LABS 的官网上获取 μC/OS-III 的最新版本源码，并将其移植到 GD32F3 苹果派开发板上，参考本章例程添加开始任务、LED$_1$ 任务和 LED$_2$ 任务并下载验证。

本 章 习 题

1. 简述 os_cfg.h 和 os_cfg_app.h 文件的作用。
2. μC/OS-III 如何初始化 SysTick 定时器？
3. μC/OS-III 如何启动第一个任务？
4. PendSV 异常中如何保存浮点运算单元？

第6章 μC/OS-III 任务管理

上一章的移植实例初步介绍了 μC/OS-III 的相关功能，本章将详细介绍 μC/OS-III 的任务管理，包括任务状态、任务优先级、任务栈区等概念，以及任务的创建、删除、挂起和从挂起中恢复的方法。通过学习本章内容，掌握 μC/OS-III 的任务管理方法。

6.1 任 务 简 介

6.1.1 任务和任务函数

操作系统中的用户程序被称为任务，此处的用户程序除表示执行代码的任务函数外，还包括任务的栈区、优先级、状态等。其中，任务函数为形参和函数类型比较特殊的 C 语言函数。官方提供的 μC/OS-III 任务函数模板如程序清单 6-1 所示。任务函数仅有一个 void*类型的形参，且函数类型必须为 void，即不能使用 return 指令返回。μC/OS-III 通常禁止任务函数返回，因此任务常运行在一个无限循环中。在任务完成后，应通过 OSTaskDel 函数删除该任务。

在任务函数中，可以使用"OSTaskDel((OS_TCB)0, &err)"语句删除任务本身。其他任务可以通过"OSTaskDel((OS_TCB)handle, &err)"语句删除指定任务，handle 即为要删除的任务函数句柄。

程序清单 6-1

```
void MyTask(void *p_arg)
{
  OS_ERR err;

  while(1)
  {

  }

  OSTaskDel((OS_TCB)0, &err);
}
```

一个任务函数可以创建多个任务，这些任务之间相互独立，且都具有各自的栈区、优先级、句柄等，可以独立运行，互不干扰。

如果多个任务共用一个任务函数，则可以通过任务函数参数进行区分，函数参数既可以为一个地址，也可以为一个数值。

6.1.2 任务状态

一个应用程序可以包含多个任务。对于单核处理器而言，任一时刻只能处理一个任务，任务可以划分为运行态和未运行态，如图 6-1 所示。

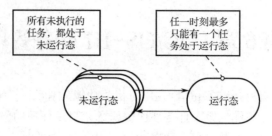

图 6-1　任务状态描述

当任务处于运行态时，处理器将执行任务函数中的指令代码。当任务处于未运行态时，其现场数据（如局部变量、运行位置等）都保存在任务栈区中。当任务从未运行态恢复到运行态时，系统将存储在任务栈区中的现场数据恢复，使任务能够从上次运行的位置开始继续运行下去。

μC/OS-III 的调度器是任务进入或退出运行态的唯一途径。

为了便于管理，可以将处于未运行态的任务进一步划分为休眠态（Dormant）、就绪态（Ready）、阻塞态（Pending）和中断服务态（Interrupted）。

1．运行态

若任务正在执行，则称其处于运行态，此时该任务拥有 CPU 使用权。μC/OS-III 调度器仅选择优先级最高的已就绪任务执行，若处理器单核，则在任一时刻都将只有一个任务处于运行态。

2．休眠态

若任务还未创建或创建后被删除，则称其处于休眠态。通过 OSTaskCreate 函数可以创建任务，若任务已执行完毕且无须再调用，则可以通过 OSTaskDel 函数删除该任务。

3．就绪态

若任务已就绪且等待调度器进行调度，则称其处于就绪态。任务处于就绪态却不运行的原因是，当前有 个同优先级或更高优先级的任务正在运行。新创建的任务和被抢占 CPU 的低优先级任务都处于就绪态。

4．阻塞态

若任务正在等待某个外部事件，则称其处于阻塞态。例如，某任务调用了 OSTimeDly 函数进行延时，那么任务将进入阻塞态，直至延时完成。任务在等待消息队列、信号量、事件组、通知或互斥信号量时也会进入阻塞态。当任务进入阻塞态时，可以设置一个超时值，一旦超过这个值，即使该任务所等待的事件仍未发生，该任务也将退出阻塞态。

5．中断服务态

若一个处于运行态的任务中断，CPU 转而执行中断服务程序，则称其处于中断服务态。任务的状态转换如图 6-2 所示。

6.1.3　任务优先级

每个任务都有优先级，μC/OS-III 的任务优先级定义与 GD32 微控制器的中断优先级定义相似，数值越大优先级越低，0 表示最高优先级。任务优先级取值范围为 0～（OS_CFG_PRIO_MAX−1），但 0、1、OS_CFG_PRIO_MAX−1、OS_CFG_PRIO_MAX−2 等优先级被 μC/OS-III 内核占用。

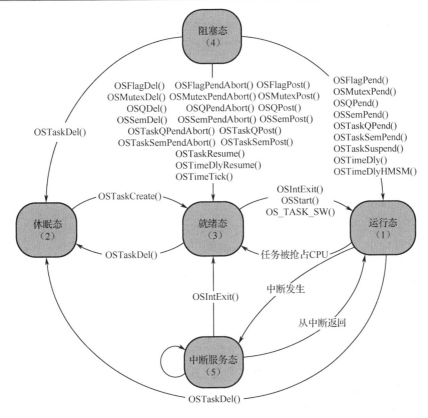

图 6-2　任务的状态转换

在 μC/OS-III 中，任务优先级数量不受限制，但任务优先级数量越多，系统内核负担越大，消耗的 RAM 也越多，通常 32 或 64 个优先级即可满足大部分应用的需求。

6.1.4　任务栈区

与简易操作系统类似，在 μC/OS-III 中，每个任务都有独立的栈区。当任务处于运行态时，进程栈指针（PSP）指向该栈区。任务栈用于调度器切换任务时保存现场数据。与 FreeRTOS 不同，μC/OS-III 中的任务栈区不支持自动分配，用户必须自定义一个静态数组，或者由系统堆区动态分配。

μC/OS-III 支持运行时统计任务栈区的使用量和剩余量，且根据不同任务的需求，在任务调度时可以选择性地保存、加载浮点运算上下文。合理分配任务栈区大小、选择性保存浮点运算上下文，可以有效提高系统内存利用率。

6.1.5　任务控制块

任务控制块（TCB）是一个结构体，用来存储任务信息，并且在不同版本的 μC/OS-III 中，TCB 的成员变量可能有所不同。在 μC/OS-III 中，每个任务都有独立的 TCB，对应的内存由用户自行分配。TCB 结构体在 os.h 文件中定义，如程序清单 6-2 所示。下面按顺序介绍其中的成员变量，就绪列表、延时列表等内容将在后面详细介绍。

程序清单 6-2

```
struct os_tcb {
    CPU_STK            *StkPtr;              /* 任务栈顶指针                         (1) */
    void               *ExtPtr;             /* 可扩展存储区指针                      (2) */
    CPU_STK            *StkLimitPtr;         /* 任务栈区深度限位指针                  (3) */
    OS_TCB             *NextPtr;             /* 就绪列表中的下一个任务控制块(TCB)     (4) */
    OS_TCB             *PrevPtr;             /* 就绪列表中的上一个任务控制块(TCB)         */
    OS_TCB             *TickNextPtr;         /* 延时列表中的下一个任务控制块(TCB)     (5) */
    OS_TCB             *TickPrevPtr;         /* 延时列表中的上一个任务控制块(TCB)         */
    OS_TICK_LIST       *TickListPtr;         /* 延时列表指针                         (6) */
    CPU_CHAR           *NamePtr;             /* 任务名指针                           (7) */
    CPU_STK            *StkBasePtr;          /* 任务栈区起始位置指针                  (8) */
    OS_TLS             TLS_Tbl[OS_CFG_TLS_TBL_SIZE];  /* TLS 表                     (9) */
    OS_TASK_PTR        TaskEntryAddr;        /* 任务函数入口                        (10) */
    void               *TaskEntryArg;        /* 任务函数参数指针                         */
    OS_PEND_DATA       *PendDataTblPtr;      /* 阻塞列表指针                        (11) */
    OS_STATE           PendOn;               /* 阻塞等待的事件类型                       */
    OS_STATUS          PendStatus;           /* 阻塞等待的事件结果                       */
    OS_STATE           TaskState;            /* 任务状态                           (12) */
    OS_PRIO            Prio;                 /* 任务优先级                          (13) */
    OS_PRIO            BasePrio;             /* 任务原优先级                        (14) */
    OS_MUTEX           *MutexGrpHeadPtr;     /* 互斥量组指针                             */
    CPU_STK_SIZE       StkSize;              /* 任务栈区大小                        (15) */
    OS_OPT             Opt;                  /* 任务选项                           (16) */
    OS_OBJ_QTY         PendDataTblEntries;   /* 任务阻塞等待的事件数量              (17) */
    CPU_TS             TS;                   /* 时间戳                             (18) */
    CPU_INT08U         SemID;                /* 第三方调试器或跟踪器的唯一 ID       (19) */
    OS_SEM_CTR         SemCtr;               /* 内建信号量计数器                    (20) */
    OS_TICK            TickRemain;           /* 剩余时间片(由 OS_TickTask 函数更新)  (21) */
    OS_TICK            TickCtrPrev;          /* 上一个 OSTickCtr 的值               (22) */
    OS_TICK            TimeQuanta;           /*                                   (23) */
    OS_TICK            TimeQuantaCtr;
    void               *MsgPtr;              /* 接收的消息的首地址                  (24) */
    OS_MSG_SIZE        MsgSize;              /* 接收的消息的大小                         */
    OS_MSG_Q           MsgQ;                 /* 内建消息队列                        (25) */
    CPU_TS             MsgQPendTime;         /* 接收消息所需的时间                       */
    CPU_TS             MsgQPendTimeMax;      /* MsgQPendTime 的历史最大值                */
    OS_REG             RegTbl[OS_CFG_TASK_REG_TBL_SIZE];  /* 任务寄存器            (26) */
    OS_FLAGS           FlagsPend;            /* 等待任务的事件标志位                (27) */
    OS_FLAGS           FlagsRdy;             /* 唤醒任务的事件标志位                     */
    OS_OPT             FlagsOpt;             /* 等待事件标志组时的配置选项               */
    OS_NESTING_CTR     SuspendCtr;           /* 任务挂起嵌套次数                    (28) */
    OS_CPU_USAGE       CPUUsage;             /* 任务 CPU 占用率(0.00%~100.00%)      (29) */
    OS_CPU_USAGE       CPUUsageMax;          /* 任务 CPU 占用率的历史最大值              */
    OS_CTX_SW_CTR      CtxSwCtr;             /* 任务执行次数                             */
    CPU_TS             CyclesDelta;          /* 任务单次执行时间                    (30) */
    CPU_TS             CyclesStart;          /* 任务起始执行时间                         */
    OS_CYCLES          CyclesTotal;          /* 任务总执行时间                           */
    OS_CYCLES          CyclesTotalPrev;      /* 上一个 CyclesTotal 的值                  */
    CPU_TS             SemPendTime;          /* 接收内建信号量所需的时间            (31) */
    CPU_TS             SemPendTimeMax;       /* SemPendTime 的历史最大值                 */
```

```
    CPU_STK_SIZE          StkUsed;              /* 任务栈区使用量          (32) */
    CPU_STK_SIZE          StkFree;              /* 任务栈区剩余量               */
    CPU_TS                IntDisTimeMax;        /* 被中断服务函数打断的最大时长   (33) */
    CPU_TS                SchedLockTimeMax;     /* 调度器关闭的最大时长       (34) */
    OS_TCB                *DbgPrevPtr;          /*                         (35) */
    OS_TCB                *DbgNextPtr;
    CPU_CHAR              *DbgNamePtr;          /*                         (36) */
    CPU_INT08U            TaskID;               /* 用于第三方调试器或跟踪器的唯一 ID (37) */
};
```

部分变量是否被包含在 TCB 中取决于 os_cfg.h 文件和 cpu_cfg.h 文件中的宏，详见 5.2 节及 os.h 文件中的 os_tcb 结构体声明。

（1）StkPtr：任务栈顶指针。μC/OS-III 内核允许任务拥有独立栈区，栈区大小可以自由配置。为了便于访问，StkPtr 必须为 os_tcb 结构体中的第一个成员变量。

（2）ExtPtr：可扩展存储区指针。ExtPtr 指向用户自定义的一块存储区，用于拓展任务 TCB 功能。创建任务时，可通过 OSTaskCreate 函数将存储区的首地址传递给内核，内核会将此地址保存到 ExtPtr 中。由于 ExtPtr 在 StkPtr 之后，因此可以通过汇编代码快速访问。ExtPtr 可以用于存储 FPU（Floating Point Unit）现场数据。

（3）StkLimitPtr：任务栈区深度限位指针，指向任务栈区的某一位置，以标定栈区深度，用于检测栈区溢出，如图 6-3 所示。StkLimitPtr 通过 OSTaskCreate 函数的 stk_limit 参数确定。部分处理器有专用的寄存器用于实时检测栈区溢出，在任务调度时可以将此寄存器设置为 StkLimitPtr。如果处理器中没有此类寄存器，也可以通过软件检测栈区溢出，但可靠性相对较低。如果无须检测栈区是否溢出，那么通过 OSTaskCreate 函数创建任务时，将 stk_limit 参数设为 0 即可。

该成员变量仅在 os_cfg.h 文件的 OS_CFG_DBG_EN 和 OS_CFG_STAT_TASK_STK_CHK_EN 宏使能（DEF_ENABLED）时存在。

（4）NextPtr 和 PrevPtr：用于组成双向链表，作为就绪列表。

（5）TickNextPtr 和 TickPrevPtr：用于组成双向链表，作为延时列表。

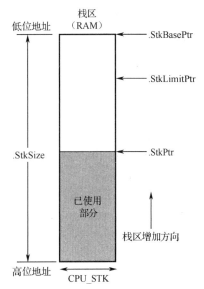

图 6-3　任务栈区深度限位

（6）TickListPtr：延时列表指针，用于指示任务处于延时列表还是超时等待列表。

（7）NamePtr：任务名指针，NamePtr 使得每个任务拥有一个任务名，相比于任务 TCB 的首地址，通过任务名调试更为方便。μC/OS-III 内核只记录任务名字符串首地址，任务名所消耗的内存空间由用户自行分配，用户可以将任务名保存到 ROM 或 RAM 中。该成员变量仅在 os_cfg.h 文件的 OS_CFG_DBG_EN 宏使能时存在。

（8）StkBasePtr：任务栈区起始位置指针，通常为栈区首地址。该成员变量仅在 os_cfg.h 文件的 OS_CFG_DBG_EN 和 OS_CFG_STAT_TASK_STK_CHK_EN 宏使能时存在。

（9）TLS_Tbl[]：TLS 表，用于保证线程安全。该成员变量仅在 os_cfg.h 文件的 OS_CFG_TLS_TBL_SIZE 宏使能时存在。

（10）TaskEntryAddr 和 TaskEntryArg：任务函数入口和任务函数参数指针。这两个成员变量仅在 os_cfg.h 文件的 OS_CFG_DBG_EN 宏使能时存在。

（11）PendDataTblPtr：阻塞列表指针。

PendOn：表示任务阻塞等待的事件类型，可取值如表 6-1 所示。

表 6-1　PendOn 可取值

可 取 值	描　　述
OS_TASK_PEND_ON_NOTHING	无项目
OS_TASK_PEND_ON_FLAG	状态标志组
OS_TASK_PEND_ON_TASK_Q	内建消息队列
OS_TASK_PEND_ON_MUTEX	互斥量
OS_TASK_PEND_ON_Q	消息队列
OS_TASK_PEND_ON_SEM	信号量
OS_TASK_PEND_ON_TASK_SEM	内建信号量
OS_TASK_PEND_ON_COND_VAR	多个项目的组合

PendStatus：任务阻塞等待的事件结果，可取值如表 6-2 所示。

表 6-2　PendStatus 可取值

可 取 值	描　　述
OS_STATUS_PEND_OK	成功
OS_STATUS_PEND_ABORT	被移除
OS_STATUS_PEND_DEL	所等待的项目被删除
OS_STATUS_PEND_TIMEOUT	阻塞等待超时退出

（12）TaskState：任务状态，可取值如表 6-3 所示。

表 6-3　TaskState 可取值

可 取 值	描　　述
OS_TASK_STATE_RDY	任务就绪
OS_TASK_STATE_DLY	任务延时
OS_TASK_STATE_PEND	任务等待某一项目，无超时等待
OS_TASK_STATE_PEND_TIMEOUT	任务等待某一项目，有超时等待
OS_TASK_STATE_SUSPENDED	任务挂起
OS_TASK_STATE_DLY_SUSPENDED	任务延时的时候被挂起
OS_TASK_STATE_PEND_SUSPENDED	任务无超时等待时被挂起
OS_TASK_STATE_PEND_TIMEOUT_SUSPENDED	任务有超时等待时被挂起

（13）Prio：任务优先级。

（14）BasePrio：任务原优先级。作为任务优先级的备份，用于互斥量临时修改优先级后，恢复任务原有的优先级。

MutexGrpHeadPtr：互斥量组指针。

这两个成员变量仅在 os_cfg.h 文件的 OS_CFG_MUTEX_EN 宏使能时存在。

（15）StkSize：任务栈区大小。该成员变量仅在 os_cfg.h 文件的 OS_CFG_DBG_EN 和 OS_CFG_STAT_TASK_STK_CHK_EN 宏使能时存在。

（16）Opt：任务选项，保存了通过 OSTaskCreate 函数创建任务时传入的 options 参数，可取值如表 6-4 所示，注意，选项之间可以通过“与”或“或”运算进行组合。

表 6-4　Opt 可取值

可　取　值	描　　述
OS_OPT_TASK_NONE	默认配置
OS_OPT_TASK_STK_CHK	使能栈区检测
OS_OPT_TASK_STK_CLR	使能清空栈区
OS_OPT_TASK_SAVE_FP	使能保存 FPU 现场数据

（17）PendDataTblEntries：与 PendDataTblPtr 配合使用，表示任务阻塞等待的事件数量。

（18）TS：时间戳，用于保存任务所等待的事件发生时的时间节点。

（19）SemID：该变量在第三方工具中使用，如 Percepio 的 TraceAlyzer。该成员变量仅在 os_cfg.h 文件的 TRACE_CFG_EN 宏使能时存在。

（20）SemCtr：内建信号量计数器。

（21）TickRemain：任务从延时列表中移除前剩余的时间，单位为时间片。由于 V3.04.00 版本的 μC/OS-III 中引入了增量列表，所以 TickRemain 并非一定为任务阻塞的剩余时间。

（22）TickCtrPrev：上一个 OSTickCtr（系统时间）的值，用于实现 OSTimeDly 延时函数的周期模式。

（23）TimeQuanta 和 TimeQuantaCtr：这两个成员变量用于时间切片。当系统中多个任务处于同一优先级时，TimeQuanta 决定了该任务能连续执行多长时间，以时间片为单位，超过这个时间后内核将启动一次任务调度，强制将 CPU 使用权移交给同一优先级下的其他任务。TimeQuantaCtr 用于记录任务的剩余执行时间，以时间片为单位。任务在开始执行后，内核将 TimeQuanta 赋值给 TimeQuantaCtr，随后 TimeQuantaCtr 每隔 1 个时间片递减一次，递减到 0 时将触发任务调度。

上述成员变量仅在 os_cfg.h 文件中的 OS_CFG_SCHED_ROUND_ROBIN_EN 宏使能时存在。

（24）MsgPtr 和 MsgSize：这两个成员变量用于在接收消息时保存消息首地址和消息大小，仅在 os_cfg.h 文件中的 OS_MSG_EN 宏使能时存在。

（25）MsgQ：内建消息队列。该成员变量仅在 os_cfg.h 文件中的 OS_CFG_TASK_Q_EN 宏使能时存在。

MsgQPendTime 和 MsgQPendTimeMax：自消息发出到任务获得消息所消耗的时间和该时间的历史最大值。其他任务或中断调用 OSTaskQPost 函数向内建消息队列发送消息时，内核会将当前时间戳保存到消息中。任务通过 OSTaskQPend 函数获取内建消息队列的消息，OSTaskQPend 函数返回时，内核再次读取当前时间戳，并计算两个时间戳的差值，结果保存在 MsgQPendTime 中。此功能仅在内建消息队列使能，并且 os_cfg.h 文件中的 OS_CFG_TASK_PROFILE_EN 宏使能时存在。

（26）RegTbl[]：任务寄存器。与硬件上的 CPU 寄存器不同，任务寄存器由软件部署。

任务寄存器可以存储一些简单信息，如任务 ID、错误码等，同时也可以用来传递消息。任务寄存器的数据类型为 OS_REG，在 os_type.h 文件中定义，用户可以将其定义为任何数据类型。该成员变量仅在 os_cfg.h 文件中的 OS_CFG_TASK_REG_TBL_SIZE 宏使能时存在。

（27）FlagsPend：在任务阻塞等待事件标志组后，保存等待任务的事件标志位。

FlagsRdy：唤醒任务的事件标志位，通过该变量可以得知是哪个事件唤醒了任务。

FlagsOpt：任务阻塞等待事件标志组时的配置选项。该成员变量仅在 os_cfg.h 文件中的 OS_CFG_FLAG_EN 宏使能时存在。FlagOpt 的可取值如表 6-5 所示。

表 6-5　FlagOpt 的可取值

可 取 值	描　　述
OS_OPT_PEND_FLAG_CLR_ALL	等待所有事件标志位清零
OS_OPT_PEND_FLAG_CLR_ANY	等待任一事件标志位清零
OS_OPT_PEND_FLAG_SET_ALL	等待所有事件标志位置 1
OS_OPT_PEND_FLAG_SET_ANY	等待任一事件标志位置 1

表 6-5 中的选项可以通过"与"或"或"运算与 OS_OPT_PEND_FLAG_CONSUME、OS_OPT_PEND_BLOCKING 和 OS_OPT_PEND_NON_BLOCKING 组合。

上述成员变量仅在 os_cfg.h 文件中的 OS_CFG_FLAG_EN 宏使能时存在。

（28）SuspendCtr：任务挂起嵌套次数。调用 OSTaskSuspend 函数挂起任务将使 SuspendCtr 加 1，调用 OSTaskResume 函数唤醒任务将使 SuspendCtr 减 1。当 SuspendCtr 递减到 0 时，内核将会唤醒任务。该成员变量仅在 os_cfg.h 文件中的 OS_CFG_TASK_SUSPEND_EN 宏使能时存在。

（29）CPUUsage 和 CPUUsageMax：任务的 CPU 占用率和 CPU 占用率历史最大值。统计任务负责统计各个任务的 CPU 占用率和总 CPU 利用率。CPUUsage 取值范围为 0～10000，表示 0.00%～100.00%的 CPU 利用率。在 V3.03.00 版本的 μC/OS-III 之前，CPUUsage 的取值范围为 0～100，表示 0%～100%。通过 OSStatReset 函数可以复位 CPUUsageMax。

CtxSwCtr：任务执行次数。该变量通常用于调试器或监视任务是否在运行。CtxSwCtr 通常为非零值，且处于递增状态。

上述 3 个成员变量仅在 os_cfg.h 文件的 OS_CFG_TASK_PROFILE_EN 宏使能时存在。

（30）CyclesDelta：任务单次执行时间。调度器从当前任务切换到其他任务时，会将当前时间戳减去 CyclesStart，并将结果保存到 CyclesDelta 中，表示此次任务的执行时长。

CyclesStart：任务起始运行时间。系统调度器切换到当前任务时，将当前时间戳保存在 CyclesStart 中。

CyclesTotal：任务总执行时间，为 CyclesDelta 的累积量，用于在统计任务中计算单个任务的 CPU 占用率。由于 CyclesTotal 为累积量，因此通常为 32 位无符号数。若使用 64 位无符号类型，在 1GHz 的主频下，CyclesTotal 可以记录约 600 年。

CyclesTotalPrev：上一个 CyclesTotal 的值。

上述成员变量仅在 os_cfg.h 文件的 OS_CFG_TASK_PROFILE_EN 宏使能时存在。

（31）SemPendTime 和 SemPendTimeMax：从内建信号量释放到任务获得内建信号量所消耗的时间和该时间的历史最大值。调用 OSTaskSemPost 函数释放内建信号量时，当前时间戳将会被保存在任务 TCB 中。任务通过 OSTaskSemPend 函数获取内建信号量，OSTaskSemPend

函数返回时，内核会获取当前时间戳，计算差值后将结果保存在 SemPendTime 中。通过 OSStatReset 函数可以复位 SemPendTimeMax。

这两个成员变量仅在 os_cfg.h 文件的 OS_CFG_TASK_PROFILE_EN 宏使能时存在。

（32）StkUsed 和 StkFree：任务栈区使用量和剩余量。μC/OS-III 可以在运行时动态计算任务栈区使用量和剩余量。若要使用该功能，需要在任务创建时配置 OS_TASK_OPT_STK_CLR 和 OS_TASK_OPT_STK_CHK 选项。μC/OS-III 中的任务栈区使用量和剩余量计算由统计任务负责。统计任务是 μC/OS-III 的一个内部任务，该任务的优先级通常很低，并且不与其他任务交互，只负责计算任务栈区的使用量和剩余量，以及 CPU 利用率。对于任务栈区的使用量和剩余量，统计任务只会统计历史最大使用量和历史最小剩余量。

这两个成员变量仅在 os_cfg.h 文件的 OS_CFG_STAT_TASK_STK_CHK_EN 宏使能时存在。

（33）IntDisTimeMax：任务执行时被中断服务函数打断的最大时长。该成员变量仅在 cpu_cfg.h 文件的 CPU_CFG_INT_DIS_MEAS_EN 宏被定义时存在。

（34）SchedLockTimeMax：任务执行时调度器关闭的最大时长。该成员变量仅在 os_cfg.h 文件的 OS_CFG_SCHED_LOCK_TIME_MEAS_EN 宏使能时存在。

（35）DbgPrevPtr 和 DbgNextPtr：用于组成双向链表，仅在调试中使用。DbgNextPtr 和 DbgPrevPtr 仅在 os_cfg.h 文件的 OS_CFG_DBG_EN 宏使能时存在。

（36）DbgNamePtr：保存任务正在阻塞等待的项目名，该项目可以为事件标志组、信号量、互斥量、消息队列等。该成员变量仅在 os_cfg.h 文件的 OS_CFG_DBG_EN 宏使能时存在。

（37）TaskID：该成员变量在第三方工具中使用，如 Percepio 的 TraceAlyzer。该成员变量仅在 os_cfg.h 文件的 TRACE_CFG_EN 宏使能时存在。

注意，任何时候都不要轻易尝试修改任务 TCB 的内容，对于任务 TCB 的任何修改都要通过 μC/OS-III 提供的 API 接口函数来操作。

6.2　就　绪　列　表

6.2.1　就绪列表、延时列表和等待列表

在 μC/OS-III 中，与任务管理有关的就绪列表、延时列表和等待列表十分重要。就绪列表用于记录系统中的就绪任务，具有快速查找定位的功能。延时列表用于记录系统中的延时和超时等待任务。等待列表则用于记录因等待内核项目就绪而处于阻塞态的任务。延时列表和等待列表的相关内容将在后续章节中介绍。

在第 4 章设计的简易操作系统中，任务的延时和就绪通过一个数组管理，简单便捷，但也存在诸多弊端：①数组的大小是固定的，因此简易操作系统只支持完成有限数量的任务；②在每次系统节拍中断时，都需要从头到尾扫描整个数组，更新任务的延时计数，效率较低；③调度器在查找优先级最高的任务时，也需要从头到尾扫描整个数组，效率较低。

为了提高系统效率，降低 CPU 负担，μC/OS-III 引入了就绪列表和延时列表，且不限制任务的数量，用户可以创建任意数量的任务，但查找最高优先级任务和更新所有的任务延时这两个操作所消耗的时间却是确定的，即执行时间可预测、可控制。

6.2.2　就绪列表简介

下面对就绪列表进行简要介绍。就绪列表可用于快速查找就绪任务，μC/OS-III 内核中有

一个就绪优先级点阵，专用于辅助就绪列表快速锁定最高优先级任务。就绪优先级点阵如图 6-4 所示，其通过 os_prio.c 文件中定义的 OSPrioTbl 数组实现。

OSPrioTbl 数组的类型为 CPU_DATA，该类型决定了点阵的宽度。如图 6-4 所示，就绪优先级点阵宽度为 32，即 OSPrioTbl 数组中的每个元素都可以表示 32 个优先级状态。CPU_DATA 在 cpu.h 文件中定义，位宽可为 8 位、16 位或 32 位，具体取值取决于处理器架构。在本书中，CPU_DATA 被定义为 CPU_INT32U。

在 μC/OS-III 中，任务优先级的取值范围为 0~OS_CFG_PRIO_MAX-1，数值越小，优先级越高。任务一旦就绪，就绪优先级点阵中的相应位将被置位。在图 6-4 中，从左往右，优先级数值递增，最高位位于左侧，最低位位于右侧。当下，主流处理器大多提供了 CLZ（Count Leading Zeros）指令，即零计数指令，用于计算最高符号位与第一个 1 之间的 0 的个数，μC/OS-III 通过该指令可快速锁定具有最高优先级的就绪任务。

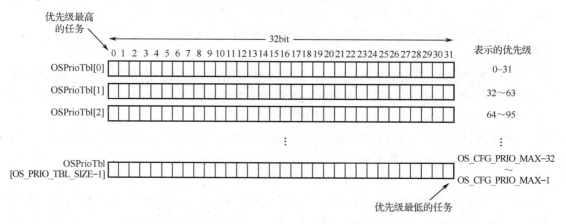

图 6-4　就绪优先级点阵

操作系统中的空闲任务一直处于就绪态或运行态，因此就绪优先级点阵中最低优先级对应的位总为 1。μC/OS-III 可通过 OS_PrioGetHighest 函数获取优先级最高的就绪任务，如程序清单 6-3 所示，先找到 OSPrioTbl 数组中不为 0 的元素，即优先级最高的就绪任务所在的点阵，再通过 CPU_CntLeadZeros 函数计算最高符号位与第一个 1 之间的 0 的个数，确定对应的优先级。

程序清单 6-3

```
OS_PRIO OS_PrioGetHighest(void)
{
  CPU_DATA *p_tbl;
  OS_PRIO   prio;

  prio = (OS_PRIO)0;
  p_tbl = &OSPrioTbl[0];
  while(*p_tbl = (CPU_DATA)0)
  {
    prio += DEF_INT_CPU_NBR_BITS;
    p_tbl++;
  }
  prio += (OS_PRIO)CPU_CntLeadZeros(*p_tbl);
```

```
    return (prio);
}
```

若就绪优先级点阵位宽为 32，那么 DEF_INT_CPU_NBR_BITS 的值也为 32。
CPU_CntLeadZeros 函数用于进行零计数。例如，输入参数为 32 位，当输入 0xF0001234 时将
返回 0，表明最高符号位与第一个 1 之间的 0 的个数为 0；而当输入 0x00F01234 时将返回 8。
该函数通常由汇编语言的 CLZ 指令实现；也可以用 C 语言实现，但是效率相对较低。

OS_PrioGetHighest 函数需要扫描整个就绪优先级点阵，因此，当优先级数量较少时，
OS_PrioGetHighest 函数将更高效。例如，当在 32 位处理器中，且优先级数量为 64 个时，程
序清单 6-3 等同于程序清单 6-4。此时，OS_PrioGetHighest 函数只需经过两次判断即可得出
具有最高优先级的就绪任务；若优先级数量为 32 个，则只需经过一次判断。对于大多数应用
而言，64 个优先级可以满足基本需求。

程序清单 6-4

```
OS_PRIO OS_PrioGetHighest(void)
{
    OS_PRIO    prio;

    if(OSPrioTbl[0] != (OS_PRIO)0)
    {
        prio = CPU_CntLeadZeros(OSPrioTbl[0]);
    }
    else
    {
        prio = CPU_CntLeadZeros(OSPrioTbl[1]) + 32;
    }
    return (prio);
}
```

6.2.3　全局变量定义

常规的全局变量需要先在.c 文件中定义，再在.h 文件中声明。这时，包含该.h 文件即可
使用相应的全局变量。μC/OS-III 采用一个巧妙的方法，仅通过.h 文件即可完成对全局变量的
定义和声明。

以 os.h 文件中的 OSRdyList 数组相关语句为例，如程序清单 6-5 所示，当 OS_EXT 为空
时，该语句完成变量定义；当 OS_EXT 为 extern 时，该语句完成变量声明。

程序清单 6-5

```
...
OS_EXT  OS_RDY_LIST  OSRdyList[OS_CFG_PRIO_MAX]; /* 就绪列表 */
...
```

同时，在 os.h 文件中还包含如程序清单 6-6 所示的代码。如果在当前文件中预先定义
OS_GLOBALS，则将 OS_EXT 定义为空；如果未预先定义 OS_GLOBALS，则将 OS_EXT 定
义为 extern。

程序清单 6-6

```
#ifdef    OS_GLOBALS
#define   OS_EXT
```

```
#else
#define   OS_EXT   extern
#endif
```

　　编译器在编译 C 语言代码时，若遇到"include"关键字，则会将其所在行替换为需要包含的文件。以 os_var.c 文件为例，该文件首先定义 OS_GLOBALS 宏，然后包含 os.h 文件，此时 os_var.c 文件内容等同于程序清单 6-7，因为预先定义了 OS_GLOBALS 宏，所以 os_var.c 文件中所有的 OS_EXT 宏均为空，这样就实现了全局变量的定义。而在其他文件中包含 os.h 文件时，不需要定义 OS_GLOBALS 宏，此时该文件下的 OS_EXT 将等效于 extern，表明 OS_EXT 后的变量为外部定义的全局变量。

程序清单 6-7

```
#define   OS_GLOBALS

#ifdef    OS_GLOBALS
#define   OS_EXT
#else
#define   OS_EXT   extern
#endif
...
OS_EXT   OS_RDY_LIST   OSRdyList[OS_CFG_PRIO_MAX]; /* 就绪列表 */
...
```

　　就绪列表 OSRdyList 在 os_var.c 文件中使用上述方式定义，包含了 OS_CFG_PRIO_MAX 个链表入口，即数组中的每个元素都是一个如程序清单 6-8 所示的结构体，并组成了链表的数据结构，用于存放具有相同优先级的任务。其中，成员变量 NbrEntries 为链表长度，代表该优先级下就绪任务的数量；TailPtr 和 HeadPtr 用于组成双向链表，便于插入和删除任务，TailPtr 指向链尾，HeadPtr 指向链首，如图 6-5 所示。就绪列表 OSRdyList 下标对应任务优先级，即 OSRdyList[0]对应优先级 0，OSRdyList[5]对应优先级 5。

程序清单 6-8

```
struct   os_rdy_list {
    OS_TCB              *HeadPtr;
    OS_TCB              *TailPtr;
    OS_OBJ_QTY           NbrEntries;
};
```

　　若所有内部任务都使能，则此时就绪列表如图 6-6 所示，该列表默认所有任务拥有不同的优先级，实际上任务之间可以拥有相同的优先级。

　　（1）OSRdyList[OS_CFG_PRIO_MAX-1]仅有一个任务，即空闲任务。

　　（2）就绪列表直接指向 TCB（任务控制块），并通过 TCB 中的 PrevPtr 和 NextPtr 进一步组成双向链表，同一链表中的所有任务拥有相同的优先级。

　　（3）若 OS_CFG_ISR_DEFERRED 宏被设置为 1，则优先级 0 将被中断服务管理任务占用，且此时只有中断服务管理任务的优先级可以为 0。

　　（4）时钟节拍任务、软件定时器任务和统计任务拥有不同的优先级。

　　（5）如果链表只含有一个就绪任务，那么 TailPtr 和 HeadPtr 都将指向该任务的 TCB。

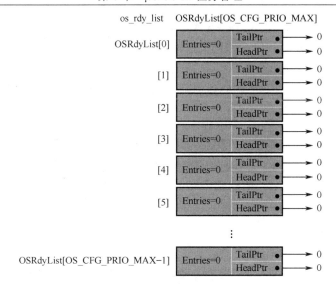

图 6-5　空的就绪列表

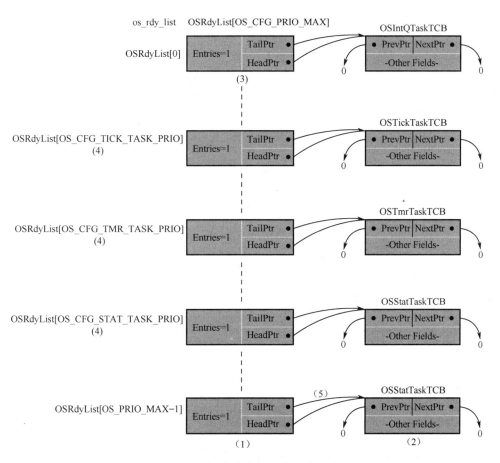

图 6-6　内部任务使能后的就绪列表

若相同优先级下有两个任务就绪，那么就绪列表的插入情况如图 6-7 所示。双向链表可以无限延伸，而 μC/OS-III 不限制相同优先级任务的数量。因此，理论上用户可以创建任意多任务，任务的数量仅受限于 ROM 和 RAM 的容量。

当 μC/OS-III 内核锁定优先级最高的就绪任务时，首先扫描就绪优先级点阵得到已就绪任务的最高优先级，再根据此优先级从就绪列表中取出第一个任务的 TCB，完成锁定。

此外，内核通过整体扫描就绪列表，也可以锁定目标任务，但效率相对较低。

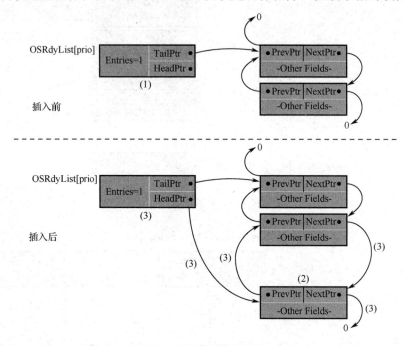

图 6-7　就绪列表的插入情况

6.3　内　部　任　务

μC/OS-III 的内核在初始化时，会根据用户配置自动创建 2~5 个内部任务，如表 6-6 所示。其中，空闲任务和时钟节拍任务默认创建，而统计任务、软件定时器任务、中断服务管理任务则根据用户配置选择性创建。相关的宏在 os_cfg.h 文件中定义，下面简要介绍各个内部任务。

表 6-6　μC/OS-III 的内部任务

任　　务	使　能　宏	任务函数名
空闲任务	无	OS_IdleTask
时钟节拍任务	无	OS_TickTask
统计任务	OS_CFG_STAT_TASK_EN	OS_StatTask
软件定时器任务	OS_CFG_TMR_EN	OS_TmrTask
中断服务管理任务	OS_CFG_ISR_POST_DEFERRED_EN	OS_IntQTask

1. 空闲任务

空闲任务为 μC/OS-III 内核创建的第一个任务，存在于应用程序的整个生命周期。空闲任务的优先级始终为 OS_CFG_PRIO_MAX-1,该优先级仅供空闲任务使用。用户创建任务时，

μC/OS-III 内核会校验用户分配的任务优先级，内核保留的优先级不允许用户使用。当没有其他任务处于就绪态时，系统执行空闲任务。

空闲任务关键代码如程序清单 6-9 所示，完整代码可参考 os_core.c 文件。

程序清单 6-9

```
void OS_IdleTask(void *p_arg)
{
  while(DEF_ON){          //(1)
  OS_CRITICAL_ENTER();
  OSIdleTaskCtr++;        //(2)
  OSStatTaskCtr++;
  OS_CRITICAL_EXIT();
  OSIdleTaskHook();       //(3)
  }
}
```

（1）空闲任务在一个"死循环"中执行，该循环可以为空循环，但不能执行任何可能导致空闲任务阻塞的操作，如延时操作等。若空闲任务进入阻塞态，那么调度器执行任务切换的结果将不可预测，可能导致系统崩溃。

（2）空闲任务执行时，两个计数器 OSIdleTaskCtr 和 OSStatTaskCtr 的值会递增。

OSIdleTaskCtr 在 os_var.c 文件中定义，通常为 32 位无符号整型变量。该变量在 μC/OS-III 内核初始化时，被赋值为 0。OSIdleTaskCtr 用于测量空闲任务的活跃程度，该变量从 0x00000000 递增到 0xFFFFFFFF，溢出后继续从零开始递增。OSIdleTaskCtr 的递增速度取决于系统的空闲程度，即空闲任务的执行时间。空闲任务执行得越久，OSIdleTaskCtr 的递增速度越快。

OSStatTaskCtr 同样在 os_var.c 文件中定义，通常为 32 位无符号整型变量，该变量用于计算总的 CPU 利用率。

（3）空闲任务每经过一个循环，调用一次 OSIdleTaskHook 函数（钩子函数），拓展 μC/OS-III 内核功能。OSIdleTaskHook 函数在 os_cpu_c.c 文件中定义，通过指针 OS_AppIdleTaskHookPtr 调用用户自定义的钩子函数，如程序清单 6-10 所示。空闲任务钩子函数中禁止执行延时等任何可能导致空闲任务阻塞的操作。

程序清单 6-10

```
void  OSIdleTaskHook (void)
{
#if OS_CFG_APP_HOOKS_EN > 0u
    if (OS_AppIdleTaskHookPtr != (OS_APP_HOOK_VOID)0) {
        (*OS_AppIdleTaskHookPtr)();
    }
#endif
}
```

通过空闲任务钩子函数，用户可以在系统空闲时进入低功耗模式，如程序清单 6-11 所示，此时空闲任务将不能使用 OSStatTaskCtr 统计 CPU 利用率。

程序清单 6-11

```
void OS_AppIdleTaskHookPtr(void)
{
    //进入低功耗模式指令
}
```

2．时钟节拍任务

时钟节拍任务在 os_tick.c 文件中定义，用户可以通过 os_cfg_app.h 文件中的 OS_CFG_TICK_TASK_PRIO 宏来配置时钟节拍任务的优先级。时钟节拍任务的优先级一般较高，仅略低于用户最高优先级任务。

时钟节拍任务用于处理延时列表，包括任务的阻塞延时、超时等待等。时钟节拍任务是一个周期任务，由时钟节拍中断通过内建信号量触发，如图 6-8 所示。

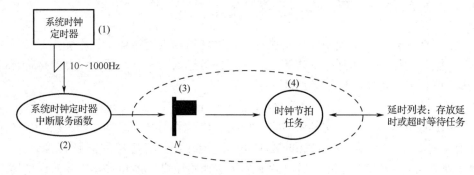

图 6-8　时钟节拍中断与时钟节拍任务的关系

3．统计任务

μC/OS-III 中的统计任务用于统计总的 CPU 利用率、各个任务的 CPU 利用率、各个任务栈区的使用率等。统计任务将会在第 18 章中详细介绍。

4．软件定时器任务

软件定时器任务用于提供软件定时器服务，在 os_tmr.c 文件中定义。应用前需要将 os_cfg.h 文件中的 OS_CFG_TMR_EN 宏置 1。软件定时器任务将在第 15 章中详细介绍。

5．中断服务管理任务

中断服务管理任务专用于管理中断服务函数中的发送行为，其优先级为 0，0 为最高优先级。应用前需要将 os_cfg.h 文件中的 OS_CFG_ISR_POST_DEFERRED_EN 宏置 1。

μC/OS-III 通过开关中断或调度器实现临界段。若 OS_CFG_ISR_POST_DEFERRED_EN 宏被设置为 1，那么系统中绝大多数临界段将通过开关调度器实现。所有 μC/OS-III 提供的发送函数，包括发送信号量、发送互斥量、发送消息队列等，不再直接向目标项目写数据，而是统一由中断服务管理任务管理。中断服务管理任务将在第 17 章中详细介绍。

6.4　任务管理相关 API 函数

1．OSTaskCreate 函数

OSTaskCreate 函数用于创建任务，具体描述如表 6-7 所示。该函数是用户学习 μC/OS-III 的过程中接触的第一个函数，共有 13 个参数。

表 6-7　OSTaskCreate 函数描述

函　数　名	OSTaskCreate
函　数　原　型	void OSTaskCreate(OS_TCB　　　　*p_tcb, 　　　　　　　　　　CPU_CHAR　　　*p_name, 　　　　　　　　　　OS_TASK_PTR　 p_task 　　　　　　　　　　void　　　　　　 *p_arg, 　　　　　　　　　　OS_PRIO　　　　prio, 　　　　　　　　　　CPU_STK　　　 *p_stk_base, 　　　　　　　　　　CPU_STK_SIZE stk_limit, 　　　　　　　　　　CPU_STK_SIZE stk_size, 　　　　　　　　　　OS_MSG_QTY　 q_size, 　　　　　　　　　　OS_TICK　　　　time_quanta, 　　　　　　　　　　void　　　　　　 *p_ext, 　　　　　　　　　　OS_OPT　　　　 opt, 　　　　　　　　　　OS_ERR　　　　 *p_err)
功　能　描　述	创建任务
所　在　位　置	os_task.c
调　用　位　置	任务或启动代码中
使　能　配　置	无
输入参数 1	p_tcb：指向任务的 OS_TCB（任务控制块）。μC/OS-III 与 FreeRTOS 不同，任务控制块不能随任务的创建动态分配内存，需要用户提前分配。任务控制块所需的内存通常是静态的（定义一个 OS_TCB 静态变量即可），当然也可以通过动态内存分配。建议将任务控制块定义成全局变量，便于管理任务，同时也有利于任务通信
输入参数 2	p_name：指向以"\0"结尾的字符串的指针，用于表示该任务的名称。注意，该变量为指针变量，即 μC/OS-III 不会将任务名复制到任务控制块中，因此该字符串最好为字符串常量
输入参数 3	p_task：任务函数入口地址，传入任务函数的函数名即可
输入参数 4	p_arg：传入参数入口地址，传入任务函数有关参数的指针
输入参数 5	prio：任务优先级。数值越低，优先级越高。任务优先级取值范围为 2～OS_CFG_PRIO_MAX-3，0、1、OS_CFG_PRIO_MAX-1、OS_CFG_PRIO_MAX-2 由 μC/OS-III 内核使用
输入参数 6	p_stk_base：任务栈区起始地址。任务栈区用于保存局部变量、函数参数、返回地址、CPU 寄存器等数据。任务栈区必须是 CPU_STK 类型的数组，而 p_stk_base 应为该数组第一个元素的地址。栈区大小需要综合考虑任务需求和中断嵌套深度，任务局部变量越多、中断嵌套深度越大，所需的栈区也就越大。如果系统中有独立的栈区供中断使用，那么只需要考虑任务需求即可。对于简单任务而言，512 字节（数组大小为 128）的栈区大小已经足够满足需求。与任务控制块类似，任务栈区也可以通过动态内存分配，但任务执行期间禁止释放栈区内存
输入参数 7	stk_limit：任务栈区深度限位。用于设置任务栈区的范围，并将在任务执行时检测是否超过该范围
输入参数 8	stk_size：任务栈区大小，即作为栈区的数组元素数量，对应栈区数组下标。任务栈区通过 CPU_STK 类型的数组实现，因此任务栈区实际大小为 CPU_STK 类型位宽* stk_size/8 字节
输入参数 9	q_size：内建消息队列长度，设为 0 表示禁止通过内建消息队列接收信息
输入参数 10	time_quanta：时间转轮长度，以时间片为单位，表示多个同优先级任务就绪时，该任务可持续执行的最长时间。如果设为 0，那么使用默认配置，此时时间转轮长度为 10 个时间片
输入参数 11	p_ext：用户补充的存储区，用于拓展任务控制块（TCB），如在任务切换时用于保存浮点运算单元寄存器。一般设为 NULL

续表

输入参数 12	opt：任务选项。每个任务选项由一位组成，不同选项可以通过"或"运算组合。 OS_OPT_TASK_NONE：指定使用默认选项； OS_OPT_TASK_STK_CHK：指定使能栈区使用量和剩余量计算； OS_OPT_TASK_STK_CLR：指定使能创建任务时初始化栈区； OS_OPT_TASK_SAVE_FP：指定保存浮点运算单元，对于有硬件浮点单元的处理器，一般都建议开启； OS_OPT_TASK_NO_TLS：指定关闭 TLS 功能
输入参数 13	p_err：错误码。 OS_ERR_NONE：成功； OS_ERR_ILLEGAL_CREATE_RUN_TIME：在 OSSafetyCriticalStart 函数调用后创建任务； OS_ERR_NAME：任务名（p_name）为 NULL； OS_ERR_PRIO_INVALID：任务优先级不在许可范围内； OS_ERR_STK_INVALID：任务栈区起始地址（p_stk_base）为 NULL； OS_ERR_STK_SIZE_INVALID：任务栈区的大小低于最小值（os_cfg.h 文件定义的 OS_CFG_STK_SIZE_MIN 宏）； OS_ERR_STK_LIMIT_INVALID：栈区限制大于或等于栈区大小； OS_ERR_TASK_CREATE_ISR：尝试在中断中创建任务； OS_ERR_TASK_INVALID：任务函数入口地址（p_task）为 NULL； OS_ERR_TCB_INVALID：任务控制块首地址（p_tcb）为 NULL
返 回 值	void

任务可以在启动代码中创建，也可以通过使用 OSTaskCreate 函数在其他任务中创建。OSTaskCreate 函数的使用方法如程序清单 6-12 所示。使用 OSTaskCreate 函数创建任务时，首先要为任务控制块和任务栈区分配内存，可以静态分配，也可以由系统堆区动态分配。注意，任务执行过程中禁止将任务控制块和任务栈区所占据的动态内存释放。由于不同文件间的任务可能要相互通信，因此任务控制块通常定义为全局变量。

在 Cortex-M4 处理器中，对于简单任务，如流水灯闪烁、按键扫描等，通常将栈区大小 stk_size 设置为 128 字，即 512 字节；如果需要进行复杂算法计算，或者局部变量较多，则可以适当加大任务栈区。通过 OSTaskStkChk 函数可统计栈区历史最大使用量和最小剩余量，然后适当调节栈区大小。如果内存充裕，则建议将栈区设置得大一些。

几乎所有 μC/OS-III 提供的 API 函数都带有错误校验，函数执行过程中发生错误时将返回一个错误码。错误码可以实时反映系统运行状态，用户应当对 μC/OS-III 输出的每个错误码进行校验。

程序清单 6-12

```
//任务相关变量
OS_TCB g_tcbTask1;                            //任务控制块（TCB）
static CPU_STK s_arrTask1Stack[128];          //任务栈区

//任务1函数
void Task1(void *pArg)
{
  //任务循环
  while(1)
  {
```

```
    }
}

//任务 2 函数
void Task2(void *pArg)
{
  OS_ERR err;

  //创建任务 1
  OSTaskCreate((OS_TCB*)&g_tcbTask1,              //任务控制块
              (CPU_CHAR*)"Task1",                 //任务名
              (OS_TASK_PTR)Task1,                 //任务函数
              (void*)0,                           //传递给任务函数的参数
              (OS_PRIO)3,                         //任务优先级
              (CPU_STK*)s_arrTask1Stack,          //任务栈区起始地址
              (CPU_STK_SIZE)(128) / 10,           //任务栈区深度限位
              (CPU_STK_SIZE)128,                  //任务栈区大小
              (OS_MSG_QTY)0,                      //禁用任务内部消息队列
              (OS_TICK)0,                         //时间片轮转时使用默认的时间片长度
              (void*)0,                           //用户补充的存储区
              (OS_OPT)OS_OPT_TASK_STK_CHK |       //任务选项，使能栈区使用量和剩余量计算
              OS_OPT_TASK_STK_CLR |               //任务选项，使能创建任务时初始化栈区
              OS_OPT_TASK_SAVE_FP,                //任务选项，使能保存浮点运算单元寄存器
              (OS_ERR*)&err);                     //存放该函数错误时的返回值
  if(OS_ERR_NONE != err)
  {
    printf("Fail to create task1 (%d)\r\n", err);
    while(1){}
  }

  //任务循环
  while(1)
  {

  }
}
```

2. OSTaskDel 函数

当系统不再需要执行某一任务时，可以通过 OSTaskDel 函数将该任务删除，使其进入休眠态，此时任务函数代码仍存储在系统中，可以再次用于创建任务。OSTaskDel 函数描述如表 6-8 所示。OSTaskDel 函数可以用于单次任务，任务执行一次后便不再执行，此时任务不能直接返回，应该通过 OSTaskDel 函数将该任务从系统中删除。

为了增加内存利用率，任务删除后，其任务控制块和任务栈区可以用于创建新的任务。若任务控制块和任务栈区是从任务堆区动态分配的，那么删除任务后可以将动态内存释放。

虽然 μC/OS-III 支持任务删除，但不建议在任务执行时将其删除。因为任务可能占据一些共享资源，如信号量、互斥量等，若删除任务前尚未释放这些共享资源，则可能会出现死锁之类的错误。

表 6-8　OSTaskDel 函数描述

函 数 名	OSTaskDel
函 数 原 型	void OSTaskDel(OS_TCB　　　　*p_tcb, 　　　　　　　　OS_ERR　　　　*p_err)
功 能 描 述	删除任务
所 在 位 置	os_task.c
调 用 位 置	任务中
使 能 配 置	OS_CFG_TASK_DEL_EN
输入参数 1	p_tcb：任务控制块指针，输入 NULL 表示删除当前任务
输入参数 2	p_err：错误码。 OS_ERR_NONE：成功； OS_ERR_STATE_INVALID：状态无效； OS_ERR_TASK_DEL_IDLE：尝试删除空闲任务； OS_ERR_TASK_DEL_INVALID：尝试删除 ISR Handler 任务； OS_ERR_TASK_DEL_ISR：尝试在中断中调用该函数
返 回 值	void

OSTaskDel 函数的使用方法如程序清单 6-13 所示。

程序清单 6-13

```
void Task2(void *pArg)
{
  extern OS_TCB g_tcbTask1;
  OS_ERR err;

  //删除任务
  OSTaskDel(&g_tcbTask1, &err);
  if(OS_ERR_NONE != err)
  {
    printf("Fail to delete task1 (%d)\r\n", err);
    while(1){}
  }

  //任务循环
  while(1)
  {

  }
}
```

3. OSTaskSuspend 函数

OSTaskSuspend 函数用于挂起任务，无条件暂停任务执行，具体描述如表 6-9 所示。任务如果要挂起自己，则可以将该函数的 p_tcb 参数设为 NULL 或自身 TCB 地址。处于挂起状态的任务只能由其他任务唤醒，且任务一旦被挂起，就会立即触发调度器进行任务调度，切换到下一个优先级最高的就绪任务。处于挂起状态的任务只能通过 OSTaskResume 函数唤醒。

任务挂起可以与其他动作进行组合。例如，如果一个任务正在延时阻塞，此时另一个任务挂起该任务，那么该任务只有在挂起状态解除且延时时间溢出后才能就绪。又如，任务阻塞等待某一信号量时被挂起，信号量被释放后，该任务将被从信号量的等待列表中移除，但由于该任务处于挂起状态，所以并不会立即就绪，直至挂起状态被解除。

　　μC/OS-III 支持任务嵌套挂起，处于挂起状态的任务可以被再次挂起，但重新执行该任务时需要解除相同次数。任务嵌套挂起次数会记录并保存到对应的 TCB 中。

表 6-9　OSTaskSuspend 函数描述

函 数 名	OSTaskSuspend
函 数 原 型	void OSTaskSuspend (OS_TCB　　　　*p_tcb, 　　　　　　　　　　　　OS_ERR　　　　　*p_err)
功 能 描 述	挂起任务，任务将进入阻塞态
所 在 位 置	os_task.c
调 用 位 置	任务中
使 能 配 置	OS_CFG_TASK_SUSPEND_EN
输入参数 1	p_tcb：任务控制块指针，输入 NULL 表示挂起当前任务
输入参数 2	p_err：错误码。 OS_ERR_NONE：成功； OS_ERR_SCHED_LOCKED：调度器被锁定； OS_ERR_TASK_SUSPEND_ISR：尝试在中断中调用该函数； OS_ERR_TASK_SUSPEND_IDLE：尝试挂起空闲任务； OS_ERR_TASK_SUSPEND_INT_HANDLER：尝试挂起 ISR Handler 任务
返 回 值	void

4．OSTaskResume 函数

　　OSTaskResume 函数用于解除任务挂起状态，与 OSTaskSuspend 函数搭配使用，具体描述如表 6-10 所示。处于挂起状态的任务不能唤醒自身，必须由其他任务通过 OSTaskResume 函数解除挂起状态。

表 6-10　OSTaskResume 函数描述

函 数 名	OSTaskResume
函 数 原 型	void OSTaskResume(OS_TCB　　　　*p_tcb, 　　　　　　　　　　　OS_ERR　　　　　*p_err)
功 能 描 述	解除任务挂起状态
所 在 位 置	os_task.c
调 用 位 置	任务中
使 能 配 置	OS_CFG_TASK_SUSPEND_EN
输入参数 1	p_tcb：任务控制块指针。该参数为 NULL 是无效的，因为输入 NULL 表示将当前任务从阻塞态恢复，而当前正在执行的任务只可能处于运行态或中断服务态
输入参数 2	p_err：错误码。 OS_ERR_NONE：成功； OS_ERR_STATE_INVALID：状态无效； OS_ERR_TASK_RESUME_ISR：尝试在中断中调用该函数； OS_ERR_TASK_RESUME_SELF：p_tcb 参数为 NULL； OS_ERR_TASK_NOT_SUSPENDED：目标任务并未处于阻塞态
返 回 值	void

　　OSTaskSuspend 和 OSTaskResume 函数的应用如程序清单 6-14 所示。任务 2 挂起任务 1 后，调用 ProcFunc 函数再次挂起任务 1，形成嵌套挂起。ProcFunc 函数中解除任务 1 的挂起状态并返回后，任务 2 需要再解除任务 1 挂起状态一次，才能将任务 1 从挂起状态恢复。

程序清单 6-14

```
//处理函数
void ProcFunc(void)
{
  extern OS_TCB g_tcbTask1;
  OS_ERR err;

  //挂起任务1
  OS_TaskSuspend(&g_tcbTask1, &err);
  if(OS_ERR_NONE != err)
  {
    printf("Fail to suspend task1 (%d)\r\n", err);
  }

  //处理其他任务
  ...

  //恢复任务1
  OSTaskResume(&g_tcbTask1, &err);
  if(OS_ERR_NONE != err)
  {
    printf("Fail to resume task1 (%d)\r\n", err);
  }
}

//任务2
void Task2(void *pArg)
{
  extern OS_TCB g_tcbTask1;
  OS_ERR err;

  //任务循环
  while(1)
  {
    //挂起任务1
    OS_TaskSuspend(&g_tcbTask1, &err);
    if(OS_ERR_NONE != err)
    {
      printf("Fail to suspend task1 (%d)\r\n", err);
    }

    //处理其他任务
    ...

    //调用 ProcFunc 函数
    ProcFunc();
```

```
//恢复任务1
OSTaskResume(&g_tcbTask1, &err);
if(OS_ERR_NONE != err)
{
  printf("Fail to resume task1 (%d)\r\n", err);
}
}
}
```

5. OSTaskChangePrio 函数

OSTaskChangePrio 函数用于修改任务优先级，并根据新的优先级调整任务在就绪列表、等待列表中的位置，具体描述如表 6-11 所示。注意，0、OS_PRIO_MAX-1 等优先级被 μC/OS-III 保留。

表 6-11　OSTaskChangePrio 函数描述

函 数 名	OSTaskChangePrio
函 数 原 型	void　OSTaskChangePrio (OS_TCB　　*p_tcb, 　　　　　　　　　　　　OS_PRIO　　prio_new, 　　　　　　　　　　　　OS_ERR　　*p_err)
功 能 描 述	修改任务优先级
所 在 位 置	os_task.c
调 用 位 置	任务中
使 能 配 置	OS_CFG_TASK_CHANGE_PRIO_EN
输入参数 1	p_tcb：任务控制块指针
输入参数 2	prio_new：新的优先级
输入参数 3	p_err：错误码。 OS_ERR_NONE：成功； OS_ERR_PRIO_INVALID：尝试修改为无效优先级； OS_ERR_TASK_CHANGE_PRIO_ISR：尝试在中断中调用该函数
返 回 值	void

6. OSTaskStkChk 函数

OSTaskStkChk 函数用于获取任务栈区使用情况，具体描述如表 6-12 所示。通过该函数可以获取栈区已使用空间和剩余空间。若要使用栈区检测功能，则需要在创建任务时将"任务选项"配置为 OS_TASK_OPT_STK_CHK 和 OS_TASK_OPT_STK_CLR。

μC/OS-III 创建任务时可以选择将栈区全部清零，此时任务执行时只需要统计栈区末尾零的数量，即可推断出栈区的大致使用情况。因此，OSTaskStkChk 函数实际上用于统计任务栈区自任务创建以来最大的栈区使用空间和最少的栈区剩余空间。如果启动代码将整片 RAM 清零，且创建任务后不再删除，那么任务在创建时也无须配置 OS_TASK_OPT_STK_CLR，这将减少 OSTaskCreate 函数的执行时间。

μC/OS-III 的统计任务（Statistic Task）每次执行时都会通过 OSTaskStkChk 函数统计每个任务的栈区使用情况，并保存到任务控制块中。因此，若应用中开启了统计任务，则通过任务控制块即可获取栈区使用情况。

表 6-12 OSTaskStkChk 函数描述

函 数 名	OSTaskStkChk

函 数 原 型	void OSTaskStkChk(OS_TCB *p_tcb,
	                  CPU_STK_SIZE *p_free,
	                  CPU_STK_SIZE *p_used,
	                  OS_ERR *p_err)

功 能 描 述	获取任务栈区使用情况
所 在 位 置	os_task.c
调 用 位 置	任务中
使 能 配 置	OS_CFG_TASK_STAT_CHK_EN
输入参数 1	p_tcb：任务控制块指针。NULL 表示获取当前任务的栈区使用情况
输入参数 2	p_free：指向 CPU_STK_SIZE 类型变量，用于返回任务栈区历史最少剩余空间，以字节为单位
输入参数 3	p_used：指向 CPU_STK_SIZE 类型变量，用于返回任务栈区历史最多使用空间，以字节为单位
输入参数 4	p_err：错误码。 OS_ERR_NONE：成功； OS_ERR_PTR_INVALID：非法参数，p_free 或 p_used 为 NULL； OS_ERR_TASK_NOT_EXIST：任务的栈区首地址是 NULL； OS_ERR_TASK_OPT：任务创建时并未配置 OS_OPT_TASK_STK_CHK； OS_ERR_TASK_STK_CHK_ISR：尝试在中断中调用该函数
返 回 值	void

7. OSTaskRegSet 函数

OSTaskRegSet 函数用于修改任务寄存器，具体描述如表 6-13 所示。µC/OS-III 允许用户将一些任务数据存储在任务寄存器（Task Registers）中。任务寄存器与 CPU 寄存器不同，任务寄存器专用于存储用户信息。每个任务的任务寄存器数量取决于 OS_CFG_TASK_REG_TBL_SIZE 宏，而寄存器数据类型取决于 OS_REG 宏（在 os_type.h 文件中定义），位宽可为 8 位、16 位或 32 位，分为有符号整型、无符号整型、浮点类型等。在 Cortex-M4 内核中，OS_REG 的典型数据类型为 32 位无符号数。

表 6-13 OSTaskRegSet 函数描述

函 数 名	OSTaskRegSet

函 数 原 型	void OSTaskRegSet(OS_TCB *p_tcb,
	                OS_REG_ID id,
	                OS_REG value,
	                OS_ERR *p_err)

功 能 描 述	修改任务寄存器
所 在 位 置	os_task.c
调 用 位 置	任务中
使 能 配 置	OS_CFG_TASK_REG_TBL_SIZE
输入参数 1	p_tcb：任务控制块指针。NULL 表示要访问当前任务的任务寄存器
输入参数 2	id：寄存器编号，0 到 OS_CFG_TASK_REG_TBL_SIZE-1
输入参数 3	value：寄存器的值

输入参数 4	p_err：错误码。 OS_ERR_NONE：成功； OS_ERR_REG_ID_INVALID：寄存器编号出错
返 回 值	void

8. OSTaskRegGet 函数

OSTaskRegGet 函数用于获取任务寄存器的值，具体描述如表 6-14 所示。

表 6-14　OSTaskRegGet 函数描述

函 数 名	OSTaskRegGet
函 数 原 型	OS_REG OSTaskRegGet(OS_TCB　　　　*p_tcb, 　　　　　　　　　　　OS_REG_ID　　　id, 　　　　　　　　　　　OS_ERR　　　　*p_err)
功 能 描 述	获取任务寄存器的值
所 在 位 置	os_task.c
调 用 位 置	任务中
使 能 配 置	OS_CFG_TASK_REG_TBL_SIZE
输入参数 1	p_tcb：任务控制块指针。NULL 表示要访问当前任务的任务寄存器
输入参数 2	id：寄存器编号，0 到 OS_CFG_TASK_REG_TBL_SIZE−1
输入参数 3	p_err：错误码。 OS_ERR_NONE：成功； OS_ERR_REG_ID_INVALID：寄存器编号出错
返 回 值	void

9. OSTaskTimeQuantaSet 函数

OSTaskTimeQuantaSet 函数用于设置任务时间转轮值，具体描述如表 6-15 所示。μC/OS-III 为了避免某一任务执行时间过长，使拥有相同优先级的其他就绪任务无法及时得到响应，引入了时间转轮机制。该机制规定了同一优先级下任务的最长连续执行时间，若超过规定的时间后任务仍未放弃 CPU 使用权，则 μC/OS-III 内核将强制触发任务调度，将 CPU 使用权移交给同一优先级下的其他就绪任务。

表 6-15　OSTaskTimeQuantaSet 函数描述

函 数 名	OSTaskTimeQuantaSet
函 数 原 型	void OSTaskTimeQuantaSet (OS_TCB　　　*p_tcb, 　　　　　　　　　　　　　OS_TICK　　　time_quanta, 　　　　　　　　　　　　　OS_ERR　　　*p_err)
功 能 描 述	设置任务时间转轮值
所 在 位 置	os_task.c
调 用 位 置	任务中
使 能 配 置	OS_CFG_SCHED_ROUND_ROBIN_EN
输入参数 1	p_tcb：任务控制块指针。NULL 表示要修改当前任务的时间转轮

输入参数 2	time_quanta：任务时间转轮，以时间片为单位。如果为 0 则表示使用默认配置，默认配置下任务的时间转轮为 10 个时间片
输入参数 3	p_err：错误码。 OS_ERR_NONE：成功； OS_ERR_SET_ISR：尝试从中断中调用该函数
返 回 值	void

6.5 µC/OS-III 的栈帧初始化

µC/OS-III 在 os_cpu.c 文件中实现栈帧的初始化，如程序清单 6-15 所示。µC/OS-III 的栈帧初始化与简易操作系统的栈帧初始化类似，还添加了浮点运算单元，而且为了便于调试，初始化时会将各个寄存器设为不同值。

程序清单 6-15

```
CPU_STK  *OSTaskStkInit (OS_TASK_PTR    p_task,
                         void           *p_arg,
                         CPU_STK        *p_stk_base,
                         CPU_STK        *p_stk_limit,
                         CPU_STK_SIZE   stk_size,
                         OS_OPT         opt)
{
    CPU_STK    *p_stk;

    (void)opt;                    /* Prevent compiler warning          */

    p_stk = &p_stk_base[stk_size];            /* Load stack pointer    */
    /* Align the stack to 8-bytes.                                     */
    p_stk = (CPU_STK *)((CPU_STK)(p_stk) & 0xFFFFFFF8);
                       /* Registers stacked as if auto-saved on exception */
    *--p_stk = (CPU_STK)0x01000000u;          /* xPSR                  */
    *--p_stk = (CPU_STK)p_task;               /* Entry Point           */
    *--p_stk = (CPU_STK)OS_TaskReturn;        /* R14 (LR)              */
    *--p_stk = (CPU_STK)0x12121212u;          /* R12                   */
    *--p_stk = (CPU_STK)0x03030303u;          /* R3                    */
    *--p_stk = (CPU_STK)0x02020202u;          /* R2                    */
    *--p_stk = (CPU_STK)p_stk_limit;          /* R1                    */
    *--p_stk = (CPU_STK)p_arg;                /* R0 : argument         */
    /* Remaining registers saved on process stack                     */
    *--p_stk = (CPU_STK)0x11111111u;          /* R11                   */
    *--p_stk = (CPU_STK)0x10101010u;          /* R10                   */
    *--p_stk = (CPU_STK)0x09090909u;          /* R9                    */
    *--p_stk = (CPU_STK)0x08080808u;          /* R8                    */
    *--p_stk = (CPU_STK)0x07070707u;          /* R7                    */
    *--p_stk = (CPU_STK)0x06060606u;          /* R6                    */
    *--p_stk = (CPU_STK)0x05050505u;          /* R5                    */
    *--p_stk = (CPU_STK)0x04040404u;          /* R4                    */

#if (OS_CPU_ARM_FP_EN == DEF_ENABLED)
    if ((opt & OS_OPT_TASK_SAVE_FP) != (OS_OPT)0) {
```

```
        *--p_stk = (CPU_STK)0x02000000u;        /* FPSCR                              */
                            /* Initialize S0-S31 floating point registers             */
        *--p_stk = (CPU_STK)0x41F80000u;        /* S31                                */
        *--p_stk = (CPU_STK)0x41F00000u;        /* S30                                */
        *--p_stk = (CPU_STK)0x41E80000u;        /* S29                                */
        *--p_stk = (CPU_STK)0x41E00000u;        /* S28                                */
        *--p_stk = (CPU_STK)0x41D80000u;        /* S27                                */
        *--p_stk = (CPU_STK)0x41D00000u;        /* S26                                */
        *--p_stk = (CPU_STK)0x41C80000u;        /* S25                                */
        *--p_stk = (CPU_STK)0x41C00000u;        /* S24                                */
        *--p_stk = (CPU_STK)0x41B80000u;        /* S23                                */
        *--p_stk = (CPU_STK)0x41B00000u;        /* S22                                */
        *--p_stk = (CPU_STK)0x41A80000u;        /* S21                                */
        *--p_stk = (CPU_STK)0x41A00000u;        /* S20                                */
        *--p_stk = (CPU_STK)0x41980000u;        /* S19                                */
        *--p_stk = (CPU_STK)0x41900000u;        /* S18                                */
        *--p_stk = (CPU_STK)0x41880000u;        /* S17                                */
        *--p_stk = (CPU_STK)0x41800000u;        /* S16                                */
        *--p_stk = (CPU_STK)0x41700000u;        /* S15                                */
        *--p_stk = (CPU_STK)0x41600000u;        /* S14                                */
        *--p_stk = (CPU_STK)0x41500000u;        /* S13                                */
        *--p_stk = (CPU_STK)0x41400000u;        /* S12                                */
        *--p_stk = (CPU_STK)0x41300000u;        /* S11                                */
        *--p_stk = (CPU_STK)0x41200000u;        /* S10                                */
        *--p_stk = (CPU_STK)0x41100000u;        /* S9                                 */
        *--p_stk = (CPU_STK)0x41000000u;        /* S8                                 */
        *--p_stk = (CPU_STK)0x40E00000u;        /* S7                                 */
        *--p_stk = (CPU_STK)0x40C00000u;        /* S6                                 */
        *--p_stk = (CPU_STK)0x40A00000u;        /* S5                                 */
        *--p_stk = (CPU_STK)0x40800000u;        /* S4                                 */
        *--p_stk = (CPU_STK)0x40400000u;        /* S3                                 */
        *--p_stk = (CPU_STK)0x40000000u;        /* S2                                 */
        *--p_stk = (CPU_STK)0x3F800000u;        /* S1                                 */
        *--p_stk = (CPU_STK)0x00000000u;        /* S0                                 */
    }
#endif

    return (p_stk);
}
```

  μC/OS-III 的任务一般都为死循环，非死循环的一次性任务应在最后通过 OSTaskDel 函数删除自身，但若意外从任务中返回，那么将自动执行 OS_TaskReturn 函数，该函数在 os_task.c 文件中定义，如程序清单 6-16 所示。OS_TaskReturn 函数首先通过 OSTaskReturnHook 函数调用用户定义的钩子函数，用于通知用户任务意外退出。若使能了删除任务功能，则 OS_TaskReturn 函数会将当前任务删除；否则程序将进入死循环，等待 CPU 使用权的移交，使得更低优先级的任务得以执行。

  因此，即使任务意外返回，其他任务也可以正常执行，但建议在任务函数中先将任务删除后再退出，或者在任务末尾添加空的死循环。

程序清单 6-16

```
void  OS_TaskReturn (void)
{
    OS_ERR   err;

    OSTaskReturnHook(OSTCBCurPtr);     /* Call hook to let user decide on what to do         */
#if OS_CFG_TASK_DEL_EN > 0u
    OSTaskDel((OS_TCB *)0,             /* Delete task if it accidentally returns!            */
            (OS_ERR *)&err);
#else
    for (;;) {
        OSTimeDly((OS_TICK )OSCfg_TickRate_Hz,
                (OS_OPT  )OS_OPT_TIME_DLY,
                (OS_ERR *)&err);
    }
#endif
}
```

　　同时，μC/OS-III 也支持任务参数，因此初始化栈帧时要设置 R0 为参数值，C 语言的参数传递是通过工作寄存器实现的。

6.6　μC/OS-III 启动第一个任务

　　在 μC/OS-III 中，第一个任务的启动并非通过 SVC 异常来实现的，而是通过 OSStartHighRdy 函数跳转到第一个任务，如程序清单 6-17 所示。

　　OSStartHighRdy 函数在 os_cpu_a.asm 文件中定义。首先，配置 PendSV 异常的优先级为 NVIC_PENDSV_PRI，即 0xFF，为最低优先级。其次，初始化中断中使用的主栈指针 MSP，将其指向在 os_cfg_app.c 文件中定义的 OSCfg_ISRStk[]。再次，由于任务使用的是进程栈，设置 PSP 指针后，通过 CONTROL 寄存器将当前栈区指针（SP）切换到 PSP，后续可直接通过 SP 访问任务栈区。最后，将预先保存在任务栈区中的栈帧弹出，赋值给相应的工作寄存器，并通过 BX 指令跳转到指定任务即可。

　　μC/OS-III 启动的第一个任务通常为内部任务，不会用到浮点运算单元，因此弹出寄存器时无须考虑浮点运算单元。

程序清单 6-17

```
OSStartHighRdy
    //关闭全局中断
    CPSID    I

    //配置 PendSV 异常的优先级
    MOV32    R0, NVIC_SYSPRI14    ;//将 PendSV 异常优先级对应的 NVIC 寄存器地址加载到 R0
    MOV32    R1, NVIC_PENDSV_PRI  ;//NVIC_PENDSV_PRI 预定义为 0xFF, R1 为 0xFF
    STRB     R1, [R0]             ;//将 R1 的值写入 R0 指向的内存空间，即将 PendSV 异常的优先级设为 0xFF

    //初始化主栈
    MOV32    R0, OS_CPU_ExceptStkBase    ;//加载 OS_CPU_ExceptStkBase 指针的地址到 R0
    LDR      R1, [R0]                    ;//加载 OS_CPU_ExceptStkBase 指针的内容（即主栈栈顶地址）
到 R1
```

```
MSR        MSP, R1                          ;//将主栈栈顶地址保存到 MSP 中

OSPrioCur = OSPrioHighRdy ;//OSPrioCur 为当前任务优先级，OSPrioHighRdy 为最高就绪任务优先级
MOV32      R0, OSPrioCur      ;//加载 OSPrioCur 变量的地址到 R0
MOV32      R1, OSPrioHighRdy ;//加载 OSPrioHighRdy 变量的地址到 R1
LDRB       R2, [R1]           ;//加载 OSPrioHighRdy 的值到 R2
STRB       R2, [R0]           ;//将 R2 的值（即 OSPrioHighRdy 的值）写入 OSPrioCur 中

OSTCBCurPtr = OSTCBHighRdyPtr;//OSTCBCurPtr 为当前任务 TCB，OSTCBHighRdyPtr 为优先级最高的就
绪任务的 TCB
MOV32      R5, OSTCBCurPtr        ;//加载 OSTCBCurPtr 变量的地址到 R5
MOV32      R1, OSTCBHighRdyPtr ;//加载 OSTCBHighRdyPtr 变量的地址到 R1
LDR        R2, [R1]           ;//加载 OSTCBHighRdyPtr 的值到 R2
STR        R2, [R5]           ;//将 R2（即 OSTCBHighRdyPtr 的值）写入 OSTCBCurPtr 中

//设置 PSP 指针的值
LDR        R0, [R2] ;//获取最高就绪优先级任务栈顶地址，此时 R2 指向优先级最高的就绪任务 TCB
MSR        PSP, R0   ;//设置 PSP 指针

//切换到 PSP 指针
MRS        R0, CONTROL ;//加载特殊功能寄存器 CONTROL 的值到 R0
ORR        R0, R0, #2  ;//R0 的 bit1 置 1，表示要使用 PSP 指针
MSR        CONTROL, R0 ;//将修改后的值写回特殊功能寄存器 CONTROL
ISB                    ;//同步流水线

//将栈帧弹出
LDMFD      SP!, {R4-R11}  ;//弹出 R4～R11
LDMFD      SP!, {R0-R3}   ;//弹出 R0～R3
LDMFD      SP!, {R12, LR} ;//弹出 R12 和 LR
LDMFD      SP!, {PC}      ;//弹出 PC（任务入口地址）

//打开全局中断
CPSIE      I

//跳转到第一个任务
BX         R1
```

6.7　μC/OS-III 的 PendSV 异常处理

　　μC/OS-III 的 PendSV 异常处理程序如程序清单 6-18 所示，OS_CPU_PendSVHandler 函数在 os_cpu_a.asm 文件中定义。由于任务中使用的是任务栈（对应进程栈指针 PSP），中断/异常中强制使用主栈（对应主栈指针 MSP），所以无法用 PUSH 和 POP 指令保存、恢复任务现场数据，只能使用 STMDB、LDMIA 多数据加载指令。

　　注意，在 μC/OS-III 中，进行任务调度时，可通过 OSTaskSwHook 函数保存和加载浮点运算单元寄存器。每个任务都可以独立选择是否保存浮点运算单元。

程序清单 6-18

```
OS_CPU_PendSVHandler
    //关闭全局中断
    CPSID   I
```

```
//保存当前任务现场数据
MRS       R0, PSP              ;//加载特殊功能寄存器 PSP 的值到 R0
STMFD     R0!, {R4-R11}        ;//将 R4 到 R11 保存到任务栈区中

//保存任务栈顶指针到任务的 TCB 中
MOV32     R5, OSTCBCurPtr      ;//加载变量 OSTCBCurPtr 首地址到 R5
LDR       R6, [R5]             ;//将当前任务的 TCB 首地址保存到 R6
STR       R0, [R6]             ;//将 R0 保存到 R6 所对应的内存空间

//保存 LR 的值到 R4，函数调用会改变 LR 的值
MOV       R4, LR

//执行任务调度钩子函数，OSTaskSwHook 函数会选择性保存当前任务浮点运算单元寄存器值
//将下一个任务浮点运算单元的值从任务栈区中弹出，更新当前任务和下一个任务的 TCB 中的栈顶指针
BL        OSTaskSwHook

OSPrioCur = OSPrioHighRdy ;//OSPrioCur 为当前任务优先级，OSPrioHighRdy 为最高就绪任务优先级
MOV32     R0, OSPrioCur        ;//将变量 OSPrioCur 的地址加载到 R0
MOV32     R1, OSPrioHighRdy    ;//将变量 OSPrioHighRdy 的地址加载到 R1
LDRB      R2, [R1]             ;//加载最高就绪任务优先级值到 R2
STRB      R2, [R0]             ;//将最高就绪任务优先级值写入 OSPrioCur

OSTCBCurPtr = OSTCBHighRdyPt  ;//OSTCBCurPtr 为当前任务的 TCB，OSTCBHighRdyPtr 为优先级最高的
就绪任务 TCB
MOV32     R1, OSTCBHighRdyPtr  ;//将变量 OSTCBHighRdyPtr 的地址加载到 R1
LDR       R2, [R1]             ;//将优先级最高就绪任务的 TCB 首地址加载到 R2
STR       R2, [R5]             ;//将优先级最高就绪任务的 TCB 首地址写入 OSTCBCurPtr

//恢复下一个任务现场数据
ORR       LR, R4, #0xF4        ;//恢复 LR 的值，并指定从异常返回后使用任务栈
LDR       R0, [R2]             ;//加载优先级最高的就绪任务的栈顶地址到 R0
LDMFD     R0!, {R4-R11}        ;//将 R4~R11 从栈区中弹出
MSR       PSP, R0              ;//将 R0 保存到特殊功能寄存器 PSP 中

//打开全局中断
CPSIE     I

//从异常中退出
BX        LR
```

6.8   实例与代码解析

下面通过编写实例程序，在 GD32F3 苹果派开发板上测试 μC/OS-III 的任务创建、删除、挂起和从挂起中恢复等功能。

6.8.1   复制并编译原始工程

首先，将 " D:\GD32F3μCOSTest\Material\04.μCOSIII 任务管理 " 文件夹复制到 " D:\GD32F3μCOSTest\Product " 文件夹中。其次，双击运行 " D:\GD32F3μCOSTest\Product\04. μCOSIII 任务管理\Project" 文件夹下的 GD32KeilPrj.uvprojx，单击工具栏中的 按钮进行编

译，当 "Build Output" 栏出现 "FromELF：creating hex file..." 时表示已经成功生成.hex 文件，出现 "0 Error(s), 0Warning(s)" 时表示编译成功。最后，将.axf 文件下载到微控制器的内部 Flash 中，下载成功后，若串口输出 "Init System has been finished"，则表明原始工程正确，可以进行下一步操作。

6.8.2 编写测试程序

在 Main.c 文件的 "内部变量" 区，添加任务控制块、任务栈区的声明代码，如程序清单 6-19 所示。

程序清单 6-19

```
//测试任务
OS_TCB g_tcbTestTask;              //任务控制块
static CPU_STK s_arrTestStack[128]; //任务栈区
```

在 "内部函数声明" 区，添加测试函数的声明代码，如程序清单 6-20 所示。

程序清单 6-20

```
static void TestTask(void* pArg);  //测试任务函数
```

在 "内部函数实现" 区的 LEDTask 函数实现代码后，添加测试任务函数 TestTask 的实现代码，如程序清单 6-21 所示。在测试任务函数中，对三个按键进行扫描，若 KEY_1 按键按下则挂起 LED 流水灯任务，若 KEY_2 按键按下则恢复 LED 流水灯任务，若 KEY_3 按键按下则删除 LED 流水灯任务。

程序清单 6-21

```
1.   static  void TestTask(void* pArg)
2.   {
3.     OS_ERR err;
4.
5.     while(1)
6.     {
7.       //KEY₁扫描
8.       if(ScanKeyOne(KEY_NAME_KEY1, NULL, NULL))
9.       {
10.        OSTaskSuspend(&g_tcbLEDTask, &err);
11.        printf("\r\n 挂起 LED 任务\r\n");
12.      }
13.
14.      //KEY₂扫描
15.      if(ScanKeyOne(KEY_NAME_KEY2, NULL, NULL))
16.      {
17.        OSTaskResume(&g_tcbLEDTask, &err);
18.        printf("\r\n 恢复 LED 任务\r\n");
19.      }
20.
21.      //KEY₃扫描
22.      if(ScanKeyOne(KEY_NAME_KEY3, NULL, NULL))
23.      {
24.        OSTaskDel(&g_tcbLEDTask, &err);
25.        printf("\r\n 删除 LED 任务\r\n");
```

```
26.          }
27.
28.          //延时 10ms
29.          OSTimeDlyHMSM(0, 0, 0, 10, OS_OPT_TIME_HMSM_STRICT, &err);
30.      }
31.  }
```

最后将测试任务添加到 StartTask 函数的任务列表中，如程序清单 6-22 的第 9 行代码所示。

程序清单 6-22

```
1.   static void StartTask(void *pArg)
2.   {
3.       ...
4.
5.       //任务列表
6.       StructTaskInfo taskInfo[] =
7.       {
8.           {&g_tcbLEDTask , LEDTask , "LED task", 4, s_arrLEDStack , sizeof(s_arrLEDStack) /
sizeof(CPU_STK) , 0},
9.           {&g_tcbTestTask, TestTask, "TestTask", 5, s_arrTestStack, sizeof(s_arrTestStack) /
sizeof(CPU_STK), 0},
10.      };
11.
12.      ...
13.  }
```

6.8.3　编译及下载验证

代码编写完成并编译通过后，下载程序并进行复位，GD32F3 苹果派开发板上的 LED$_1$ 和 LED$_2$ 交替闪烁。打开串口助手，按下 KEY$_1$ 按键，LED 将停止闪烁，同时串口提示"挂起 LED 任务"；按下 KEY$_2$ 按键，LED 重新开始闪烁，串口提示"恢复 LED 任务"；按下 KEY$_3$ 按键，LED 任务被删除，LED 停止闪烁，串口提示"删除 LED 任务"，如图 6-9 所示。

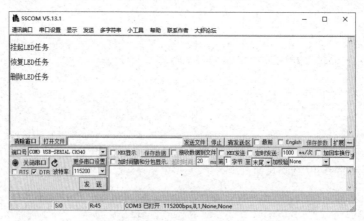

图 6-9　运行结果

本 章 任 务

测试多个任务共用同一个任务函数。例如，新建两个优先级相同的任务，分别为任务 1

和任务 2,两个任务共用一个任务函数,通过任务函数参数来区分两个任务。任务 1 每隔 500ms 打印一次"Task1",任务 2 每隔 1s 打印一次"Task2"。

本 章 习 题

1. 任务状态有哪些？
2. 简述任务控制块的作用。
3. 如何确定任务栈的大小？
4. 任务优先级大小与数值有何关联？
5. 如何创建和删除任务？
6. 简述就序列表的工作原理。

第7章 μC/OS-III 时间管理

在嵌入式单片机领域中，延时函数应用广泛。裸机系统中的延时函数往往通过让单片机进行空循环来达到延时的目的。然而，在复杂应用中，通常不建议使用此方法，因为这样不仅会浪费大量的 CPU 资源，还会极大地影响系统的实时性。本章将介绍 μC/OS-III 中的延时函数，以及用于任务管理的延时列表。

7.1 延 时 类 型

在 μC/OS-III 中，延时分为相对延时、绝对延时和周期延时 3 种类型，用户可通过不同延时类型对应的 API 函数进行延时。下面分别介绍这 3 种延时类型。注意，操作系统中的时间均以时间片为单位。

1. 相对延时

在通过相对延时实现的周期任务中，每个任务周期都包含任务处理和任务延时部分，如图 7-1 所示。由于任务处理需要的时间不可预测，而相对延时的时间固定，任务周期不可控。因此，相对延时适用于时序要求不高的场合，如流水灯和按键扫描等。

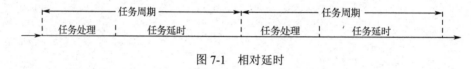

图 7-1 相对延时

2. 绝对延时

绝对延时是指从某个时间节点（一般指系统启动）开始阻塞任务，在未来某个特定的时间节点唤醒任务。例如，μC/OS-III 内核中定义了一个用于记录系统运行时间的全局变量 OSTickCtr，该变量自系统启动便开始从 0 计数，每发生一次系统节拍中断就加 1。若将绝对延时的时间节点设为 0xFFFF，那么任务将在 OSTickCtr 为 0xFFFF 时开始执行。

3. 周期延时

在通过周期延时实现的周期任务中，如图 7-2 所示，在调用延时函数时，系统将任务处理时间从延时中减去，使任务周期等于延时。由于任务执行的时间单位为时间片，当任务处理时间不足一个时间片时，按一个时间片计算。

周期延时适用于时序要求较高的场合，如通信领域、模拟信号采样等。

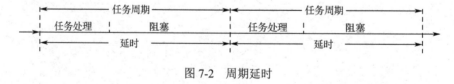

图 7-2 周期延时

7.2 延 时 列 表

在简易操作系统中，任务延时处理是在系统节拍中断时遍历所有任务，将所有延时任务的计时数减 1。但是，当任务数量较多时，遍历所有任务不仅效率低下，还会使系统节拍中断的处理时间变得不可预测。由于任务数量是无限制的，因此遍历所有延时任务所消耗的时间也可能是无限的。

不同版本的 μC/OS-III 使用不同的方式来实现任务延时和超时等待。例如，在 V3.04.00 版本中引入了增量列表（delta-list），减少了检查任务延时和超时等待的时间，并且内核中部署了两个列表分别管理任务延时和超时等待，而在 V3.07.00 版本中，这两个列表被融合在一起。这个用于实现任务延时和超时等待的增量列表被称为延时列表（OSTickList）。

延时列表在 os_var.c 文件中定义，空的延时列表如图 7-3 所示。

（1）OSTickList 包含系统中所有延时或超时等待任务的 TCB。

（2）NbrEntries 为该延时列表中的任务数量，仅用于调试。该变量仅在 os_cfg.h 文件中的 OS_CFG_DBG_EN 宏被设置为 1 时使用。

（3）NbrUpdated 为每次系统节拍中断时更新的 TCB 数量，仅用于调试，无其他功能。该变量仅在 os_cfg.h 文件的 OS_CFG_DBG_EN 宏被设置为 1 时使用。

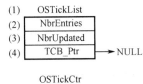

图 7-3　空的延时列表

（4）TCB_Ptr 指向由延时任务的 TCB 组成的双向链表，延时列表通过该成员变量访问和管理列表中的任务。

（5）OSTickCtr 用于记录系统节拍中断发生的次数，每次系统节拍中断发生时，该变量都会加 1。

调用 OSTimeDly 等延时函数时，任务会被添加到延时列表中，当延时结束或超时溢出时，内核会将该任务从延时列表中移除，并添加到就绪列表中。此外，如果任务被显示移除，内核也会将其从延时列表中移除。

下面举例说明任务如何插入到延时列表中，假设延时列表为空，如图 7-3 所示。当任务 OS_TCB1 调用 OSTimeDly 函数进行延时时，该任务将被插入到延时列表中，如程序清单 7-1 所示，假设任务延时 10 个时间片。

程序清单 7-1

```
...
OSTimeDly(10, OS_OPT_TIME_DLY, &err);
...
```

由于延时列表中只有一个任务，所以 TCB 中的 TickPrevPtr 和 TickNextPtr 均指向 NULL，如图 7-4 所示。

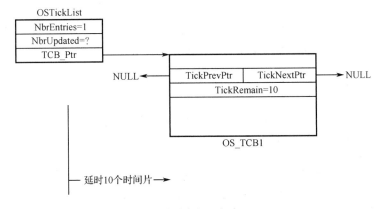

图 7-4　向延时列表插入任务 OS_TCB1

OSTimeDly 函数除将任务添加到延时列表中外，还将任务从就绪列表中删除，并触发了一次任务调度，将 CPU 使用权移交给下一个任务。假设任务 OS_TCB2 也调用了 OSTimeDly 函数，并延时 7 个时间片，如程序清单 7-2 所示。

程序清单 7-2

```
...
OSTimeDly(7, OS_OPT_TIME_DLY, &err);
...
```

由于任务 OS_TCB2 只延时 7 个时间片，少于任务 OS_TCB1，所以 OS_TCB2 将被插入到延时列表的表头中，且任务 OS_TCB1 的 TickRemain 将更新为 3，如图 7-5 所示。任务 OS_TCB1 的延时为 7+3 个时间片。

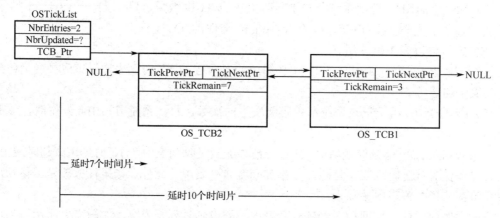

图 7-5　向延时列表插入任务 OS_TCB2

当系统节拍中断发生时，μC/OS-III 内核只会更新延时列表表头任务（任务 OS_TCB2）的 TickRemain。经过 7 次系统节拍中断后，任务 OS_TCB2 的 TickRemain 递减到 0，此时 OS_TCB2 将被从延时列表中移除，并添加到就绪列表中。由于已经过 7 个时间片，任务 OS_TCB1 只需延时 3 个时间片就可以就绪了。

表头任务的 TickRemain 递减到 0 后，内核还会检查后续任务的 TickRemain 是否也为 0，若是，则说明后续任务的延时已经结束，需要从延时列表中删除，并添加到就绪列表中。

当将任务插入到延时列表中时，若其延时比表头任务短，则该任务将被直接添加到表头中，随后更新原本表头任务的 TickRemain 即可；若其延时比表头任务长，则需要在延时列表中找到合适的位置插入并更新相应的延时，使得延时列表保持增量列表的特性。

对于增量列表而言，无论是添加任务还是系统节拍中断，都只需要更新有限任务的延时，而无须遍历整个延时列表。因此，增量列表的引入大大降低了系统负荷，而且系统中任务数量越多，增量列表的优势越明显。

7.3　时间管理相关 API 函数

1. OSTimeDly 函数

OSTimeDly 函数用于进行任务延时，以时间片为延时单位，具体描述如表 7-1 所示。该函数有 3 种模式：相对延时、周期延时和绝对延时。

在相对延时模式下，若延时不为零，则将立即触发任务调度，使当前任务进入阻塞态；

若延时为零，则表示不延时，OSTimeDly 函数将立即返回。

在周期延时模式下，延时禁止为零，否则 OSTimeDly 函数将返回错误码。

在绝对延时模式下，一旦指定的延时结束，就会立即触发任务调度。

相对延时与绝对延时的区别如下。

对于使用相对延时的任务，任务自身的执行时间不包含在延时内。若任务执行过程中被更高优先级的任务或中断抢占 CPU 使用权，则执行更高优先级任务或中断的时间同样不包含在延时内。即：相对延时的时间为从任务结束到下一次执行该任务的间隔时间。

而对于使用绝对延时的任务，任务自身的执行时间及被抢占 CPU 使用权的时间均包含在延时内。即：绝对延时的时间为从任务开始执行到下一次执行该任务的间隔时间。

任务的延时长度以时间片为单位，时间片的长度取决于 os_cfg_app.h 文件中定义的 OS_CFG_TICK_RATE_HZ 宏（系统时钟频率）。

OSTimeDly 函数会根据延时模式，计算任务真正的延时长度，然后将任务从就绪列表中删除并插入延时列表，最后触发一次任务调度，将 CPU 使用权移交给下一个就绪任务。

表 7-1　OSTimeDly 函数描述

函 数 名	OSTimeDly
函 数 原 型	void OSTimeDly(OS_TICK　　　　dly, 　　　　　　　　OS_OPT　　　　opt, 　　　　　　　　OS_ERR　　　　*p_err)
功 能 描 述	延时函数
所 在 位 置	os_time.c
调 用 位 置	仅在任务中使用
使 能 配 置	N/A
输入参数 1	dly：延时长度，以时间片为单位
输入参数 2	opt：模式。 OS_OPT_TIME_DLY：相对延时； OS_OPT_TIME_TIMEOUT：同 OS_OPT_TIME_DLY； OS_OPT_TIME_MATCH：绝对延时； OS_OPT_TIME_PERIODIC：周期延时
输入参数 3	p_err：错误码。 OS_ERR_NONE：成功； OS_ERR_OPT_INVALID：opt 参数非法； OS_ERR_SCHED_LOCKED：调度器被锁定； OS_ERR_TIME_DLY_ISR：从中断中调用延时函数； OS_ERR_TIME_ZERO_DLY：dly 参数为 0。注意，在绝对延时模式下 dly 为 0 有效
返 回 值	void

OSTimeDly 函数的使用示例如程序清单 7-3 所示。对于 OSTimeDly 函数，只要输入参数不为 0 即可，因此一般不用校验错误码。但若延时长度由变量控制，且该变量可能为 0，则需要进行错误校验。

程序清单 7-3

```
#include "includes.h"
```

```
//任务1
void Task1(void *pArg)
{
  OS_ERR err;

  //任务循环
  while(1)
  {

    //处理一些事情
    ...

    //延时 500 个时间片
    OSTimeDly(500, OS_OPT_TIME_DLY, &err);
  }
}
```

2. OSTimeDlyHMSM 函数

为了便于用户使用，μC/OS-III 提供了以小时、分钟、秒、毫秒为输入参数的延时函数 OSTimeDlyHMSM，具体描述如表 7-2 所示。相较于 OSTimeDly 函数，OSTimeDlyHMSM 函数更方便理解与使用，但 OSTimeDlyHMSM 函数只能工作在相对延时模式下。

注意，该函数的延时精度取决于系统时钟频率。例如，系统时钟频率为 100Hz，若通过此函数延时 4ms，则相当于延时 0 个时间片，即不进行延时；若通过此函数延时 15ms，则实际上会延时 20ms。

表 7-2　OSTimeDlyHMSM 函数描述

函　数　名	OSTimeDlyHMSM
函　数　原　型	void OSTimeDlyHMSM(CPU_INT16U　　hours, 　　　　　　　　　　　　CPU_INT16U　　minutes, 　　　　　　　　　　　　CPU_INT16U　　seconds, 　　　　　　　　　　　　CPU_INT32U　　milli, 　　　　　　　　　　　　OS_OPT　　　　opt, 　　　　　　　　　　　　OS_ERR　　　*p_err)
功　能　描　述	延时函数
所　在　位　置	os_time.c
调　用　位　置	仅在任务中使用
使　能　配　置	OS_CFG_TIME_DLY_HMSM_EN
输入参数 1	hours：小时
输入参数 2	minutes：分钟
输入参数 3	seconds：秒
输入参数 4	milli：毫秒
输入参数 5	opt：模式。 OS_OPT_TIME_HMSM_STRICT：使用标准格式，小时取值范围为 0～99，分钟取值范围为 0～59，秒取值范围为 0～59，毫秒取值范围为 0～999； OS_OPT_TIME_HMSM_NON_STRICT：使用非标准格式，小时取值范围为 0～999，分钟取值范围为 0～9999，秒取值范围为 0～65535，毫秒取值范围为 0～4294967295（2^{32}-1）

续表

输入参数 6	p_err：错误码。 OS_ERR_NONE：成功； OS_ERR_OPT_INVALID：opt 参数非法； OS_ERR_SCHED_LOCKED：调度器被锁定； OS_ERR_TIME_DLY_ISR：从中断中调用此函数； OS_ERR_TIME_INVALID_HOURS：小时参数无效； OS_ERR_TIME_INVALID_MINUTES：分钟参数无效； OS_ERR_TIME_INVALID_SECONDS：秒参数无效； OS_ERR_TIME_INVALID_MILLISECONDS：毫秒参数无效； OS_ERR_TIME_ZERO_DLY：延时长度为 0
返　回　值	void

3．OSTimeDlyResume 函数

OSTimeDlyResume 函数可以提前唤醒由 OSTimeDly 或 OSTimeDlyHMSM 函数阻塞的任务，具体描述如表 7-3 所示。若任务延时尚未结束，但又有一个紧急事件需要处理，则可用该函数解除任务阻塞态并进入就绪态。

注意，此函数不会唤醒因为等待事件而进入阻塞态的任务，即使设置了超时时间。

表 7-3　OSTimeDlyResume 函数描述

函　数　名	OSTimeDlyResume
函　数　原　型	void OSTimeDlyResume(OS_TCB　　　　*p_tcb, 　　　　　　　　　　　　OS_ERR　　　　*p_err)
功　能　描　述	提前唤醒由 OSTimeDly 或 OSTimeDlyHMSM 函数阻塞的任务
所　在　位　置	os_time.c
调　用　位　置	仅在任务中使用
使　能　配　置	OS_CFG_TIME_DLY_RESUME_EN
输入参数 1	p_tcb：任务控制块指针。输入 NULL 无效，将返回错误
输入参数 2	p_err：错误码。 OS_ERR_NONE：成功； OS_ERR_STATE_INVALID：状态无效； OS_ERR_TIME_DLY_RESUME_ISR：在中断中调用此函数； OS_ERR_TIME_NOT_DLY：目标任务并未处在延时阻塞态； OS_ERR_TASK_SUSPENDED：目标任务是挂起阻塞，并非延时阻塞
返　回　值	void

4．OSTimeGet 函数

OSTimeGet 函数用于获取系统运行时间，即获取 OSTickCtr 变量的值，具体描述如表 7-4 所示。该变量在 os_var.c 文件中定义，类型为 OS_TICK，在 Cortex-M4 内核中，其典型类型为 32 位无符号数。系统启动后，OSTickCtr 从 0 开始计数，每发生一次系统节拍中断，OSTickCtr 就加 1。

由于 OSTickCtr 为 32 位无符号数，按照每隔 1ms 递增一次，最多可计时 49 天。对于需要运行更长时间的机器，若程序中有应用到 OSTickCtr，则需要考虑数据溢出的问题。当然，也可以直接在 os_type.h 文件中将 OS_TICK 设为 64 位无符号数，这样计时时间将延长至 6 亿年。

表 7-4　OSTimeGet 函数描述

函数名	OSTimeGet
函数原型	OS_TICK OSTimeGet(OS_ERR *p_err)
功能描述	获取系统运行时间
所在位置	os_time.c
调用位置	在任务或中断中使用
使能配置	N/A
输入参数	p_err：错误码。 OS_ERR_NONE：成功
返回值	系统运行时间，以时间片为单位

5. OSTimeSet 函数

OSTimeSet 函数用于修改系统运行时间，即通过修改 OSTickCtr 变量的值来实现，具体描述如表 7-5 所示。一般情况下，不建议修改系统运行时间，因为某些任务可能依赖于 OSTickCtr 执行，如使用了绝对延时的任务。

表 7-5　OSTimeSet 函数描述

函数名	OSTimeSet
函数原型	void OSTimeGet(OS_TICK　　　　ticks, 　　　　　　　　　OS_ERR　　　　*p_err)
功能描述	修改系统运行时间
所在位置	os_time.c
调用位置	在任务或中断中使用
使能配置	N/A
输入参数 1	ticks：系统时间，以时间片为单位
输入参数 2	p_err：错误码。 OS_ERR_NONE：成功
返回值	void

7.4　OSTimeDly 函数源码分析

OSTimeDly 函数在 os_time.c 文件中定义，部分关键代码如程序清单 7-4 所示。

OSTimeDly 函数需要触发任务切换，将 CPU 使用权移交给其他任务，因此首先要确保调度器处于开启状态。若调度器处于关闭状态，则无法进行任务切换。

此外，OSTimeDly 函数还会检查相对延时、周期延时模式下的延时是否为 0，若为 0 则延时失败，并返回错误码 OS_ERR_TIME_ZERO_DLY。

在 μC/OS-III 中，延时列表和就绪列表均为全局变量，且会被中断和任务频繁访问。任务都有优先级，而中断的优先级大于所有任务，这就涉及共享资源的互斥访问问题了。

在多优先级抢占式系统下，必须要保证共享资源的互斥访问，即要确保任务、中断在使用共享资源期间不被其他任务、中断打断，否则容易使系统出现故障。在 μC/OS-III 内核中，通常通过临界段来保护共享资源。临界段为一段在执行过程中不能被中断的代码段，在

μC/OS-III 内核中通过开关系统总中断来实现。

在 μC/OS-III 中，通过 OS_CRITICAL_ENTER 宏来进入临界段，具体为通过 PRIMASK 特殊功能寄存器关闭系统总中断，OS_CRITICAL_ENTER 宏在 os.h 文件中定义。μC/OS-III 的任务调度是通过触发 PendSV 异常实现的，关闭总中断后，PendSV 异常将无法响应，调度器失效，此时高优先级任务将无法打断当前任务。此外，由于关闭了总中断，即使发生了更高优先级的中断也无法响应，这样就避免了高优先级任务或高优先级中断的干扰，使得当前任务或中断可以安全使用共享资源。

共享资源使用完毕后，任务或中断要及时打开总中断，以提高系统的实时性。μC/OS-III 通过 OS_CRITICAL_EXIT 或 OS_CRITICAL_EXIT_NO_SCHED 宏退出临界段，这两个宏在 os.h 文件中定义。在 Cortex-M4 内核中，它们的作用完全一致，都是通过操作 PRIMASK 特殊功能寄存器来开启总中断的。退出临界段后，若有中断发起中断请求，则将得到正常响应。

在临界段中，OSTimeDly 函数会将当前任务插入延时列表，并将当前任务从就绪列表中移除。退出临界段后，OSTimeDly 函数将通过 OSCtxSw 函数触发一次任务调度。OSCtxSw 函数会查找当前系统中优先级最高的就绪任务，并触发 PendSV 异常移交 CPU 使用权。任务失去 CPU 使用权后，将进入阻塞态。

时钟节拍任务（TICK TASK）会以一定频率更新延时列表。一旦任务延时结束，时钟节拍任务就会将该任务从延时列表中移除，并添加到就绪列表中。这样，任务便能从阻塞态变为就绪态，重新获得 CPU 使用权，并继续执行下去。

程序清单 7-4

```
void  OSTimeDly (OS_TICK    dly,    //延时长度
                 OS_OPT     opt,    //选项
                 OS_ERR     *p_err) //用于输出错误码
{
  //临界段所需的临时变量
  CPU_SR_ALLOC();

  //如果调度器处于关闭状态，则直接返回
  if (OSSchedLockNestingCtr > (OS_NESTING_CTR)0u) { *p_err = OS_ERR_SCHED_LOCKED; return; }

  //校验延时是否为 0，以及 opt 参数是否有效
  switch (opt) {
    case OS_OPT_TIME_DLY:
    case OS_OPT_TIME_TIMEOUT:
    case OS_OPT_TIME_PERIODIC:
      if (dly == (OS_TICK)0u) {
        *p_err = OS_ERR_TIME_ZERO_DLY;
        return;
      }
      break;

    case OS_OPT_TIME_MATCH:
      break;

    default:
      *p_err = OS_ERR_OPT_INVALID;
```

```
    return;
  }

  //进入临界段
  OS_CRITICAL_ENTER();

  //将当前任务插入到延时列表中
  OS_TickListInsertDly(OSTCBCurPtr, dly, opt, p_err);

  //插入失败，退出临界段后返回
  if (*p_err != OS_ERR_NONE) { OS_CRITICAL_EXIT_NO_SCHED(); return; }

  //将当前任务从就绪列表中移除，表示当前任务将进入阻塞态
  OS_RdyListRemove(OSTCBCurPtr);

  //退出临界段，但不产生任务调度
  OS_CRITICAL_EXIT_NO_SCHED();

  //触发任务调度，将 CPU 使用权移交给优先级最高的就绪任务
  OSSched();

  //从其他任务切换回来，从当前节点继续往下执行
  *p_err = OS_ERR_NONE;
}
```

7.5　实例与代码解析

下面通过编写实例程序，创建两个任务，分别通过相对延时和周期延时模式进行延时，并通过串口打印比较二者的不同。

7.5.1　复制并编译原始工程

首先，将"D:\GD32F3μCOSTest\Material\05.μCOSIII 时间管理"文件夹复制到"D:\GD32F3μCOSTest\Product"文件夹中。其次，双击运行"D:\GD32F3μCOSTest\Product\05.μCOSIII 时间管理\Project"文件夹中的 GD32KeilPrj.uvprojx，单击工具栏中的█按钮进行编译，当"Build Output"栏中出现"FromELF：creating hex file..."时表示已经成功生成.hex 文件，出现"0 Error(s), 0Warning(s)"时表示编译成功。最后，将.axf 文件下载到微控制器的内部 Flash 中。下载成功后，若串口输出"Init System has been finished"，则表明原始工程正确，可以进行下一步操作。

7.5.2　编写测试程序

在 Main.c 文件的"内部变量"区，添加任务 1、任务 2 的控制块和栈区声明代码，如程序清单 7-5 所示。

程序清单 7-5

```
1.  //任务 1
2.  OS_TCB g_tcbTask1;                  //任务控制块
3.  static CPU_STK s_arrTask1Stack[128]; //任务栈区
```

```
4.
5.    //任务 2
6.    OS_TCB g_tcbTask2;                    //任务控制块
7.    static CPU_STK s_arrTask2Stack[128]; //任务栈区
```

在"内部函数声明"区，添加任务 1 和任务 2 的任务函数声明代码，如程序清单 7-6 所示。

程序清单 7-6

```
static  void  Task1(void *pArg);    //任务 1 的任务函数
static  void  Task2(void *pArg);    //任务 2 的任务函数
```

在"内部函数实现"区的 LEDTask 函数实现代码后，添加任务 1 和任务 2 函数的实现代码，如程序清单 7-7 所示。任务 1 和任务 2 分别采用相对延时和周期延时模式，每隔 500ms 获取一次系统运行时间并打印。由于获取系统运行时间和打印数据都需要消耗时间，所以任务 1 的周期并非为精确的 500ms，而任务 2 的周期为精确的 500ms。

程序清单 7-7

```
1.    static  void Task1(void* pArg)
2.    {
3.      OS_ERR err;
4.      OS_TICK tick;
5.
6.      while(1)
7.      {
8.        //打印系统运行时间
9.        tick = OSTimeGet(&err);
10.       printf("Task1 time: %d\r\n", tick);
11.
12.       //延时 500ms
13.       OSTimeDly(500, OS_OPT_TIME_DLY, &err);
14.     }
15.   }
16.
17.   static  void Task2(void* pArg)
18.   {
19.     OS_ERR err;
20.     OS_TICK tick;
21.
22.     while(1)
23.     {
24.       //打印系统运行时间
25.       tick = OSTimeGet(&err);
26.       printf("Task2 time: %d\r\n", tick);
27.
28.       //延时 500ms
29.       OSTimeDly(500, OS_OPT_TIME_PERIODIC, &err);
30.     }
31.   }
```

最后，将任务 1（Task1）和任务 2（Task2）添加到 StartTask 函数的任务列表中，如程序清单 7-8 的第 8 至 9 行代码所示。

程序清单 7-8

```
1.    static void StartTask(void *pArg)
2.    {
3.       ...
4.
5.       //任务列表
6.       StructTaskInfo taskInfo[] =
7.       {
8.          {&g_tcbLEDTask, LEDTask, "LED task", 4, s_arrLEDStack   , sizeof(s_arrLEDStack) /
sizeof(CPU_STK)  , 0},
9.          {&g_tcbTask1   , Task1   , "Task1"    , 5, s_arrTask1Stack, sizeof(s_arrTask1Stack) /
sizeof(CPU_STK), 0},
10.         {&g_tcbTask2   , Task2   , "Task2"    , 6, s_arrTask2Stack, sizeof(s_arrTask2Stack) /
sizeof(CPU_STK), 0},
11.      };
12.
13.      ...
14.   }
```

7.5.3　编译及下载验证

代码编写完成并编译通过后，下载程序并进行复位。下载成功后打开串口助手，运行结果如图 7-6 所示，可见任务 2 的周期为精确的 500ms，而任务 1 的周期为 501ms，比预设周期多 1ms。

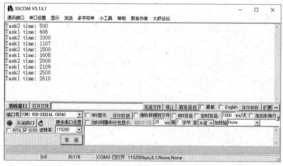

图 7-6　运行结果

本 章 任 务

1. 使用周期延时模式控制 GD32F3 苹果派开发板的 LED 灯每隔 500ms 交替闪烁一次。
2. 参考 μC/OS-III，在简易操作系统中部署就绪列表和延时列表。

本 章 习 题

1. 简述相对延时和周期延时的优缺点。
2. 调用延时函数后，任务如何移交 CPU 使用权？
3. 假设时间片为 10ms，现需要通过 OSTimeDly 函数延时，函数参数如何设置？
4. 简述延时列表的工作原理。
5. 若要将周期延时部署到简易操作系统中，则应该如何实现？

第8章　µC/OS-III 消息队列

在前面的章节中，任务之间都是独立执行的，那么任务之间是如何实现通信的呢？最直接的方法是使用静态变量来传递消息。本章将介绍一种便于使用且安全的任务通信机制——消息队列。消息队列即任务与任务、任务与中断之间的一种通信机制。

8.1　消息与消息队列

8.1.1　消息

在 µC/OS-III 中，使用 OS_MSG 结构体来描述消息，具体定义如程序清单 8-1 所示。该结构体在 os.h 文件中定义，包含消息地址（MsgPtr）、消息长度（MsgSize）、用于记录消息何时被发出的时间戳（MsgTS），以及用于指向下一条消息且最终形成链表的指针（NextPtr，存在多条消息时）。

程序清单 8-1

```
struct  os_msg {              //消息队列控制块
    OS_MSG        *NextPtr;   //指向下一条消息
    void          *MsgPtr;    //消息地址
    OS_MSG_SIZE    MsgSize;   //消息长度
    CPU_TS         MsgTS;     //时间戳
};
typedef struct os_msg OS_MSG;
```

消息地址可以为数值、函数指针、指向数据缓冲区的指针；同样地，消息长度既可以为数据量，也可以为数据包长度。发送方和接收方必须明确消息地址和消息长度的具体意义，才能正常通信。

时间戳的单位由 CPU 的主频确定。假设 CPU 的主频为 120MHz，则一个机器周期为 8.3ns，即时间戳的单位为 8.3ns。时间戳在系统启动后从 0 开始计时，溢出后将重新从 0 开始计时。时间戳的数据类型 CPU_TS 在 cpu_core.h 文件中定义。在 Cortex-M4 内核中 CPU_TS 默认为无符号 32 位。因此，在 120MHz 主频下，时间戳的最大计时长度为 35.79s。如果将 CPU_TS 定义为无符号 64 位，则时间戳的最大计时长度将延长至 4874 年。

消息的传递分为传值和传引用两种方式。在传值过程中，数据会被复制到临时缓冲区中，然后才会传递给接收方；传引用则是传递缓冲区的首地址及数据量大小，数据无须复制到临时缓冲区中。

两种传递方式各有优劣。传值需要复制数据，因此速度较慢，并且需要准备临时缓冲区，内存利用率低。但传值能最大限度地保证数据安全，发送方发送完数据后可重新使用临时缓冲区，无须考虑数据覆盖问题。传引用只需传递缓冲区首地址和数据量，无须进行数据复制，因此速度相对高于传值，内存利用率也更高。但传引用存在数据丢失的风险，发送方必须等待接收方处理完数据后才能重新启用缓冲区，或者将缓冲区从栈区中释放。

综上所述，传值适用于中断服务函数，因为中断服务函数要求"快进快出"。传值时，将数据复制到临时缓冲区后即可退出中断，无须等待接收方处理数据。传引用适用于任务之间传输数据，尤其适用于传输大量数据或常量数组的场景，如传输图片、音频等，发送方可以等待接收方完成数据处理后，再传输下一批数据。

μC/OS-III 中的消息传递均为传引用，数据不会被复制到临时缓冲区中，因此要持续关注缓冲区是否会被提前释放，以及数据是否会丢失。

8.1.2 消息队列

消息队列是一种用于传递消息的队列。μC/OS-III 中的消息队列有两种工作机制："先进先出"和"后进先出"。在发送消息时，用户可以选择将消息插入队首或队尾。

不同于 FreeRTOS，μC/OS-III 没有动态创建项目的机制，所有内核项目的内存（RAM）都需要用户自行分配。消息队列作为系统内核组件，所需内存同样需要用户负责分配。用户可以选择静态分配方式定义一个 OS_Q 类型的静态变量，也可以从系统堆区中动态分配内存。但在消息队列使用期间，禁止释放其所占用的内存。

μC/OS-III 为消息队列提供了一系列的 API 函数，如图 8-1 所示。注意，在中断中只能调用 OSQPost 函数，并且在使用消息队列之前，必须通过 OSQCreate 函数创建消息队列。

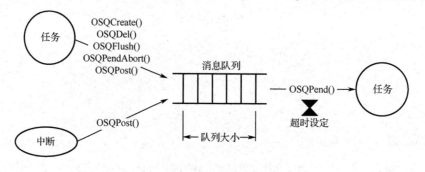

图 8-1　消息队列 API 函数

在使用消息队列时，消息的传递通常使用"先进先出"机制，即最先存入队列的消息最先被取出。在 μC/OS-III 中，发送消息也可以使用"后进先出"机制。"后进先出"机制适用于任务或中断向接收任务发送紧急消息，"紧急消息"将会跳过消息队列中的所有消息，第一个被取出。

图 8-1 中的"超时设定"表示接收任务获取消息时可以指定超时时间，超时时间以时间片为单位。接收任务等待消息时将进入阻塞态，该状态下的任务不占用 CPU 资源。若超过规定时间后接收任务仍未接收到数据，则接收任务将被 μC/OS-III 内核唤醒，进入就绪态，并收到一个错误码。在接收任务等待过程中，若有其他任务或中断向消息队列中写入消息，导致消息队列非空，则接收任务将立即被唤醒并接收此消息。若超时时间为 0，则任务将一直等待消息。

多个接收任务可以等待同一个消息队列，如图 8-2 所示。在这种情况下，如果消息队列被写入一条消息，那么优先级最高的接收任务将被唤醒并接收这条消息。发送消息时也可以选择将消息进行"广播"，此时所有的接收任务都会接收到这条消息。

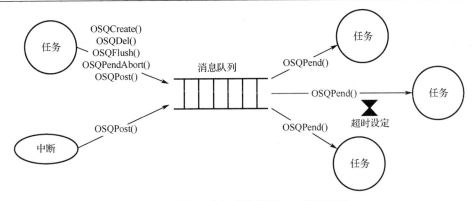

图 8-2　多个接收任务等待同一个消息队列

8.1.3　双边会合

两个任务可以通过两个消息队列进行同步，在 μC/OS-III 中这称为双边会合，如图 8-3 所示。若不需要传输数据，则使用信号量也可以实现双边会合。双边会合无法在任务与中断之间部署，因为中断不能阻塞等待消息队列。

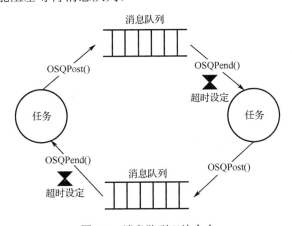

图 8-3　消息队列双边会合

8.1.4　消息队列原理

在 8.1.1 节中提到过，消息通过 OS_MSG 结构体描述，并且该结构体包含消息地址、消息长度、时间戳及指向下一条消息的指针（指向下一个 OS_MSG 结构体的地址），如图 8-4 所示。使用消息队列时，发送方和接收方无须操作 OS_MSG 结构体，每一条消息都由 μC/OS-III 内核管理。

μC/OS-III 内核设置了一个消息内存池。该消息内存池通过 os_cfg_app.c 文件中定义的 OSCfg_MsgPool 数组实现，其中存放着系统内的所有消息。消息内存池的大小表示最大消息数量，可以通过 os_cfg_app.h 文件中的 OS_CFG_MSG_POOL_SIZE 宏来配置。

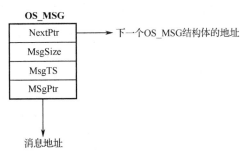

图 8-4　OS_MSG 结构体

系统初始化后，消息内存池如图 8-5 所示，所有消息组成一个空闲消息链表。消息内存池由 OS_MSG_POOL 结构体管理，该结构体有 4 个成员变量。NextPtr 指向空闲消息链表的表头；NbrFree 表示消息内存池中空闲消息的数量，即空闲消息链表的长度；NbrUsed 表示已使用消息的数量；NbrUsedMax 用于记录已使用消息的最大数量。所有消息队列共用此消息内存池，所需的消息单元由消息内存池动态分配。

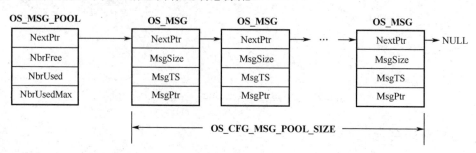

图 8-5　消息内存池

消息通过 OS_MSG_Q 结构体形成一个队列，该结构体如图 8-6 所示。InPtr 指向队尾，即将要插入消息的地址。OutPtr 指向队首，即将要取出消息的地址。NbrEntriesSize 为消息队列长度，表明消息队列中可容纳消息的最大数量。NbrEntries 为消息队列中当前的消息数量。NbrEntriesMax 用于记录历史最大消息数量，据此可以推断出消息队列的长度是否合理。

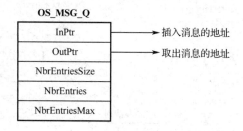

图 8-6　OS_MSG_Q 结构体

将 4 条消息写入消息队列后，OS_MSG_Q 结构体如图 8-7 所示。

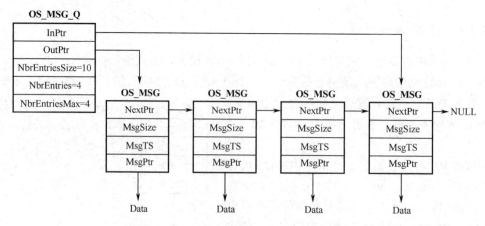

图 8-7　存放 4 条消息的 OS_MSG_Q 结构体

在 μC/OS-III 中，OS_Q 结构体可作为消息队列控制块，OS_MSG_Q 为 OS_Q 的一个成员变量，如图 8-8 所示。OS_Q 的 PendList 为消息队列的等待列表，其中包含所有因等待消息而阻塞的任务，并且任务按照优先级排序。等待列表将在后续章节中详细介绍。

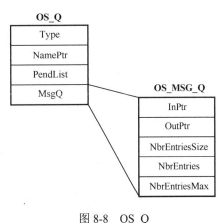

图 8-8　OS_Q

接收任务在通过 OSQPend 函数阻塞等待某一消息队列时，如果消息队列为空，则 OSQPend 函数会先将该消息队列的首地址保存到任务的 TCB 中，然后将接收任务从就绪列表中删除，并添加到该消息队列的等待列表中。若设置了超时时间，则 OSQPend 函数还会将接收任务添加到延时列表中。

发送任务通过 OSQPost 函数向消息队列写入消息后，如果等待列表非空，则 OSQPost 函数会将优先级最高的等待任务从等待列表中删除，并添加到就绪列表中。对于超时等待的接收任务，OSQPost 函数还会将其从延时列表中删除。如果该任务比当前任务的优先级高，那么 OSQPost 函数还会触发一次任务调度，使接收任务以最快的速度处理消息。

如果超时但接收任务仍未接收到消息，那么 μC/OS-III 内核会将接收任务从延时列表中删除，并添加到就绪列表中。由于 OSQPost 函数将消息队列的首地址保存在任务的 TCB 中，所以 μC/OS-III 内核可以根据此地址找到消息队列的等待列表，并将接收任务从等待列表中删除。

8.2　消息队列相关 API 函数

1. OSQCreate 函数

OSQCreate 函数用于创建消息队列，具体描述如表 8-1 所示。消息队列允许任务或中断向一个或多个任务发送消息。由于消息队列通过传引用的方式传递数据，所以接收任务必须及时从消息队列中取出数据。

消息队列中的消息传递以 OS_MSG 为最小数据单元，OS_MSGs 为专用于进行消息传递的内存池。当需要传递消息时，内核自动从内存池中动态分配一个 OS_MSG，消息传递完毕后再释放内存。因此，创建消息队列时无须额外准备数据缓冲区，传递消息所消耗的内存均由操作系统内核动态分配。

表 8-1　OSQCreate 函数描述

函　数　名	OSQCreate
函　数　原　型	void OSQCreate(OS_Q　　　　　　*p_q, 　　　　　　　　　CPU_CHAR　　　*p_name, 　　　　　　　　　OS_MSG_QTY　　max_qty, 　　　　　　　　　OS_ERR　　　　*p_err)
功　能　描　述	创建消息队列
所　在　位　置	os_q.c
调　用　位　置	启动代码时或任务中
使　能　配　置	OS_CFG_Q_EN

输入参数 1	p_q：消息队列指针，指向消息队列控制块（OS_Q）。在 μC/OS-III 中，消息队列控制块并不会动态创建，用户需要手动定义一个 OS_Q 类型的变量。为了便于在不同文件间传递数据，消息队列控制块一般都要设为全局变量
输入参数 2	p_name：消息队列名，用于调试。注意，μC/OS-III 只会保存消息队列名字符串首地址，因此消息队列名最好为字符串常量
输入参数 3	max_qty：消息队列容量，表示能容纳消息的数量，必须为非零值。Cortex-M4 内核中 OS_MSG_QTY 对应的是无符号 16 位整型，因此一个消息队列最多能容纳 65535 条消息，足以满足绝大多数应用。注意，在 μC/OS-III 中，消息队列在传递数据时采用传引用方式而非传值方式，因此理论上一条消息可以传递无限多的数据
输入参数 4	p_err：错误码。 OS_ERR_NONE：成功； OS_ERR_CREATE_ISR：在中断中调用此函数； OS_ERR_ILLEGAL_CREATE_RUN_TIME：在调用 OSSafetyCriticalStart 函数后调用此函数； OS_ERR_NAME：p_name 为 NULL； OS_ERR_OBJ_CREATED：消息队列已经被创建； OS_ERR_OBJ_PTR_NULL：p_q 为 NULL； OS_ERR_Q_SIZE：max_qty 参数为 0
返 回 值	void

OSQCreate 函数的使用示例如程序清单 8-2 所示。在创建消息队列之前，首先要为消息队列控制块分配内存，可采取静态分配的方式，即定义一个 OS_Q 类型的静态变量，也可以从系统堆区中动态分配内存，但在消息队列使用期间禁止释放此部分内存。由于消息队列可能会被不同文件中的任务或中断访问，建议将消息队列控制块定义为全局变量。

程序清单 8-2

```
#include "includes.h"

//消息队列相关变量
OS_Q g_queMessageQue;

//任务1
void Task1(void *pArg)
{
  OS_ERR err;

  //创建消息队列
  OSQCreate(&g_queMessageQue, "message queue", 100, &err);
  if(OS_ERR_NONE != err)
  {
    printf("Fail to create message queue\r\n");
    while(1){}
  }

  //任务循环
  while(1)
  {

  }
}
```

2. OSQDel 函数

OSQDel 函数用于删除消息队列，具体描述如表 8-2 所示。由于消息队列可能被多个任务访问，所以在使用该函数删除一个消息队列之前，必须先删除所有可能访问到此消息队列的任务。

表 8-2　OSQDel 函数描述

函　数　名	OSQDel
函　数　原　型	OS_OBJ_QTY OSQDel(OS_Q　　　　*p_q, 　　　　　　　　　　OS_OPT　　　opt, 　　　　　　　　　　OS_ERR　　　*p_err)
功　能　描　述	删除消息队列
所　在　位　置	os_q.c
调　用　位　置	任务中
使　能　配　置	OS_CFG_Q_EN && OS_CFG_Q_DEL_EN
输入参数 1	p_q：消息队列指针，指向消息队列控制块（OS_Q）
输入参数 2	opt：选项。 OS_OPT_DEL_NO_PEND：在没有任务等待时删除； OS_OPT_DEL_ALWAYS：强制删除，无论有没有任务等待都将强制删除此消息队列，正在等待的任务将强制进入就绪态
输入参数 3	p_err：错误码。 OS_ERR_NONE：成功； OS_ERR_DEL_ISR：在中断中调用此函数； OS_ERR_OBJ_PTR_NULL：p_q 为 NULL； OS_ERR_OBJ_TYPE：p_q 并未指向消息队列控制块； OS_ERR_OPT_INVALID：opt 参数无效； OS_ERR_TASK_WAITING：opt 为 OS_OPT_DEL_NO_PEND 时有任务正在等待，删除失败
返　回　值	没有错误时返回阻塞任务数量，出错时返回 0

3. OSQPost 函数

OSQPost 函数为消息队列的发送函数，用于向消息队列写入消息，具体描述如表 8-3 所示。在嵌入式操作系统中，消息队列中通常存在接收阻塞和发送阻塞，接收阻塞指接收任务因等待消息而进入阻塞态，发送阻塞则是在消息队列已满的情况下，发送任务因为等待写入消息队列而进入阻塞态。μC/OS-III 中不存在发送阻塞，如果消息队列已满，则 OSQPost 函数会立即返回，并输出一个错误码，需要发送的数据也不会存入队列。

如果有多个任务因等待消息而进入阻塞态，则一旦有任务或中断就会通过 OSQPost 函数向消息队列写入消息，优先级最高的任务将进入就绪态并获得此消息。若该任务的优先级比当前任务的优先级高，那么调度器将触发任务切换，使该任务从就绪态转换为运行态。

通过 OSQPost 函数的输入参数可以将消息队列配置为先进先出（OS_OPT_POST_FIFO）或后进先出（OS_OPT_POST_LIFO）。

OSQPost 函数可以选择向接收阻塞任务中优先级最高的任务发送消息，也可以选择向所有接收阻塞任务发送消息。

表 8-3　OSQPost 函数描述

函　数　名	OSQPost
函 数 原 型	void OSQPost(OS_Q　　　　　　　*p_q, 　　　　　　　void　　　　　　　　　　*p_void, 　　　　　　　OS_MSG_SIZE　　　　msg_size, 　　　　　　　OS_OPT　　　　　　　opt, 　　　　　　　OS_ERR　　　　　　　*p_err)
功 能 描 述	向消息队列写入消息
所 在 位 置	os_q.c
调 用 位 置	任务或中断中
使 能 配 置	OS_CFG_Q_EN
输入参数 1	p_q：消息队列指针，指向消息队列控制块（OS_Q）
输入参数 2	p_void：需要发送的消息的首地址。该参数既可以用于传引用，也可以用于传值，需要发送方和接收方协商。传引用时，发送方需要将此参数设为数据缓冲区首地址，并通过 msg_size 参数告知接收方要传输的数据量，此时接收方才可以通过指针获取完整数据。传值时，msg_size 参数通常无意义；p_void 参数为整型数据，即其中存放了要传输的数据。消息的位宽即指针位宽，取决于处理器架构，32 位处理器中指针变量的位宽通常为 32 位
输入参数 3	msg_size：消息长度，通常为字节总数
输入参数 4	opt：选项，可以通过"或"运算进行组合。 OS_OPT_POST_ALL：向所有阻塞任务发送消息； OS_OPT_POST_FIFO：消息按先进先出传递； OS_OPT_POST_LIFO：消息按后进先出传递； OS_OPT_POST_NO_SCHED：不进行任务调度
输入参数 5	p_err：错误码。 OS_ERR_NONE：成功； OS_ERR_MSG_POOL_EMPTY：OS_MSG 内存池中空闲消息为 0，无法再分配内存以存储消息； OS_ERR_OBJ_PTR_NULL：p_q 为 NULL； OS_ERR_OBJ_TYPE：p_q 并未指向消息队列控制块； OS_ERR_Q_MAX：消息队列已满
返 回 值	void

　　OSQPost 函数可以在任务和中断中使用，在中断中使用的示例如程序清单 8-3 所示。在中断服务函数中，要通过 OSIntEnter 和 OSIntExit 函数通知 μC/OS-III 内核进入、退出中断服务程序。OSIntEnter 和 OSIntExit 函数支持嵌套使用。在任务的函数中，可以直接调用 OSQPost 函数将数据发送出去，无须调用 OSIntEnter 和 OSIntExit 函数。

程序清单 8-3

```
#include "includes.h"

//中断服务函数
void xxx_IRQHandler(void)
{
  extern OS_Q g_queMessageQue;
  OS_ERR err;
  static unsigned char s_arrSendData[10];
```

```
//进入中断
OSIntEnter();

//接收数据
...

//通过消息队列发送数据
OSQPost(&g_queMessageQue, s_arrSendData, 10, OS_OPT_POST_FIFO, &err);
if(OS_ERR_NONE != err)
{
  printf("Fail to send message (%d)\r\n", err);
}

//退出中断
OSIntExit();
}
```

4. OSQPend 函数

OSQPend 函数为消息队列的接收函数，用于获取消息队列中的消息，并可以指定阻塞时间，若队列为空，则接收任务将进入阻塞态，直至消息队列非空或阻塞时间溢出，该函数具体描述如表 8-4 所示。发送方可以为中断，也可以为任务。发送方和接收方需要协商消息的传递方式，如使用传引用还是传值，若使用传引用，则还需确定"消息大小"表示字节总数还是数据包总数等。

使用 OSQPend 函数从消息队列中接收消息时，若消息队列非空，则取出一条消息并返回当前任务；若消息队列为空，且使能了 OS_OPT_PEND_BLOCKING 选项，则当前任务进入阻塞态，直至消息队列非空或阻塞时间溢出；若消息队列为空，且使能了 OS_OPT_PEND_NON_BLOCKING 选项，则 OSQPend 函数会立即返回，并输出一个错误码。

当接收任务处于接收阻塞态时，若其他任务通过 OSTaskSuspend 函数将接收任务挂起，而挂起期间发送方发送了一条消息，则此时接收任务仍能获取消息，但必须通过 OSTaskResume 函数解除挂起后才能唤醒。

表 8-4　OSQPend 函数描述

函　数　名	OSQPend		
函　数　原　型	void *OSQPend(OS_Q	*p_q,	
	OS_TICK	timeout,	
	OS_OPT	opt,	
	OS_MSG_SIZE	*p_msg_size,	
	CPU_TS	*p_ts,	
	OS_ERR	*p_err)	
功　能　描　述	获取消息队列中的消息		
所　在　位　置	os_q.c		
调　用　位　置	任务中		
使　能　配　置	OS_CFG_Q_EN		
输入参数 1	p_q: 消息队列指针，指向消息队列控制块（OS_Q）		

续表

输入参数 2	timeout：阻塞时长，以时间片为单位。timeout 为 0 表示接收任务将一直等待，直至获取消息
输入参数 3	opt：选项。 OS_OPT_PEND_BLOCKING：使能接收阻塞； OS_OPT_PEND_NON_BLOCKING：禁用接收阻塞，获取消息失败将立即返回； 注意，当选项使用 OS_OPT_PEND_NON_BLOCKING 时，timeout 参数应该为 0
输入参数 4	p_msg_size：用于返回消息长度，通常以字节为单位
输入参数 5	p_ts：时间戳，用于返回接收到消息时的系统时间。通过时间戳，用户可以得知消息何时被发送，也可以推算出消息从被发送到被接收所消耗的时间。利用 OS_TS_GET 函数可以获取当前时间戳，前面提到的消耗时间则等于 OS_TS_GET()-*p_ts
输入参数 6	p_err：错误码。 OS_ERR_NONE：成功； OS_ERR_OBJ_DEL：该消息队列已被删除； OS_ERR_OBJ_PTR_NULL：p_q 为 NULL； OS_ERR_OBJ_TYPE：p_q 并未指向消息队列控制块； OS_ERR_PEND_ABORT：发送方通过 OSQPendAbort 函数抛出一个错误异常； OS_ERR_PEND_ISR：从中断中调用此函数； OS_ERR_PEND_WOULD_BLOCK：opt 为禁用接收阻塞时，队列为空； OS_ERR_SCHED_LOCKED：在关闭调度器时调用了此函数； OS_ERR_TIMEOUT：阻塞时间溢出，接收消息失败
返 回 值	接收成功：返回缓冲区首地址； 接收失败：返回 NULL。 注意，特殊情况下缓冲区首地址也可能为 NULL，因此建议通过错误码来获取消息的接收情况

　　OSQPend 函数只能在任务中使用，因此使用消息队列时，消息传递方向只能是从中断到任务，而不能是从任务到中断。OSQPend 函数的使用示例如程序清单 8-4 所示。使用 OSQPend 函数接收消息时，可以令 timeout 为 0，这样任务将一直处于阻塞态，直至消息队列非空。注意，使用消息队列时可通过错误码来判断消息是否接收成功。

程序清单 8-4

```c
#include "includes.h"

void Task1(void *pArg)
{
  extern OS_Q g_queMessageQue;
  OS_ERR err;
  OS_MSG_SIZE msgSize;
  unsigned char* msgAddr;

  //任务循环
  while(1)
  {
    //接收消息队列数据，一直等待
    msgAddr = OSQPend(&g_queMessageQue, 0, OS_OPT_PEND_BLOCKING, &msgSize, NULL, &err);

    //接收数据成功，处理数据
    if(OS_ERR_NONE == err)
    {
```

```
        ...
    }
  }
}
```

5．OSQFlush 函数

OSQFlush 函数用于清空消息队列，即删除消息队列中的所有消息，具体描述如表 8-5 所示。无论消息队列中是否有数据、是否有任务处于接收阻塞态，该函数都会执行清空操作。清空后原来处于接收阻塞态的任务仍处于阻塞态（因为消息队列为空），消息队列中的消息（OS_MSG）将被释放，对应的内存也将被释放到 OS_MSGs 内存池中。

表 8-5 OSQFlush 函数描述

函 数 名	OSQFlush
函 数 原 型	OS_MSG_QTY OSQFlush(OS_Q *p_q, OS_ERR *p_err)
功 能 描 述	清空消息队列
所 在 位 置	os_q.c
调 用 位 置	任务中
使 能 配 置	OS_CFG_Q_EN && OS_CFG_Q_FLUSH_EN
输入参数 1	p_q：消息队列指针，指向消息队列控制块（OS_Q）
输入参数 2	p_err：错误码。 OS_ERR_NONE：成功； OS_ERR_FLUSH_ISR：从中断中调用此函数； OS_ERR_OBJ_PTR_NULL：p_q 为 NULL； OS_ERR_OBJ_TYPE：p_q 并未指向消息队列控制块
返 回 值	释放的消息（OS_MSG）数量

6．OSQPendAbort 函数

OSQPendAbort 函数用于移除消息队列等待列表中的接收阻塞任务，并强制将该任务切换为就绪态，最后向该任务发送 OS_ERR_PEND_ABORT 错误码，具体描述如表 8-6 所示。该函数通常用于通知接收任务发送方出现了异常。若未使能 OS_OPT_POST_NO_SCHED 宏，且接收阻塞任务的优先级比当前任务的优先级高，那么调度器将触发任务调度。

表 8-6 OSQPendAbort 函数描述

函 数 名	OSQPendAbort

函 数 原 型	OS_OBJ_QTY OSQPendAbort(OS_Q *p_q,
	                        OS_OPT opt,
	                        OS_ERR *p_err)

功 能 描 述	移除接收阻塞任务
所 在 位 置	os_q.c
调 用 位 置	任务中
使 能 配 置	OS_CFG_Q_EN && OS_CFG_Q_PEND_ABORT_EN
输入参数 1	p_q：消息队列指针，指向消息队列控制块（OS_Q）

续表

输入参数 2	opt：选项，可以通过"或"运算来组合。 OS_OPT_PEND_ABORT_1：只移除优先级最高的接收阻塞任务； OS_OPT_PEND_ABORT_ALL：移除所有接收阻塞任务； OS_OPT_POST_NO_SCHED：不产生任务调度
输入参数 3	p_err：错误码。 OS_ERR_NONE：成功； OS_ERR_OPT_INVALID：opt 参数无效； OS_ERR_OBJ_PTR_NULL：p_q 为 NULL； OS_ERR_OBJ_TYPE：p_q 并未指向消息队列控制块； OS_ERR_PEND_ABORT_ISR：从中断中调用此函数； OS_ERR_PEND_ABORT_NONE：等待列表为空
返　回　值	释放的消息（OS_MSG）数量

8.3　OSQPost 函数源码分析

　　OSQPost 函数通过 OS_QPost 函数向任务发送消息。OS_QPost 函数在 os_q.c 文件中定义，部分关键代码如程序清单 8-5 所示。

　　为了提升消息的传递速度，OS_QPost 函数仅在等待列表为空时将消息保存到消息队列中。若等待列表非空，则 OS_QPost 函数会将消息首地址、消息长度和时间戳直接保存在 TCB 中，这样任务唤醒后，即可直接从 TCB 中获取数据。

　　TCB 中的 MsgPtr、MsgSize 和 TS 成员变量分别用于存储消息首地址、消息长度和时间戳。由于所有任务的 TCB 中都包含这 3 个成员变量，因此 OS_QPost 函数可以将消息广播给所有接收任务。为防止 MsgPtr、MsgSize 和 TS 的数据被覆盖，OS_QPost 函数将消息保存到接收任务的 TCB 后，立即将接收任务从等待列表中移除，并添加到就绪列表中，这样下次发送消息时，等待列表为空，消息将会被保存到消息队列中。

　　注意，OS_QPost 函数为 μC/OS-III 的内部函数，当需要传递消息时，用户应调用 OSQPost 函数，而非 OS_QPost 函数。

程序清单 8-5

```
void  OS_QPost (OS_Q         *p_q,       //消息队列控制块
                void         *p_void,    //消息首地址
                OS_MSG_SIZE  msg_size,   //消息长度
                OS_OPT       opt,        //配置选项
                CPU_TS       ts,         //预先获取的时间戳
                OS_ERR       *p_err)     //用于输出错误码
{
  //局部变量
  OS_OBJ_QTY      cnt;                   //循环变量
  OS_OPT          post_type;            //发送类型，决定是先进先出还是后进先出
  OS_PEND_LIST    *p_pend_list;         //等待列表
  OS_PEND_DATA    *p_pend_data;         //当前等待列表项
  OS_PEND_DATA    *p_pend_data_next;    //下一个等待列表项
  OS_TCB          *p_tcb;               //当前等待列表项所属的 TCB
  CPU_SR_ALLOC();                       //临界段所需的循环变量
```

```
//进入临界段
OS_CRITICAL_ENTER();

//获取等待列表
p_pend_list = &p_q->PendList;

//等待列表中没有等待任务，此时只需将消息保存到队列中即可
if (p_pend_list->NbrEntries == (OS_OBJ_QTY)0)
{

    //确定消息传递是先进先出还是后进先出
    if((opt&OS_OPT_POST_LIFO)==(OS_OPT)0){post_type  =  OS_OPT_POST_FIFO;}else{post_type  =
OS_OPT_POST_LIFO;}

    //从 OS_MSGs 内存池中申请一条消息内存块，并初始化该消息，最后将消息插入消息队列的队首或队尾
    OS_MsgQPut(&p_q->MsgQ, p_void, msg_size, post_type, ts, p_err);

    //退出临界段
    OS_CRITICAL_EXIT();

    //返回
    return;
}

//根据是否要向全部任务发送消息决定循环次数
if ((opt & OS_OPT_POST_ALL) != (OS_OPT)0) { cnt = p_pend_list->NbrEntries;} else {cnt =
(OS_OBJ_QTY)1;}

//获取等待列表表头
p_pend_data = p_pend_list->HeadPtr;

//循环向所有任务发送消息，在等待列表中，表头任务的优先级最高，表尾任务的优先级最低
while (cnt > 0u)
{
  p_tcb             = p_pend_data->TCBPtr;    //获取当前任务的 TCB
  p_pend_data_next = p_pend_data->NextPtr;   //获取下一个等待列表项到 p_pend_data_next

  //向任务发送消息
  //①为加快消息传递，将消息首地址、消息长度和时间戳直接保存在任务的 TCB 中
  //②将任务从等待列表中删除，并插入到就绪列表中
  //③如果设置了超时等待，则还会将任务从延时列表中删除
  OS_Post((OS_PEND_OBJ *)((void *)p_q), p_tcb, p_void, msg_size, ts);

  p_pend_data = p_pend_data_next;          //指向下一个列表项
  cnt--;                                   //循环计数
}

//退出临界段
OS_CRITICAL_EXIT_NO_SCHED();
```

//触发任务调度，将 CPU 使用权移交给优先级最高的就绪任务，高优先级的接收任务将会被唤醒并接收到
消息

```
if ((opt & OS_OPT_POST_NO_SCHED) == (OS_OPT)0) {OSSched();}

//调度器切换回当前任务，从当前节点继续往下执行
*p_err = OS_ERR_NONE;
}
```

8.4　OSQPend 函数源码分析

OSQPend 函数同样在 os_q.c 文件中定义，部分关键代码如程序清单 8-6 所示。

OSQPend 函数首先尝试从消息队列中获取消息。若消息队列非空，则队首消息将被取出并返回。若消息队列为空，且使能了阻塞等待，则 OSQPend 函数会将当前任务从就绪列表中移除，并添加到消息队列的等待列表中。如果任务设置了超时时间，那么任务还会被添加到延时列表中。此时由于任务进入阻塞态，完成这些操作后 OSQPend 函数将触发任务调度，将 CPU 使用权移交给优先级最高的就绪任务。

接收任务被唤醒后，OSQPend 函数将继续执行。由于接收任务是从阻塞等待中被唤醒的，接收任务所等待的消息存储在 TCB 中，而不是消息队列中。同时，发送方会修改接收任务 TCB 中的 PendStatus，用于指示接收任务接收是否成功。

程序清单 8-6

```
void   *OSQPend (OS_Q        *p_q,         //消息队列控制块
                OS_TICK      timeout,      //超时事件
                OS_OPT       opt,          //选项
                OS_MSG_SIZE *p_msg_size,   //用于返回消息长度
                CPU_TS      *p_ts,         //用于返回时间戳
                OS_ERR      *p_err)        //用于返回错误码
{
  //局部变量
  OS_PEND_DATA  pend_data;  //等待列表项
  void         *p_void;     //返回值
  CPU_SR_ALLOC();           //临界段所需的局部变量

  //初始化时间戳
  if (p_ts != (CPU_TS *)0) { *p_ts  = (CPU_TS  )0; }

  //进入临界段
  CPU_CRITICAL_ENTER();

  //尝试从消息队列中获取数据
  p_void = OS_MsgQGet(&p_q->MsgQ, p_msg_size, p_ts, p_err);

  //获取消息成功，直接返回
  if (*p_err == OS_ERR_NONE)
  {
    CPU_CRITICAL_EXIT(); //退出临界段
    return (p_void);     //返回消息首地址
  }

  //获取消息失败，但不使能阻塞等待，直接返回
  if ((opt & OS_OPT_PEND_NON_BLOCKING) != (OS_OPT)0)
```

```
{
  CPU_CRITICAL_EXIT();                    //退出临界段
  *p_err = OS_ERR_PEND_WOULD_BLOCK;       //设置错误码
  return ((void *)0);                     //返回 0
}

//获取消息失败，且使能了阻塞等待，此时需要校验调度器是否处于开启状态
else
{

  //判断调度器是否已锁定
  if (OSSchedLockNestingCtr > (OS_NESTING_CTR)0) {
    CPU_CRITICAL_EXIT();                  //退出临界段
    *p_err = OS_ERR_SCHED_LOCKED;         //设置错误码
    return ((void *)0);                   //返回 0
  }
}

//关闭调度器并使能中断
OS_CRITICAL_ENTER_CPU_EXIT();

//①任务的 TCB 中标记正在等待消息队列
//②任务的 TCB 中标记阻塞态（PendStatus）为 OS_STATUS_PEND_OK
//③将任务从就绪列表中删除，如果设置了超时等待，则任务还会被添加到就绪列表中
//④将任务按优先级插入到消息队列的等待列表中
OS_Pend(&pend_data, (OS_PEND_OBJ *)((void *)p_q), OS_TASK_PEND_ON_Q,timeout);

//退出临界段
OS_CRITICAL_EXIT_NO_SCHED();

//触发任务调度，将 CPU 使用权移交给优先级最高的就绪任务
OSSched();

//调度器切换回当前任务，从当前节点继续往下执行

//再次进入临界段
CPU_CRITICAL_ENTER();

//通过 TCB 中的 PendStatus 判断等待结果
switch (OSTCBCurPtr->PendStatus)
{

  //获取消息成功，由于接收任务从阻塞等待中返回，消息存储在任务的 TCB 中
  case OS_STATUS_PEND_OK:
    p_void = OSTCBCurPtr->MsgPtr;                    //获取保存在任务的 TCB 中的消息首地址
    *p_msg_size = OSTCBCurPtr->MsgSize;              //获取保存在任务的 TCB 中的消息长度
    if (p_ts != (CPU_TS *)0) {*p_ts = OSTCBCurPtr->TS;} //返回时间戳
    *p_err = OS_ERR_NONE;                            //设置错误码，接收成功
    break;

  case OS_STATUS_PEND_ABORT:   //从等待列表中移除
  case OS_STATUS_PEND_TIMEOUT: //等待超时
```

```
    case OS_STATUS_PEND_DEL:      //消息队列被删除
    default:                      //状态出错
}

//退出临界段
CPU_CRITICAL_EXIT();

//返回消息首地址
return (p_void);
}
```

8.5　实例与代码解析

下面通过编写实例程序，创建两个任务，任务 1 通过消息队列向任务 2 发送数据，任务 2 接收到数据后通过串口进行打印。

8.5.1　复制并编译原始工程

首先，将"D:\GD32F3μCOSTest\Material\06.μCOSIII 消息队列"文件夹复制到"D:\GD32F3μCOSTest\Product"文件夹中。其次，双击运行"D:\GD32F3μCOSTest\Product\06.μCOSIII 消息队列\Project"文件夹中的 GD32KeilPrj.uvprojx，单击工具栏中的圖按钮进行编译，当"Build Output"栏中出现"FromELF：creating hex file..."时表示已经成功生成.hex 文件，出现"0 Error(s), 0Warning(s)"时表示编译成功。最后，将.axf 文件下载到微控制器的内部 Flash 中。下载成功后，若串口输出"Init System has been finished"，则表明原始工程正确，可以进行下一步操作。

8.5.2　编写测试程序

当 os_cfg.h 文件中的宏 OS_CFG_Q_EN 被设置为 1 时，表示启用消息队列组件，如程序清单 8-7 所示。用户可以根据需要启用消息队列的其他功能。

程序清单 8-7

```
1.      /* --------------------------- MESSAGE QUEUES -------------------------- */
2.   #define OS_CFG_Q_EN           1u /* Enable (1) or Disable (0) code generation for QUEUES   */
3.   #define OS_CFG_Q_DEL_EN       1u /* Include code for OSQDel()                              */
4.   #define OS_CFG_Q_FLUSH_EN     1u /* Include code for OSQFlush()                            */
5.   #define OS_CFG_Q_PEND_ABORT_EN 1u /* Include code for OSQPendAbort()                       */
```

在 os_cfg_app.h 文件中，消息池的大小默认为 100，如程序清单 8-8 所示。用户可以根据需要调整消息池的大小。

程序清单 8-8

```
         /* -------------------- MISCELLANEOUS -------------------- */
#define   OS_CFG_MSG_POOL_SIZE        100u        /* Maximum number of messages            */
```

在 Main.c 文件的"内部变量"区，添加消息队列的声明代码，如程序清单 8-9 所示。为了便于其他文件访问消息队列，此处将消息队列控制块定义为全局变量。

程序清单 8-9

```
//消息队列
OS_Q g_queMessageQue;
```

在 main 函数中，添加创建消息队列的代码，如程序清单 8-10 的第 8 至 14 行代码所示。

程序清单 8-10

```
1.   int main(void)
2.   {
3.     OS_ERR err;
4.
5.     //初始化 UCOSIII
6.     ...
7.
8.     //创建消息队列
9.     OSQCreate(&g_queMessageQue, "message queue", 100, &err);
10.    if(OS_ERR_NONE != err)
11.    {
12.      printf("Fail to create message queue (%d)\r\n", err);
13.      while(1){}
14.    }
15.
16.    //创建开始任务
17.    ...
18.  }
```

按照程序清单 8-11 修改 Task1 函数的代码。在任务 1 中，每隔 10ms 扫描一次开发板上的 KEY_1 按键。若检测到 KEY_1 按键按下，则通过 OSQPost 函数将数据写入消息队列。

程序清单 8-11

```
1.   static  void Task1(void* pArg)
2.   {
3.     //需要发送的消息
4.     const char* s_pSendData = "Task1 message\r\n";
5.
6.     //循环变量
7.     int i;
8.
9.     //错误
10.    OS_ERR err;
11.
12.    //任务循环，每隔 10ms 扫描一次 KEY₁，KEY₁ 按下则向任务 2 发送一次消息
13.    while(1)
14.    {
15.      if(ScanKeyOne(KEY_NAME_KEY1, NULL, NULL))
16.      {
17.        //输出提示语句
18.        printf("Task1: 向任务 2 发送消息\r\n");
19.
20.        //统计字符串长度
21.        i = 0;
```

```
22.        while(0 != s_pSendData[i])
23.        {
24.          i++;
25.        }
26.
27.        //加上字符串结尾
28.        i++;
29.
30.        //发送字符串
31.        OSQPost(&g_queMessageQue, (void*)s_pSendData, i,  OS_OPT_POST_FIFO, &err);
32.      }
33.
34.      //延时10ms
35.      OSTimeDlyHMSM(0, 0, 0, 10, OS_OPT_TIME_HMSM_STRICT, &err);
36.    }
37.  }
```

按照程序清单 8-12 修改 Task2 函数的代码。在任务 2 中，通过 OSQPend 函数接收消息队列中的数据，并通过 printf 函数进行打印。

程序清单 8-12

```
1.   static  void Task2(void* pArg)
2.   {
3.     void* pMag;
4.     char data;
5.     OS_MSG_SIZE size, i;
6.     OS_ERR err;
7.
8.     //任务循环
9.     while(1)
10.    {
11.      //打印消息队列中的数据
12.      pMag = OSQPend(&g_queMessageQue, 0, OS_OPT_PEND_BLOCKING, &size, NULL, &err);
13.      if(OS_ERR_NONE == err)
14.      {
15.        for(i = 0; i < size; i++)
16.        {
17.          data = *((char*)pMag + i);
18.          printf("%c", data);
19.        }
20.      }
21.    }
22.  }
```

8.5.3 编译及下载验证

代码编写完成并编译通过后,下载程序并进行复位。下载成功后打开串口助手,按下 KEY₁ 按键,任务 1 将向任务 2 发送消息,任务 2 则打印 "Task1 message",如图 8-9 所示。

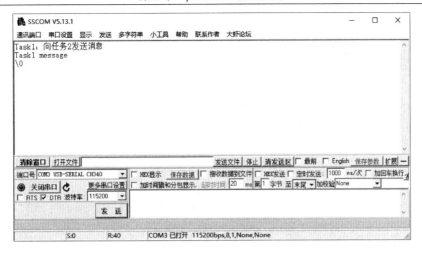

图 8-9　运行结果

本 章 任 务

在 UART0.c 文件中，使用消息队列将串口接收到的数据传递给任务 2。为避免数据覆盖或丢失，可以设置双缓冲区，也可以使用传值方式来应用消息队列，即消息首地址或消息长度就是数据本身。

本 章 习 题

1. 简述栈区和队列的异同点。
2. 低优先级任务正在写入消息队列时，CPU 使用权能否被高优先级任务抢占？
3. 消息队列能否触发任务调度？
4. 在中断中能否获取消息队列信息？
5. 如何访问其他 .c 文件中定义的消息队列？
6. 若多个优先级不同的任务监听同一队列，则操作系统内核将会如何处理？
7. 如何使用消息队列实现栈区功能？

第 9 章　μC/OS-III 信号量

μC/OS-III 中的信号量常用于进行资源管理和事件同步，也可作为任务与任务、任务与中断之间的一种通信机制。不同于消息队列，信号量只有通知的作用，没有数据传输的功能。信号量又分为二值信号量和计数信号量，本章将分别介绍。此外，本章还将介绍信号量在事件同步方面的应用。

9.1　中断延迟

程序的中断服务函数要求中断快进快出，原因如下。

第一，无论任务处于何种优先级，中断总比任务优先执行，这是由硬件机制决定的。若在处理中断时消耗过多的时间，则会影响任务的实时性。

第二，当一个中断服务函数正在执行时，若关闭了全局中断开关，则系统无法接收新的中断请求，这将延长高优先级中断的响应时间。

第三，μC/OS-III 支持中断嵌套，但中断嵌套会增加系统的复杂性，使中断行为变得不可预测，在嵌入式实时系统中，这可能会产生不可预知的影响。

综上所述，中断的处理时间越短，对系统实时性的影响就越小，出现中断嵌套的可能性也就越低，系统更为稳定。

在中断服务函数中必须及时处理触发中断的事件，并清除中断标志位。例如，串口中断的来源有接收缓冲区非空、发送缓冲区为空等，在中断服务函数中必须根据不同来源进行不同处理，并清除中断标志位。

为了实现中断的快进快出，可以将中断处理中必要但耗时的工作移交给任务，这个方法被称为"中断延迟"。

中断延迟可以使不同的中断按照任务优先级来处理，最紧急的中断被优先处理。此外，中断延迟也使得在处理中断时可以使用 μC/OS-III 的 API 函数，因为 μC/OS-III 的大部分 API 函数只能在任务中调用，无法在中断处理中调用。

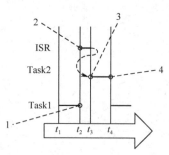

图 9-1　中断延迟

若需要处理中断的任务在系统中的优先级最高，那么退出中断服务函数后，该任务将立即被执行。如图 9-1 所示，Task1 为普通任务，ISR 为中断处理，Task2 为用于处理中断延迟的任务，中断延迟的过程如下。

（1）中断打断 Task1 执行。

（2）执行中断处理，解除用于中断延迟的 Task2 的阻塞态。

（3）优先级较高的 Task2 进入运行态，完成中断处理。

（4）Task2 等待下一次中断发生，进入阻塞态，Task1 继续执行。

在图 9-1 中，中断的起始时间为 t_2，结束时间为 t_4，实际响应时长为 t_3-t_2，中断处理的大部分工作由 Task2 完成，实现了中断的快进快出。

并非所有的中断都需要使用中断延迟处理。中断延迟适用于以下情况。

（1）中断处理时间较长。以 ADC 为例，若只需要在中断服务函数中获取 ADC 结果并保存到缓冲区中，则使用中断延迟反而会增加程序的复杂性；但若需要对输入信号进行滤波处理，而滤波一般比较耗时，则此时可将滤波交给任务处理，在中断服务函数中只进行数据采集。

（2）在中断处理中存在无法执行的部分操作。例如，在中断处理中需要使用只能在任务中调用的 API 函数。

（3）中断处理时长不确定。当中断处理时长不确定时，交由任务处理中断工作是更合适的选择。

中断延迟可以通过信号量、事件标志组、任务通知等方式实现。

9.2　二值信号量简介

在中断与任务同步或任务与任务同步的情况下，二值信号量可以看作长度为 1 的"消息队列"，即最多只能存储 1 个数据。该"消息队列"共有两种状态：队列为空；队列为满。任务并不关注队列中的数据本身，只关注队列中是否有数据。当任务获取二值信号量时，相当于从队列中读取数据，并设置一个阻塞时间，若获取二值信号量失败（队列为空），则任务进入阻塞态。

中断发生时，会释放二值信号量，相当于将二值信号量写入"消息队列"，使得队列为满，这样可唤醒处于阻塞态的任务。任务从阻塞态退出后，由于从队列中获取了二值信号量，"消息队列"又重新变为空状态，这样当任务再次获取二值信号量时将再次进入阻塞态，等待下一个中断的发生，如图 9-2 所示。

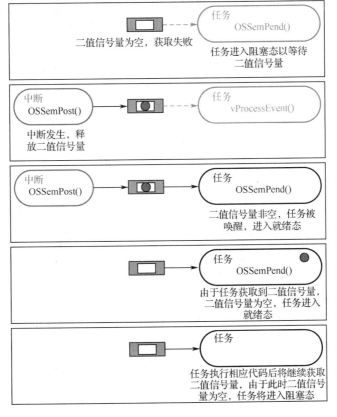

图 9-2　使用二值信号量同步中断和任务

若在任务执行过程中，中断再次释放二值信号量，如图 9-3 所示，则该二值信号量会被保存在空的消息队列中。当任务再次获取二值信号量时，可成功获取，不会进入阻塞态。

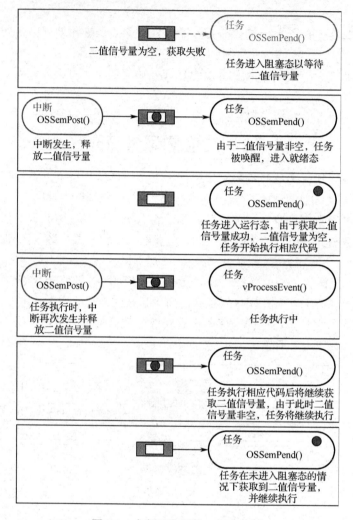

图 9-3　中断再次释放二值信号量

多个中断释放同一二值信号量时，可能会出现如图 9-4 所示的情况。由于二值信号量对应的消息队列长度为 1，所以当二值信号量非空时，再次释放二值信号量将会产生两个同步事件，但实际上任务只处理了一次，导致后面释放的二值信号量无效。

通过二值信号量可以有效实现中断延迟。二值信号量的 API 函数可以在特定的中断发生时解除某个任务的阻塞，从而有效地同步任务与中断，使中断服务函数可以将大部分工作分配给一个同步任务，自身只需要完成紧急的工作。

但若中断中的工作需要立即处理，则可以将同步任务的优先级设为最高，确保从中断退出后该任务能立即执行。中断服务函数可以触发 PendSV 异常，即从中断退出后可立即进行任务调度。若同步任务优先级最高，则其将立即从阻塞态被唤醒并处理相关工作。图 9-5 展示了使用二值信号量进行中断延迟的过程。

（1）中断打断 Task1 运行。

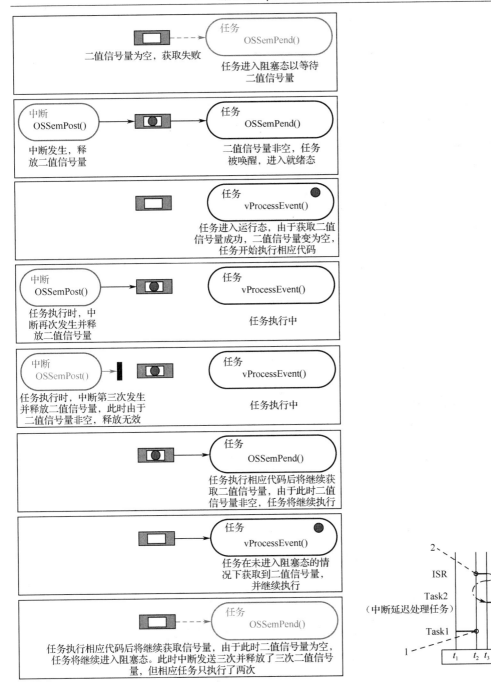

图 9-4 多个中断释放同一二值信号量

图 9-5 使用二值信号量进行中断延迟

（2）执行中断，释放 Task2 阻塞等待的二值信号量。

（3）Task2 完成后再次获取二值信号量，进入阻塞状态，等待下一次中断发生并释放相应的二值信号量。

中断延迟处理任务可以使用带阻塞的方式获取（pend）信号量，类似于任务因等待某个事件而进入阻塞态。当事件发生时，中断将对同一信号量执行给予（post）操作来唤醒进入阻塞态的任务，这称为释放信号量。

"获取信号量"和"释放信号量"这两个概念在不同应用场景下有不同的含义。

9.3　计数信号量简介

与二值信号量类似，也可以将计数信号量视为一种消息队列。该消息队列的长度为 N，任务只关注消息队列中的数据量，而不关注数据本身。每释放一个计数信号量，消息队列中的数据量加 1；每获取一次计数信号量，消息队列中的数据量减 1。

计数信号量通常应用在事件计数和资源管理两方面。

1．事件计数

当计数信号量用于事件计数时，每发生一个事件，中断都会释放一个计数信号量，使得计数信号量的计数值加 1。任务每获取一次计数信号量，计数信号量的计数值减 1。计数信号量使每个事件都可以得到处理，解决了二值信号量不能响应多个事件的缺陷，如图 9-6 所示。

计数信号量被创建后可以指定初始计数值，一般设为 0。

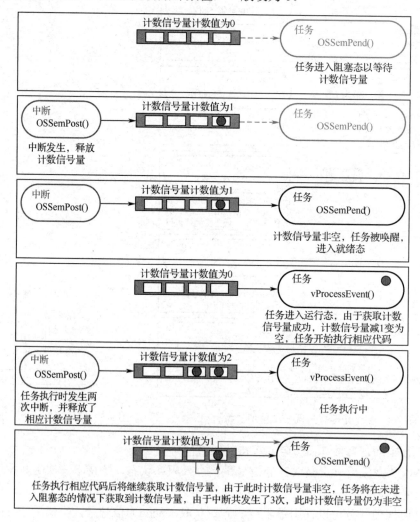

图 9-6　计数信号量的使用

2. 资源管理

当使用计数信号量进行资源管理时，计数信号量主要用于指示可用资源的数量。在获取资源之前，任务首先要获取计数信号量，使得计数信号量的计数值减 1，表示有一个资源已被占用。当计数信号量的计数值减到 0 时，表明资源已耗尽。当任务获取的资源使用完毕后，会释放计数信号量，使计数信号量的计数值加 1，此时其他任务可以继续使用该资源。

注意，若需要使用计数信号量进行资源管理，则在创建计数信号量时，指定初始计数值以表示资源总数。

9.4　μC/OS-III 信号量简介

μC/OS-III 只提供了计数信号量，可以在任务和中断中使用。任务等待获取计数信号量时将进入阻塞态，不占用 CPU 资源。虽然 μC/OS-III 没有提供二值信号量，但通过计数信号量也可以实现二值信号量的功能，在以下内容中，计数信号量和二值信号量统称为信号量。信号量服务如图 9-7 所示。

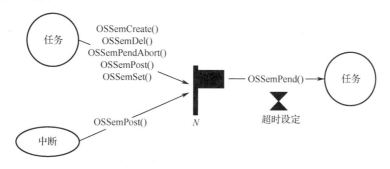

图 9-7　信号量服务

信号量可以被视作标志位，用于表示事件是否发生，其初值通常为 0，表示事件尚未发生。图 9-7 中的 N 表明信号量的累计事件发生次数，通过计数范围为 0～255、0～65535 或 0～4294967295 的计数器完成，计数范围由 os_type.h 文件中 OS_SEM_CTR 的位宽决定，用户可以根据需要修改 OS_SEM_CTR 的位宽。中断或任务可以多次释放信号量，而信号量也可以记录被释放的次数。创建信号量时可以将初值指定为非零值，表明初始化时已经发生了多次事件。

图 9-7 中的超时设定表示接收任务可以指定超时时间。若任务在设定的超时时间内未获取到信号量，则 μC/OS-III 内核将唤醒接收任务，并向接收任务发出一个错误码。此外，信号量还使用了等待列表，用于跟踪记录等待获取信号量的任务。

μC/OS-III 为信号量提供了大量 API 函数，这些 API 函数均可在任务中调用，但在中断中仅能使用 OSSemPost 函数，用于释放信号量。

9.5　信号量相关 API 函数

1. OSSemCreate 函数

OSSemCreate 函数用于创建并初始化信号量，具体描述如表 9-1 所示。信号量常用于共享资源互斥访问、任务与任务/中断间的同步、事件等待等场景。

表 9-1　　OSSemCreate 函数描述

函数名	OSSemCreate
函数原型	void OSSemCreate(OS_SEM　　　　　　　*p_sem, 　　　　　　　　　CPU_CHAR　　　　　　*p_name, 　　　　　　　　　OS_SEM_CTR　　　　　cnt, 　　　　　　　　　OS_ERR　　　　　　　*p_err)
功能描述	创建并初始化信号量
所在位置	os_sem.c
调用位置	启动代码或任务中
使能配置	OS_CFG_SEM_EN
输入参数 1	p_sem：信号量指针，指向信号量控制块（OS_SEM）。μC/OS-III 中的信号量控制块并不会动态创建，用户需要手动定义一个 OS_SEM 类型的变量，由编译器静态分配内存。用户可以通过 malloc 函数动态分配内存。为了便于在不同文件间访问，信号量控制块一般要设为全局变量
输入参数 2	p_name：信号量名，用于调试。注意，μC/OS-III 只会保存信号量名的字符串首地址，因此信号量名最好为字符串常量
输入参数 3	cnt：信号量初值。 若信号量被用于共享资源的互斥访问，则需要将信号量初值设为共享资源的数量； 若信号量用于通知，实现任务与任务/中断间的同步，则初值要设置为 0
输入参数 4	p_err：错误码。 OS_ERR_NONE：成功； OS_ERR_CREATE_ISR：在中断中调用此函数； OS_ERR_ILLEGAL_CREATE_RUN_TIME：在调用 OSSafetyCriticalStart 函数后调用此函数； OS_ERR_NAME：p_name 为 NULL； OS_ERR_OBJ_CREATED：信号量已经被创建； OS_ERR_OBJ_PTR_NULL：p_sem 为 NULL
返回值	void

　　OSSemCreate 函数的使用示例如程序清单 9-1 所示。在该函数中，首先要为信号量控制块分配内存，可以静态分配，即定义一个 OS_SEM 类型的静态变量，也可以从系统堆区中动态创建。信号量控制块通常需要定义为全局变量，以便于在不同文件间访问。此外，可以通过在 main 函数或开始任务中调用该函数来确保信号量在使用之前已被创建。

程序清单 9-1

```
#include "includes.h"

//信号量
OS_SEM g_semTest;

void UserTask(void *pArg)
{
  OS_ERR err;

  //创建信号量
  OSSemCreate(&g_semTest, "semaphore", 0, &err);
  if(OS_ERR_NONE != err)
  {
```

```
  printf("Fail to create semaphore (%d)\r\n", err);
  while(1){}
}

//任务循环
while(1)
{

}
}
```

2. OSSemDel 函数

OSSemDel 函数用于删除信号量，具体描述如表 9-2 所示。注意，在使用该函数删除信号量之前，需要将可能访问到此信号量的所有任务都删除。若信号量由动态内存分配，则在删除信号量后还需要释放信号量所占据的内存。

表 9-2　OSSemDel 函数描述

函数名	OSSemDel
函数原型	void OSSemDel (OS_SEM　　　　　*p_sem, 　　　　　　　　 OS_OPT　　　　　opt, 　　　　　　　　 OS_ERR　　　　　*p_err)
功能描述	删除信号量
所在位置	os_sem.c
调用位置	启动代码或任务中
使能配置	OS_CFG_SEM_EN && OS_CFG_SEM_DEL_EN
输入参数 1	p_sem：信号量指针，指向信号量控制块（OS_SEM）
输入参数 2	opt：选项。 OS_OPT_DEL_NO_PEND：仅在没有任务因该信号量阻塞时删除信号量； OS_OPT_DEL_ALWAYS：强制删除信号量，如果信号量中有任务正在等待（阻塞），那么这些任务将会被设为就绪态，并收到一个错误码
输入参数 3	p_err：错误码。 OS_ERR_NONE：成功； OS_ERR_DEL_ISR：在中断中调用此函数； OS_ERR_OBJ_PTR_NULL：p_sem 为 NULL； OS_ERR_OBJ_TYPE：p_sem 并未指向一个信号量控制块； OS_ERR_OPT_INVALID：opt 参数无效； OS_ERR_TASK_WAITING：信号量中有任务正在等待（阻塞）
返回值	void

3. OSSemPend 函数

OSSemPend 函数用于获取信号量，表示任务想要互斥访问共享资源、与其他任务/中断同步、等待某一事件发生等，具体描述如表 9-3 所示。

任务获取信号量失败后将进入阻塞态。若该任务此时被其他任务通过 OSTaskSuspend 函数挂起，那么当信号量被释放时，该任务依然能够获取信号量，但不能进入就绪态，必须通过 OSTaskResume 函数才能将任务唤醒。

表 9-3　OSSemPend 函数描述

函数名	OSSemPend
函数原型	OS_SEM_CTR OSSemPend(OS_SEM　　　 *p_sem, 　　　　　　　　　　　 OS_TICK　　　　 timeout, 　　　　　　　　　　　 OS_OPT　　　　　 opt, 　　　　　　　　　　　 CPU_TS　　　　　 *p_ts, 　　　　　　　　　　　 OS_ERR　　　　　 *p_err)
功能描述	获取信号量
所在位置	os_sem.c
调用位置	任务中
使能配置	OS_CFG_SEM_EN
输入参数 1	p_sem：信号量指针，指向信号量控制块（OS_SEM）
输入参数 2	timeout：阻塞时间，以时间片为单位。如果阻塞时间递减到零但仍未获取信号量，那么任务将会被唤醒，该函数也将输出一个错误码。阻塞时间为 0 表示阻塞时间无效，任务需要一直等待信号量。阻塞时间将会在下一个时间片开始递减
输入参数 3	opt：选项。 OS_OPT_PEND_BLOCKING：获取信号量失败将进入阻塞态； OS_OPT_PEND_NON_BLOCKING：获取信号量失败后并不会进入阻塞态，而是返回当前任务，并输出一个错误码
输入参数 4	p_ts：时间戳，用于记录信号量被释放、任务被移除或信号量被删除时的系统时间。可以传入 NULL，表示用户并不关注时间戳。通过时间戳，用户可以得知信号量何时被释放，也可以推算出信号量从被释放到被获取所消耗的时间。利用 OS_TS_GET 函数可以获取当前时间戳，上述消耗时间则等于 OS_TS_GET()-*p_ts
输入参数 5	p_err：错误码。 OS_ERR_NONE：成功； OS_ERR_OBJ_DEL：信号量已被删除； OS_ERR_OBJ_PTR_NULL：p_sem 为 NULL； OS_ERR_OBJ_TYPE：p_sem 并非指向一个信号量控制块； OS_ERR_OPT_INVALID：opt 参数无效； OS_ERR_PEND_ABORT：发送方通过 OSSemPendAbort 函数抛出了一个错误异常； OS_ERR_PEND_ISR：在中断中调用此函数； OS_ERR_PEND_WOULD_BLOCK：使用了 OS_OPT_PEND_NON_BLOCKING 但获取信号量失败； OS_ERR_SCHED_LOCKED：调度器锁定时调用了该函数； OS_ERR_STATUS_INVALID：状态非法； OS_ERR_TIMEOUT：阻塞超时溢出
返回值	void

　　OSSemPend 函数只能在任务中使用，示例如程序清单 9-2 所示。在调用 OSSemPend 函数时，延时为 0 表示任务需要一直等待信号量，该函数返回后需要立即校验错误码，若错误码为 OS_ERR_NONE，表示信号量非零，可以进行事件处理。

程序清单 9-2

```
#include "includes.h"

void UserTask(void *pArg)
{
```

```
extern OS_SEM g_semTest;
OS_ERR err;

//任务循环
while(1)
{
  //获取信号量
  OSSemPend(&g_semTest, 0, OS_OPT_PEND_BLOCKING, NULL, &err);
  if(OS_ERR_NONE != err)
  {
    printf("Fail to take semaphore (%d) \r\n");
  }
  else
  {
    //事件处理
    ...
  }
}
}
```

4. OSSemPendAbort 函数

OSSemPendAbort 函数用于移除信号量等待列表中的任务，并向接收方传递一个错误码，具体描述如表 9-4 所示。被移除的任务将进入就绪态，并收到一个错误码。若被移除任务的优先级比当前任务的优先级高，且系统没有配置 OS_OPT_POST_NO_SCHED 宏，则将触发任务调度。

表 9-4　OSSemPendAbort 函数描述

函数名	OSSemPendAbort
函数原型	OS_OBJ_QTY OSSemPendAbort(OS_SEM　　　*p_sem, 　　　　　　　　　　　　OS_OPT　　　　opt, 　　　　　　　　　　　　OS_ERR　　　　*p_err)
功能描述	移除信号量等待列表中的任务
所在位置	os_sem.c
调用位置	任务中
使能配置	OS_CFG_SEM_EN && OS_CFG_SEM_PEND_ABORT_EN
输入参数 1	p_sem：信号量指针，指向信号量控制块（OS_SEM）
输入参数 2	opt：选项，可以通过"或"运算来组合。 OS_OPT_PEND_ABORT_1：只移除优先级最高的等待任务； OS_OPT_PEND_ABORT_ALL：移除所有等待任务； OS_OPT_POST_NO_SCHED：不触发任务调度
输入参数 3	p_err：错误码。 OS_ERR_NONE：成功； OS_ERR_OBJ_PTR_NULL：p_sem 为 NULL； OS_ERR_OBJ_TYPE：p_sem 并非指向一个信号量控制块； OS_ERR_OPT_INVALID：opt 参数无效； OS_ERR_PEND_ABORT_ISR：在中断中调用此函数； OS_ERR_PEND_ABORT_NONE：等待列表为空
返回值	被移除的任务数量

5. OSSemPost 函数

OSSemPost 函数用于释放信号量，信号量的值将加 1，具体描述如表 9-5 所示。若信号量的等待列表中存在任务，则 OSSemPost 函数会使其中优先级最高的任务进入就绪态，且若该任务的优先级比当前任务的优先级高，那么调度器将触发一次任务调度。

表 9-5　OSSemPost 函数描述

函数名	OSSemPost
函数原型	OS_SEM_CTR OSSemPost(OS_SEM　　　 *p_sem, 　　　　　　　　　　　OS_OPT　　　 opt, 　　　　　　　　　　　OS_ERR　　　 *p_err)
功能描述	释放信号量
所在位置	os_sem.c
调用位置	任务或中断中
使能配置	OS_CFG_SEM_EN
输入参数 1	p_sem：信号量指针，指向信号量控制块（OS_SEM）
输入参数 2	opt：选项，可以通过"或"运算来组合。 OS_OPT_POST_1：信号量只释放给优先级最高的等待任务； OS_OPT_POST_ALL：信号量将释放给所有任务； OS_OPT_POST_NO_SCHED：不触发任务调度
输入参数 3	p_err：错误码。 OS_ERR_NONE：成功； OS_ERR_OBJ_PTR_NULL：p_sem 为 NULL； OS_ERR_OBJ_TYPE：p_sem 并非指向一个信号量控制块； OS_ERR_SEM_OVF：释放信号量会导致信号量计数溢出
返回值	信号量计数值

OSSemPost 函数可以在任务和中断中使用，在中断中使用的示例如程序清单 9-3 所示。在进入中断服务函数后，首先要通过 OSIntEnter 函数告知 μC/OS-III 内核当前应用正在处理中断服务程序，然后通过 OSSemPost 函数释放信号量，此时可以选择向优先级最高的等待任务释放信号量或向所有任务释放信号量。在退出中断服务函数之前，要通过 OSIntExit 函数告知 μC/OS-III 内核中断服务程序已处理完毕。

若在任务中使用 OSSemPost 函数，则无须调用 OSIntEnter 和 OSIntExit 函数。

程序清单 9-3

```
#include "includes.h"

//中断服务函数
void xxx_IRQHandler(void)
{
  extern OS_SEM g_semTest;
  OS_ERR err;

  //进入中断
  OSIntEnter();

  //释放信号量
```

```
OSSemPost(&g_semTest, OS_OPT_POST_1, &err);
if(OS_ERR_NONE != err)
{
  printf("Fail to give semaphore (%d)\r\n", err);
}

//退出中断
OSIntExit();
}
```

6. OSSemSet 函数

OSSemSet 函数用于修改信号量的计数值，具体描述如表 9-6 所示。OSSemSet 函数可以将信号量计数值设为任意值。若信号量计数值为 0，则该函数仅会在没有任务等待时修改信号量的计数值。

表 9-6　OSSemSet 函数描述

函数名	OSSemSet
函数原型	void OSSemSet(OS_SEM　　　　　*p_sem, 　　　　　　　　OS_SEM_CTR　　cnt, 　　　　　　　　OS_ERR　　　　　*p_err)
功能描述	修改信号量的计数值
所在位置	os_sem.c
调用位置	任务中
使能配置	OS_CFG_SEM_EN && OS_CFG_SEM_SET_EN
输入参数 1	p_sem：信号量指针，指向信号量控制块（OS_SEM）
输入参数 2	cnt：计数值
输入参数 3	p_err：错误码。 OS_ERR_NONE：成功； OS_ERR_OBJ_PTR_NULL：p_sem 为 NULL； OS_ERR_OBJ_TYPE：p_sem 并非指向一个信号量控制块； OS_ERR_TASK_WAITING：设置失败，因为有任务正在等待
返回值	void

9.6　OSSemPend 函数源码分析

OSSemPend 函数在 os_sem.c 文件中定义，其中部分关键代码如程序清单 9-4 所示。

OSSemPend 函数首先尝试获取信号量，若信号量计数值非零，则表示接收任务所等待的事件已发生，此时 OSSemPend 函数会立即返回当前任务并将信号量的计数值减 1。若信号量计数值为零，则表示获取信号量失败，OSSemPend 函数会将当前任务从就绪列表中移除，添加到信号量的等待列表中，并根据参数返回错误码。而且若任务设置了超时等待，OSSemPend 函数还会将当前任务添加到延时列表中。

任务阻塞结束后，由于发送方直接向接收任务发送通知，没有经过信号量，因此无须将信号量计数值减 1，接收任务只需判断是否成功获取信号量即可。

由于信号量也属于共享资源，会被具有不同优先级的任务或中断访问，所以也需要使用临界段加以保护。

程序清单 9-4

```c
OS_SEM_CTR OSSemPend (OS_SEM *p_sem, OS_TICK timeout, OS_OPT opt, CPU_TS *p_ts, OS_ERR *p_err)
{
    //局部变量
    OS_SEM_CTR      ctr;          //信号量计数值
    OS_PEND_DATA    pend_data;    //等待列表项
    CPU_SR_ALLOC();               //临界段所需要的局部变量

    //初始化返回的时间戳
    if (p_ts != (CPU_TS *)0) { *p_ts  = (CPU_TS)0;}

    //进入临界段
    CPU_CRITICAL_ENTER();

    //信号量计数值非零, 可以直接返回
    if (p_sem->Ctr > (OS_SEM_CTR)0) {
        p_sem->Ctr--;                                   //信号量计数值减 1
        if(p_ts != (CPU_TS *)0) { *p_ts = p_sem->TS; }  //输出时间戳
        ctr = p_sem->Ctr;                               //获取当前计数值
        CPU_CRITICAL_EXIT();                            //退出临界段
        *p_err = OS_ERR_NONE;                           //设置错误码, 获取成功
        return (ctr);                                   //返回信号量计数值
    }

    //获取信号量失败, 且未使能阻塞等待, 需要直接返回
    if ((opt & OS_OPT_PEND_NON_BLOCKING) != (OS_OPT)0) {
        ctr = p_sem->Ctr;                     //获取当前计数值
        CPU_CRITICAL_EXIT();                  //退出临界段
        *p_err = OS_ERR_PEND_WOULD_BLOCK;     //设置错误码, 获取信号量失败
        return (ctr);                         //返回计数值
    }

    //获取信号量失败, 且使能了阻塞等待
    else {

        //调度器处于锁定状态, 此时无法进行任务调度, 也无法进行阻塞调节
        if (OSSchedLockNestingCtr > (OS_NESTING_CTR)0) {
            CPU_CRITICAL_EXIT();              //退出临界段
            *p_err = OS_ERR_SCHED_LOCKED;     //设置错误码, 提示用户调度器已锁定
            return ((OS_SEM_CTR)0);           //返回 0
        }
    }

    //开启中断, 锁定调度器, 临界段依旧存在
    OS_CRITICAL_ENTER_CPU_EXIT();

    //①任务的 TCB 中标记正在等待信号量
    //②任务的 TCB 中标记阻塞态 (PendStatus) 为 OS_STATUS_PEND_OK
    //③将任务从就绪列表中删除, 如果设置了超时等待, 则任务还会被添加到就绪列表中
    //④将任务按优先级插入到信号量的等待列表中
    OS_Pend(&pend_data, (OS_PEND_OBJ *)((void *)p_sem), OS_TASK_PEND_ON_SEM, timeout);
```

```
//退出临界段
OS_CRITICAL_EXIT_NO_SCHED();

//触发任务调度，切换到优先级最高的就绪任务
OSSched();

//从其他任务切换回来，从当前节点继续往下执行

//再次进入临界段
CPU_CRITICAL_ENTER();

//查验阻塞等待结果
switch (OSTCBCurPtr->PendStatus) {

  //阻塞等待成功
  case OS_STATUS_PEND_OK:
    if (p_ts != (CPU_TS *)0) { *p_ts  =  OSTCBCurPtr->TS; } //输出时间戳
    *p_err = OS_ERR_NONE;                          //输出错误码，获取信号量成功
    break;

  case OS_STATUS_PEND_ABORT:    //从等待列表中移除
  case OS_STATUS_PEND_TIMEOUT:  //等待超时
  case OS_STATUS_PEND_DEL:      //信号量被删除
  default:                      //其他错误
}

//获取当前信号量计数值
ctr = p_sem->Ctr;

//退出临界段
CPU_CRITICAL_EXIT();

//返回信号量计数值
return (ctr);
}
```

9.7　OSSemPost 函数源码分析

OSSemPost 函数通过 OS_SemPost 函数释放信号量。OS_SemPost 函数在 os_sem.c 文件中定义，实现代码如程序清单 9-5 所示。

OS_SemPost 函数首先判断等待列表是否为空，若为空则说明此时没有任务阻塞等待信号量，只需将信号量计数值加 1 即可，但在此之前需要先检查信号量是否计数到最大值，若是则输出信号量计数溢出错误码。

若等待列表非空，则表示有任务正在阻塞等待信号量。为了提升消息传递的速度，OS_SemPost 函数将通过 OS_Post 函数向接收任务发送一条空消息。OS_Post 函数会将接收任务从信号量延时列表中移除，并添加到就绪列表中，若接收任务设置了超时等待，则 OS_Post 函数还会将接收任务从延时列表中删除。此时消息传递没有经过信号量，因此发送任务可以选择将信号量广播给所有接收任务。

在将消息传递给接收任务后，OS_SemPost 函数将立即触发一次任务调度，因此高优先级接收任务可在第一时间执行并处理该事件。

程序清单 9-5

```
OS_SEM_CTR  OS_SemPost (OS_SEM *p_sem, OS_OPT opt, CPU_TS ts, OS_ERR *p_err)
{
  //局部变量
  OS_OBJ_QTY      cnt;                //循环变量
  OS_SEM_CTR      ctr;                //信号量计数结果
  OS_PEND_LIST   *p_pend_list;        //信号量等待列表
  OS_PEND_DATA   *p_pend_data;        //当前等待列表项
  OS_PEND_DATA   *p_pend_data_next;   //下一个等待列表项
  OS_TCB         *p_tcb;              //当前等待列表项所属任务的 TCB
  CPU_SR_ALLOC();                     //临界段所需的临时变量

  //进入临界段
  CPU_CRITICAL_ENTER();

  //获取信号量的等待列表
  p_pend_list = &p_sem->PendList;

  //信号量等待列表长度为 0，表明当前没有任务等待，只需将信号量加 1 即可
  if (p_pend_list->NbrEntries == (OS_OBJ_QTY)0) {

    //检查信号量是否计数到最大值，若是则输出信号量计数溢出错误码
    switch (sizeof(OS_SEM_CTR)) {
    case  1u:  if(p_sem->Ctr==DEF_INT_08U_MAX_VAL){CPU_CRITICAL_EXIT();*p_err=OS_ERR_SEM_OVF;
return(0);} break;
    case  2u:  if(p_sem->Ctr==DEF_INT_16U_MAX_VAL){CPU_CRITICAL_EXIT();*p_err=OS_ERR_SEM_OVF;
return(0);} break;
    case  4u:  if(p_sem->Ctr==DEF_INT_32U_MAX_VAL){CPU_CRITICAL_EXIT();*p_err=OS_ERR_SEM_OVF;
return(0);} break;
    default: break;
    }

    //信号量计数未到最大值
    p_sem->Ctr++;           //信号量计数值加 1
    ctr = p_sem->Ctr;       //获取当前信号量计数值
    p_sem->TS = ts;         //记录时间戳
    CPU_CRITICAL_EXIT();    //退出临界段
    *p_err = OS_ERR_NONE;   //设置错误码，释放信号量成功
    return (ctr);           //返回信号量计数值
  }

  //关闭调度器，使能中断
  OS_CRITICAL_ENTER_CPU_EXIT();

  //确定循环次数
```

```
if ((opt & OS_OPT_POST_ALL) != (OS_OPT)0) { cnt = p_pend_list->NbrEntries;} else {cnt =
(OS_OBJ_QTY)1;}


    //获取等待列表表头
    p_pend_data = p_pend_list->HeadPtr;

    //循环释放信号量
    while (cnt > 0u) {

        //获取等待列表项所属任务的 TCB，即当前等待任务的 TCB
        p_tcb  = p_pend_data->TCBPtr;

        //获取下一个等待列表项，保存到 p_pend_data_next 中
        p_pend_data_next = p_pend_data->NextPtr;

        //向任务发送通知
        //①为加快消息传递，将消息首地址、消息长度和时间戳直接保存到任务的 TCB 中，消息首地址和消息
长度均为 0
        //②将任务从等待列表中删除，并插入到就绪列表中
        //③如果设置了超时等待，还会将任务从延时列表中删除
        OS_Post((OS_PEND_OBJ *)((void *)p_sem), p_tcb, (void*)0, (OS_MSG_SIZE)0, ts);

        //指向下一个列表项
        p_pend_data = p_pend_data_next;

        //更新循环计数
        cnt--;
    }

    //获取最新的信号量计数值
    ctr = p_sem->Ctr;

    //退出临界段
    OS_CRITICAL_EXIT_NO_SCHED();

    //触发任务调度，切换到优先级最高的就绪任务
    if ((opt & OS_OPT_POST_NO_SCHED) == (OS_OPT)0) {OSSched();}

    //从其他任务切换回来，从当前节点继续往下执行

    //输出错误码，表明释放信号量成功
    *p_err = OS_ERR_NONE;

    //返回信号量计数值
    return (ctr);
}
```

9.8　实例与代码解析

下面通过编写实例程序，创建两个任务：任务 1 用于进行按键扫描，检测到按键按下后释放信号量；任务 2 获取信号量后进行按键按下处理。

9.8.1　复制并编译原始工程

首先，将"D:\GD32F3μCOSTest\Material\07.μCOSIII 信号量"文件夹复制到"D:\GD32F3μCOSTest\Product"文件夹中。其次，双击运行"D:\GD32F3μCOSTest\Product\07.μCOSIII 信号量\Project"文件夹中的 GD32KeilPrj.uvprojx，单击工具栏中的█按钮进行编译，当"Build Output"栏中出现"FromELF：creating hex file..."时表示已经成功生成.hex 文件，出现"0 Error(s)，0Warning(s)"时表示编译成功。最后，将.axf 文件下载到微控制器的内部 Flash 中。下载成功后，若串口输出"Init System has been finished"，则表明原始工程正确，可以进行下一步操作。

9.8.2　编写测试程序

当 os_cfg.h 文件中的宏 OS_CFG_SEM_EN 被设置为 1 时，表示启用信号量组件，如程序清单 9-6 所示。用户可以根据需要启用信号量的其他功能。

程序清单 9-6

```
1.              /* ------------------ SEMAPHORES ------------------ */
2.    #define OS_CFG_SEM_EN  1u /* Enable (1) or Disable (0) code generation for SEMAPHORES   */
3.    #define OS_CFG_SEM_DEL_EN        1u /*    Include code for OSSemDel()              */
4.    #define OS_CFG_SEM_PEND_ABORT_EN 1u /*    Include code for OSSemPendAbort()        */
5.    #define OS_CFG_SEM_SET_EN        1u /*    Include code for OSSemSet()              */
```

在 Main.c 文件的"内部变量"区，添加信号量的声明代码，如程序清单 9-7 所示。

程序清单 9-7

```
//信号量
OS_SEM g_semBinary;
```

在 main 函数中，添加创建信号量并设置信号量初值的代码，如程序清单 9-8 的第 8 至 17 行代码所示。

程序清单 9-8

```
1.    int main(void)
2.    {
3.      OS_ERR err;
4.
5.      //初始化 UCOSIII
6.      ...
7.
8.      //创建信号量
9.      OSSemCreate(&g_semBinary, "binary semaphore", 1, &err);
10.     if(OS_ERR_NONE != err)
11.     {
12.       printf("Fail to create binary semaphore (%d)\r\n", err);
13.       while(1){}
```

```
14.    }
15.
16.    //设置信号量初值
17.    OSSemSet(&g_semBinary, 0, &err);
18.
19.    //创建开始任务
20.    ...
21. }
```

按照程序清单 9-9 修改 Task1 函数的代码。在任务 1 中，每隔 10ms 扫描一次开发板上的 KEY₁ 按键。若检测到 KEY₁ 按键按下，则释放信号量，并交由任务 2 处理。

程序清单 9-9

```
1.    static  void Task1(void* pArg)
2.    {
3.      //错误
4.      OS_ERR err;
5.
6.      //任务循环，每隔 10ms 扫描一次 KEY₁，KEY₁ 按下则释放信号量，由任务 2 处理
7.      while(1)
8.      {
9.        if(ScanKeyOne(KEY_NAME_KEY1, NULL, NULL))
10.       {
11.         OSSemPost(&g_semBinary, OS_OPT_POST_1, &err);
12.       }
13.       OSTimeDlyHMSM(0, 0, 0, 10, OS_OPT_TIME_HMSM_STRICT, &err);
14.     }
15.   }
```

按照程序清单 9-10 修改 Task2 函数的代码。在任务 2 中，其通过 OSSemPend 函数获取信号量，并进入阻塞态。在任务 1 释放信号量后，任务 2 将从阻塞态被唤醒，并通过串口打印"KEY1 Press"，模拟按键按下处理程序。

程序清单 9-10

```
1.    static  void Task2(void* pArg)
2.    {
3.      //错误
4.      OS_ERR err;
5.
6.      //任务循环
7.      while(1)
8.      {
9.        OSSemPend(&g_semBinary, 0, OS_OPT_PEND_BLOCKING, NULL, &err);
10.       printf("KEY1 Press\r\n");
11.     }
12.   }
```

9.8.3　编译及下载验证

代码编写完成并编译通过后，下载程序并进行复位。下载成功后打开串口助手，按下 KEY₁ 按键，任务 1 将释放信号量，任务 2 在获取到信号量后打印"KEY1 Press"字符串，如图 9-8 所示。

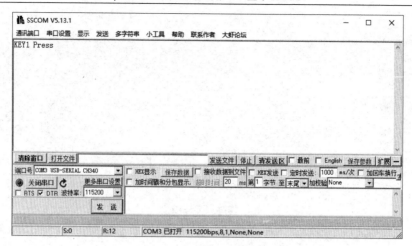

图 9-8　运行结果

本 章 任 务

1. 进行中断延迟测试。删除本章例程中的 Task1 函数，使用外部中断检测 KEY$_1$ 按键，KEY$_1$ 按键按下后在中断服务函数中释放信号量，然后交由 Task2 函数处理。

2. 封装 µC/OS-III 的信号量模块，使其具有独立的二值信号量和计数信号量功能。

本 章 习 题

1. 如何修改信号量的计数范围？

2. 请列举信号量的应用场景。

3. 简述使用中断延迟的优势。

4. 如何使用消息队列构建二值信号量和计数信号量？

5. 等待列表有何作用？

6. 如何使用二值信号量实现全局资源的互斥访问？

第 10 章 μC/OS-III 互斥量

互斥量实际上为特殊的二值信号量，其特有的优先级继承机制使其更适合进行共享资源保护。什么是优先级继承机制？为什么互斥量更适合互斥访问？本章将深入回答这些问题。

10.1 共享资源与互斥访问

10.1.1 共享资源

共享资源也称为阶段资源，可以为静态变量、寄存器、处理器外设（如 LCD 屏等外围设备），也可以为代码段。在多任务系统中，当一个任务正在使用未被保护的共享资源时，若被其他任务或中断强行打断，则程序运行结果可能出错。

1. 输出字符串

假设有两个均要通过串口输出字符串的任务，其中任务 A 的优先级较低，具体执行情况如下。

（1）任务 A 开始发送字符串"hello world"到串口。

（2）任务 A 已输出部分字符串"hello w"。

（3）任务 B 优先级较高，强行打断了任务 A 的执行，并输出字符串"ABCD"。

（4）任务 B 输出完成后，任务 A 继续执行，输出剩余字符串"orld"。

（5）任务 A 完成字符串输出。

在该应用场景下，由于任务 B 打断了任务 A 的输出，串口最终输出字符串"hello wABCDorld"。

2. 读改写操作

程序清单 10-1 展示了一条 C 语言语句及其对应的汇编指令。其中，GPIOA_ODR 为 GPIOA 的输出控制寄存器。为了实现仅修改 PA0 引脚的输出电平而不影响其他引脚，需要先读取 GPIOA_ODR 寄存器的值，修改 PA0 引脚对应的位后，再将修改后的值重新写入 GPIOA_ODR 寄存器，该操作被称为"读改写"。

程序清单 10-1

```
//C 语言语句
GPIOA_ODR | =0x01; //PA0 输出 1

//汇编指令
LDR R0, =GPIOA_ODR   //获取 GPIOA_ODR 寄存器地址并存储到 R0 中
LDR R1, [R0]         //获取 GPIOA_ODR 寄存器的值并存储到 R1 中
ORR R1, #0x01        //R1 中的值与 0x01 进行或运算
STR R1, [R0]         //将运算结果写入 GPIOA_ODR 寄存器
```

如程序清单 10-1 所示，该 C 语言语句功能需要多条汇编指令才能完成。实际上，在执行这些汇编指令的过程中，程序存在被打断的风险，即程序存在安全隐患。

假设当前有两个均要通过 GPIOA_ODR 寄存器控制 LED 输出的任务，任务 A 需要修改 PA0 引脚的输出来控制 LED$_1$，任务 B 需要修改 PA1 引脚的输出来控制 LED$_2$，且任务 B 的优

先级较高，则可能出现以下情况。

（1）任务 A 读取了 GPIOA_ODR 寄存器的值，尚未修改。

（2）任务 B 强行打断了任务 A。

（3）任务 B 通过读改写的方式更新了 GPIOA_ODR 寄存器的值。

（4）任务 B 完成更新后，调度器切换回任务 A 执行。

（5）任务 A 修改第（1）步读取到的值后，将其更新到 GPIOA_ODR 寄存器中。

（6）任务 A 完成更新。

在上述应用场景中，GPIOA_ODR 寄存器的值被任务 B 更新后立即被任务 A 重新覆盖，相当于任务 B 对 GPIOA_ODR 寄存器的值更新无效，此时 LED$_2$ 的输出将出现错误。

这凸显了保护共享资源的必要性。实际上，微控制器修改静态变量的值也是通过"读改写"的方式，当多个任务或中断同时访问同一静态变量时也会出现类似的错误。这里的静态变量可以是简单的 char、int 类型数据，也可以是复杂的枚举、结构体、联合体等。

3. 线程安全函数

线程安全函数是指那些能够被多个任务或中断同时访问而不发生数据或逻辑错误的函数。在操作系统中，每个任务都有自己独立的栈区，用于保存现场数据，包括局部变量、工作寄存器的值等。若某函数只访问局部变量，不访问静态数据（如静态变量、寄存器的值等），如程序清单 10-2 所示，则称该函数是线程安全的。而在程序清单 10-3 中，FunctionB 函数每被调用一次，都会修改 s_iSum 的值，当多个任务同时访问该函数时，运算结果将无法预测，可能导致程序出错。

因此，对于多优先级系统而言，任何访问到共享资源的函数都不是线程安全的，无论是裸机系统还是实时操作系统。

程序清单 10-2

```
int FunctionA(int a)
{
  int b;
  b = a + 100;
  return b;
}
```

程序清单 10-3

```
int FunctionB(int a)
{
  static int s_iSum = 0;
  s_iSum = s_iSum + a;
  return s_iSum;
}
```

为了保证任务访问共享资源时不被其他任务或中断打断，需要引入"互斥访问"机制，即一个任务在访问一个共享资源时，该任务将独享这个共享资源，此时任何其他任务或中断都不得访问并修改该共享资源。

μC/OS-III 中的临界段、调度器和信号量等均提供了互斥访问机制。对于嵌入式裸机系统，可以通过开关中断或设置标志位来实现互斥访问。

10.1.2　通过临界段实现互斥访问

临界段是执行时独享 CPU 使用权且不会被打断的一段代码。

μC/OS-III 通过 OS_CRITICAL_ENTER 和 OS_CRITICAL_EXIT 函数标明临界段的起点和终点，如程序清单 10-4 所示。在 μC/OS-III 中，生成临界段的方式取决于是否启用中断服务管理服务，即是否使能 os_cfg.h 文件中的 OS_CFG_ISR_POST_DEFERRED_EN 宏。当使能该宏，即该宏为 1 时，通过开关调度器来实现临界段；当未使能该宏，即该宏为 0 时，通过开关中断来实现临界段。

若通过开关中断来实现临界段，即进入临界段时将中断关闭，则此时高优先级任务无法抢占 CPU 使用权，中断也无法打断代码执行。退出临界段后，中断重新开启。若通过开关调度器来实现临界段，即进入临界段时将调度器关闭，则此时只有中断能打断代码的执行。

程序清单 10-4

```
void Task(void* pvParameters)
{
  //临界段所需的临时变量
  CPU_SR_ALLOC();

  while(1)
  {
    //进入临界段
    OS_CRITICAL_ENTER();

    //临界段处理
    ...

    //退出临界段
    OS_CRITICAL_EXIT();

    ...
  }
}
```

关于临界段的详细介绍可参考第 17 章。

10.1.3　通过调度器实现互斥访问

μC/OS-III 不仅可以通过 OS_CRITICAL_ENTER 和 OS_CRITICAL_EXIT 函数设置临界段，还可以通过锁定、解锁调度器实现临界段，锁定调度器也被称为暂停调度器。

当临界段中需要执行耗时任务时，使用开关中断的方式实现临界段会严重干扰中断的响应，甚至可能导致系统崩溃。此时，可通过 OSSchedLock 和 OSSchedUnlock 函数锁定和解锁调度器来实现临界段，下面简要介绍这 2 个调度器控制函数。

1. OSSchedLock 函数

OSSchedLock 函数用于锁定（暂停）调度器，具体描述如表 10-1 所示。锁定调度器后，系统将无法进行任务切换，但中断依旧处于开启状态，可以正常响应。若在中断中请求切换任务，那么该请求将被挂起，直至调度器被解锁后再处理该请求。锁定调度器可以嵌套使用，但解锁的次数必须与锁定的次数相同，μC/OS-III 内核最多支持 250 级嵌套深度。

表 10-1   OSSchedLock 函数描述

函数名	OSSchedLock
函数原型	void OSSchedLock(OS_ERR *p_err)
功能描述	锁定调度器
所在位置	os_core.c
调用位置	任务中
使能配置	N/A
输入参数	p_err：错误码。 OS_ERR_NONE：成功； OS_ERR_LOCK_NESTING_OVF：嵌套深度溢出； OS_ERR_OS_NOT_RUNNING：操作系统尚未启动，即尚未调用 OSStart 函数； OS_ERR_SCHED_LOCK_ISR：尝试在中断中调用此函数
返回值	void

2. OSSchedUnlock 函数

OSSchedUnlock 函数用于解锁调度器，具体描述如表 10-2 所示。

表 10-2   OSSchedUnlock 函数描述

函数名	OSSchedUnlock
函数原型	void OSSchedUnlock(OS_ERR *p_err)
功能描述	解锁调度器
所在位置	os_core.c
调用位置	任务中
使能配置	N/A
输入参数	p_err：错误码。 OS_ERR_NONE：成功； OS_ERR_OS_NOT_RUNNING：操作系统尚未启动，即尚未调用 OSStart 函数； OS_ERR_SCHED_LOCKED：调度器依旧处于锁定状态，嵌套并未解除； OS_ERR_SCHED_NOT_LOCKED：调度器未锁定； OS_ERR_SCHED_LOCK_ISR：尝试在中断中调用此函数
返回值	void

使用 OSSchedLock 和 OSSchedUnlock 函数创建临界段时，系统会记录嵌套深度，但 OSSchedLock 和 OSSchedUnlock 函数必须成对使用。在程序清单 10-5 中，printf 函数并非线程安全函数，需要将其封装为线程安全函数。由于 printf 函数执行时间较长，且执行时间不可预测，所以不能用开关中断的方式创建临界段，应选用锁定、解锁调度器的方式实现 printf 函数的互斥访问。

程序清单 10-5

```
void vPrintString( const char *pcString )
{
 //锁定调度器，进入临界段
 OSSchedLock();
 {
   printf("%s", pcString);
 }
```

```
//解锁调度器，退出临界段
OSSchedUnlock();
}
```

10.1.4　通过互斥量实现互斥访问

互斥量（Mutex）是一种特殊的信号量，被广泛应用于共享资源的互斥访问。将 os_cfg.h 文件中的 OS_CFG_MUTEX_EN 宏设置为 1，即可使能互斥量组件。

在互斥访问中，当任务想要使用互斥量保护的共享资源时，必须先获取互斥量，并且在资源使用完毕后归还互斥量，这样其他任务才可以使用该共享资源。互斥量的使用示例如图 10-1 所示。

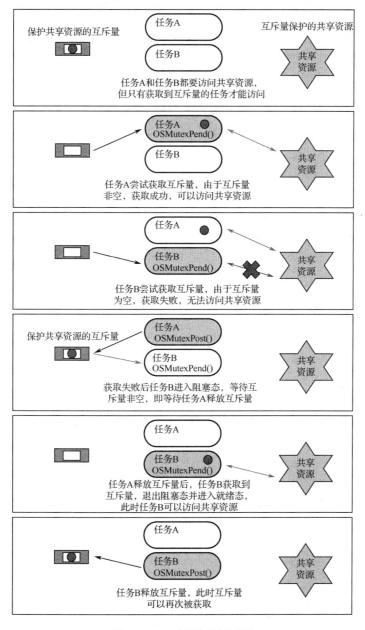

图 10-1　互斥量的使用示例

互斥访问完全由用户通过程序代码控制。在 µC/OS-III 中，没有任何规则限定任务必须先获取信号量才能使用共享资源，但为了合理、安全地使用共享资源，必须创建一个机制来统筹规划共享资源的使用。

10.2　优先级翻转和优先级继承

10.2.1　优先级翻转

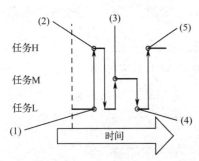

图 10-2　优先级翻转的过程

如果仅为了实现互斥访问，使用信号量表示资源状态即可，那么为什么还要引入互斥量呢？这就涉及操作系统中的优先级翻转了。优先级翻转的过程如图 10-2 所示。

假设 3 个任务的优先级：任务 H>任务 M>任务 L。下面按照时间顺序（从左到右）详细介绍优先级翻转的过程。

（1）低优先级任务 L 在高优先级任务 H 就绪前获取了信号量。

（2）任务 H 尝试获取信号量，但因信号量被任务 L 持有而失败，任务 H 进入阻塞态，等待信号量，任务 L 继续执行。

（3）中优先级任务 M 就绪，由于任务 M 的优先级大于正在执行的任务 L，任务 M 开始执行，任务 L 被抢占。

（4）任务 M 执行结束后，任务 L 继续执行，执行结束后释放信号量。

（5）由于信号量被释放，等待信号量的任务 H 进入就绪态，并由于其优先级高而进入运行态。

在上述应用场景中，优先级最高的任务 H 反而在优先级低的任务 L 和任务 M 执行结束之后才执行，从结果上看相当于任务 M 的优先级高于任务 H，形成了优先级翻转。

10.2.2　优先级继承

优先级翻转在可剥夺型内核中非常常见，但在实时系统中却不允许出现这种情况，因为这样会破坏任务的预期执行顺序，可能会导致程序出错。操作系统可以通过互斥量实现优先级继承。

当互斥量被一个低优先级任务占用时，若有一个高优先级任务也尝试获取该互斥量，则该高优先级任务将进入阻塞态。但此时该高优先级任务会将低优先级任务的优先级提高到与自身相同，这个过程即优先级继承。优先级继承降低了高优先级任务处于阻塞态的时间，并将可能出现的优先级翻转的影响降到了最低，其过程如图 10-3 所示。

（1）低优先级任务 L 在高优先级任务 H 就绪前获取了互斥量。

（2）任务 H 尝试获取互斥量，但因互斥量被任务 L 持有而失败，任务 H 进入阻塞态，等待互斥量。

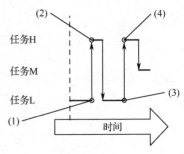

图 10-3　优先级继承的过程

（3）由于任务 L 阻止了任务 H 的执行，互斥量使任务 L 继承了任务 H 的优先级，此时

任务 L 不会被中优先级任务 M 抢占 CPU 使用权，优先级翻转的影响被最小化。任务 L 在释放互斥量之后将恢复到其初始优先级。

（4）由于互斥量被释放，等待互斥量的任务 H 进入就绪态，并由于其优先级高而进入运行态。任务 M 将在任务 H 执行结束后开始执行。

优先级继承并不能完全消除优先级翻转的影响，但会尽量降低优先级翻转的影响。在实际应用时，应在程序设计之初就避免出现优先级翻转。

互斥量只能在任务中应用，而不能在中断中应用，原因如下。

（1）互斥量具有优先级继承机制，而中断的优先级不能改变。

（2）在中断服务函数中，不能为了等待互斥量而设置阻塞时间并进入阻塞态。

μC/OS-III 支持嵌套使用互斥量，即已经获取到互斥量的任务可以再次获取互斥量，但获取和释放的次数必须相等。

10.3　死　　锁

死锁是使用互斥量的一种潜在隐患。当两个任务需要同时获取两个互斥量时，将可能触发死锁。例如，当任务 A 和任务 B 都尝试获取互斥量 MutexX 和 MutexY 时，运行过程如下。

（1）任务 A 进入运行态并成功获取 MutexX。

（2）任务 A 被优先级更高的任务 B 抢占。

（3）任务 B 进入运行态并成功获取 MutexY，然后尝试获取 MutexX，但由于此时 MutexX 被任务 A 持有，任务 B 进入阻塞态。

（4）任务 A 继续执行，然后尝试获取 MutexY，但由于此时 MutexY 被任务 B 持有，任务 A 也进入阻塞态，产生死锁。

在上述情况下，任务 B 所等待的互斥量被任务 A 持有，任务 A 所等待的互斥量被任务 B 持有，由于任务 A 和任务 B 均无法从阻塞态中退出，程序陷入死锁。

在多优先级系统中，没有较好的方法或机制可用于避免死锁。因此，用户在编程开发时需要注意规避此类问题，可通过在获取互斥量时指定阻塞时间来避免任务因为获取互斥量失败而持续阻塞。

10.4　守　护　任　务

守护任务（Gatekeeper Task）是防止共享资源被多个任务同时使用而产生错误的一种方法。以串口打印为例，串口是所有任务都可以访问的共享资源。如果任务通过串口打印字符串之前需要先获取互斥量，获取成功才能打印，获取失败将进入阻塞态，则这样的流程不仅烦琐，还可能带来优先级翻转、死锁等问题。此时，可以创建一个守护任务专用于打印字符串，如程序清单 10-6 所示。

PrintGatekeeperTask 函数保护串口打印共享资源，其他任务通过消息队列发送需要打印的字符串首地址，PrintGatekeeperTask 函数接收到消息后调用 printf 函数打印该字符串。由于字符串长度未知，所以使用传引用的方式更高效。

由于只有 PrintGatekeeperTask 函数访问串口，因此不存在互斥访问的问题。当消息队列容量足够时，通过 OSQPost 发送消息基本都会成功，因此无须设置阻塞事件。

程序清单 10-6

```
//守护任务
void PrintGatekeeperTask(void* pvParameters)
{
  extern OS_Q g_quePrintQueue;
  char* pcMessageToPrint;
  OS_MSG_SIZE size;
  OS_ERR err;

  //任务循环
  while(1)
  {
    //获取要打印的数据
    pcMessageToPrint = OSQPend(&g_quePrintQueue, 0, OS_OPT_PEND_BLOCKING, &size, NULL, &err);

    //打印输出
    if(OS_ERR_NONE == err)
    {
      printf("%s", pcMessageToPrint);
    }
  }
}

//普通任务
void xxxTask(void* pvParameters)
{
  extern OS_Q g_quePrintQueue;
  char* pcMessageToPrint;

  while(1)
  {
    //设置要打印的内容
    pcMessageToPrint = "hello world\r\n";

    //通过消息队列打印字符串
    OSQPost(&g_quePrintQueue, (void*)pcMessageToPrint, 0, OS_OPT_POST_FIFO, &err)

    ...
  }
}
```

　　通常情况下，用于保护串口打印的守护任务会被设置为最低优先级，以便在系统空闲时进行打印。因为字符串打印通常用于调试，对时间要求不高，只要不影响系统其他部分的正常运行即可。

10.5　互斥量相关 API 函数

1. OSMutexCreate 函数

OSMutexCreate 函数用于创建和初始化互斥量，具体描述如表 10-3 所示。

表 10-3 OSMutexCreate 函数描述

函数名	OSMutexCreate
函数原型	void OSMutexCreate(OS_MUTEX　*p_mutex, 　　　　　　　　　　CPU_CHAR　*p_name, 　　　　　　　　　　OS_ERR　　*p_err)
功能描述	创建和初始化互斥量
所在位置	os_mutex.c
调用位置	启动代码或任务中
使能配置	OS_CFG_MUTEX_EN
输入参数 1	p_mutex：互斥量指针，指向互斥量控制块（OS_MUTEX）。在 μC/OS-III 中，互斥量控制块不会动态创建，需要用户手动定义一个 OS_MUTEX 类型的变量，由编译器静态分配内存，用户也可以通过 malloc 函数动态分配内存
输入参数 2	p_name：互斥量名，用于调试。注意，μC/OS-III 只会保存互斥量名的字符串首地址，因此互斥量名最好为字符串常量
输入参数 3	p_err：错误码。 OS_ERR_NONE：成功； OS_ERR_CREATE_ISR：在中断中调用此函数； OS_ERR_ILLEGAL_CREATE_RUN_TIME：在调用 OSSafetyCriticalStart 函数后调用此函数； OS_ERR_NAME：p_name 为 NULL； OS_ERR_OBJ_CREATED：互斥量已经被创建； OS_ERR_OBJ_PTR_NULL：p_mutex 为 NULL
返回值	void

　　OSMutexCreate 函数的使用示例如程序清单 10-7 所示。在创建互斥量之前，首先要为互斥量控制块分配内存空间，可以静态分配，也可以从系统堆区中动态分配，但在互斥量使用期间禁止释放互斥量控制块内存。为便于在不同文件间访问，通常将互斥量控制块定义为全局变量。

　　可在 main 函数（启动代码）中创建互斥量，也可在开始任务中创建互斥量，但必须确保互斥量先创建再使用。调用 OSMutexCreate 函数创建互斥量后，还需要校验错误码，以确保互斥量创建成功。

程序清单 10-7

```
#include "includes.h"

//互斥量
OS_MUTEX g_mutexTest;

void UserTask(void *pArg)
{
  OS_ERR err;

  //创建互斥量
  OSMutexCreate(&g_mutexTest, "mutex", &err);
  if(OS_ERR_NONE != err)
  {
    printf("Fail to create mutex (%d)\r\n", err);
```

```
    while(1){}
}

//任务循环
while(1)
{

    }
}
```

2．OSMutexDel 函数

OSMutexDel 函数用于删除互斥量，具体描述如表 10-4 所示。注意，在使用该函数删除互斥量之前，需要将依赖于此互斥量的所有任务都删除。若互斥量由动态内存分配，则删除互斥量后还需要释放互斥量所占据的内存。

表 10-4　OSMutexDel 函数描述

函数名	OSMutexDel
函数原型	OS_OBJ_QTY OSMutexDel(OS_MUTEX 　　*p_mutex, 　　　　　　　　　　　　OS_OPT 　　　opt, 　　　　　　　　　　　　OS_ERR 　　　*p_err)
功能描述	删除互斥量
所在位置	os_mutex.c
调用位置	任务中
使能配置	OS_CFG_MUTEX_EN && OS_CFG_MUTEX_DEL_EN
输入参数 1	p_mutex：互斥量指针，指向互斥量控制块（OS_MUTEX）
输入参数 2	opt：选项。 OS_OPT_DEL_NO_PEND：仅在没有阻塞（等待）任务时删除互斥量； OS_OPT_DEL_ALWAYS：强制删除互斥量，所有阻塞（等待）任务将转变为就绪态
输入参数 3	p_err：错误码。 OS_ERR_NONE：成功； OS_ERR_DEL_ISR：从中断中调用此函数； OS_ERR_OBJ_PTR_NULL：p_mutex 为 NULL； OS_ERR_OBJ_TYPE：p_mutex 并非指向一个互斥量控制块； OS_ERR_OPT_INVALID：opt 参数无效； OS_ERR_STATE_INVALID：状态无效； OS_ERR_TASK_WAITING：互斥量等待列表中有任务，删除失败
返回值	成功：返回互斥量等待列表中的任务量； 失败：返回 0，并输出一个错误码

3．OSMutexPend 函数

OSMutexPend 函数用于获取互斥量，具体描述如表 10-5 所示。若互斥量被其他任务持有，则 OSMutexPend 函数会将当前任务添加到互斥量的等待列表中，当前任务将变为阻塞态。处于等待列表中的任务将会一直等待该互斥量被释放，直至阻塞时间溢出。一旦互斥量被释放，等待列表中优先级最高的任务将被唤醒。

若互斥量已被其他任务持有，且持有者的优先级低于当前任务的优先级，为减小优先级翻转带来的影响，OSMutexPend 函数会将持有者的优先级临时提升到与当前任务一致。持有

者在释放该互斥量后，其优先级将恢复到初始值。

OSMutexPend 函数允许嵌套使用，同一个任务可以多次获取互斥量，但互斥量的获取次数和释放次数必须一致。

注意，不要使用 OSTaskSuspend 函数将持有互斥量的任务挂起，也不要让持有互斥量的任务因为等待信号量、时间标志组或消息队列等原因进入阻塞态，任务获取互斥量后要尽快释放。

表 10-5　OSMutexPend 函数描述

函数名	OSMutexPend
函数原型	void OSMutexPend(OS_MUTEX　　*p_mutex, 　　　　　　　　　OS_TICK　　　timeout, 　　　　　　　　　OS_OPT　　　　opt, 　　　　　　　　　CPU_TS　　　*p_ts, 　　　　　　　　　OS_ERR　　　*p_err)
功能描述	获取互斥量
所在位置	os_mutex.c
调用位置	任务中
使能配置	OS_CFG_MUTEX_EN
输入参数 1	p_mutex：互斥量指针，指向互斥量控制块（OS_MUTEX）
输入参数 2	timeout：超时等待时间，以时间片为单位。timeout 为 0 表示任务要一直等待获取互斥量。timeout 将会在下一个时间片开始递减，递减到 0 后若还未获取到互斥量，任务将会强制从阻塞态转变为就绪态，此函数将输出一个错误码
输入参数 3	opt：选项。 OS_OPT_PEND_BLOCKING：启用阻塞，互斥量获取失败，任务将进入阻塞态； OS_OPT_PEND_NON_BLOCKING：禁用阻塞，互斥量获取失败后，此函数直接返回。 注意，启用 OS_OPT_PEND_NON_BLOCKING 时 timeout 的值应设为 0
输入参数 4	p_ts：时间戳，用于记录互斥量被释放、任务被移除、互斥量被删除时的系统时间。可以传入 NULL，表示用户并不关注时间戳。通过时间戳，用户可以得知互斥量何时被释放，也可以推算出互斥量从被释放到被获取所消耗的时间。利用 OS_TS_GET 函数可以获取当前时间戳，上述提到的消耗时间则等于 OS_TS_GET()−*p_ts
输入参数 5	p_err：错误码。 OS_ERR_NONE：成功； OS_ERR_MUTEX_OWNER：当前任务已经拥有了此互斥量，将开启嵌套计数； OS_ERR_OBJ_DEL：互斥量已被删除； OS_ERR_OBJ_PTR_NULL：p_mutex 为 NULL； OS_ERR_OBJ_TYPE：p_mutex 并非指向一个互斥量控制块； OS_ERR_OPT_INVALID：opt 参数无效； OS_ERR_PEND_ABORT：OSMutexPendAbort 函数被调用，产生错误异常； OS_ERR_PEND_ISR：从中断中调用此函数； OS_ERR_PEND_WOULD_BLOCK：选项为禁用接收阻塞时，互斥量未释放； OS_ERR_SCHED_LOCKED：调度器已锁定； OS_ERR_STATE_INVALID：状态无效； OS_ERR_STATUS_INVALID：挂起状态无效； OS_ERR_TIMEOUT：超时退出
返回值	void

4．OSMutexPendAbort 函数

OSMutexPendAbort 函数用于移除互斥量等待列表中的任务，具体描述如表 10-6 所示，被移除的任务将被唤醒，并收到一个错误通知。

表 10-6　OSMutexPendAbort 函数描述

函数名	OSMutexPendAbort
函数原型	OS_OBJ_QTY OSMutexPendAbort(OS_MUTEX　*p_mutex, 　　　　　　　　　　　　　　　OS_OPT　　opt, 　　　　　　　　　　　　　　　OS_ERR　　*p_err)
功能描述	移除互斥量等待列表中的任务
所在位置	os_mutex.c
调用位置	任务中
使能配置	OS_CFG_MUTEX_EN && OS_CFG_MUTEX_PEND_ABORT_EN
输入参数 1	p_mutex：互斥量指针，指向互斥量控制块（OS_MUTEX）
输入参数 2	opt：选项，可以通过"或"运算组合。 OS_OPT_PEND_ABORT_1：只移除等待列表中优先级最高的任务； OS_OPT_PEND_ABORT_ALL：移除等待列表中的所有任务； OS_OPT_POST_NO_SCHED：不触发任务调度
输入参数 3	p_err：错误码。 OS_ERR_NONE：成功； OS_ERR_OBJ_PTR_NULL：p_mutex 为 NULL； OS_ERR_OBJ_TYPE：p_mutex 并非指向一个互斥量控制块； OS_ERR_OPT_INVALID：opt 参数无效； OS_ERR_PEND_ABORT_ISR：在中断中调用此函数； OS_ERR_PEND_ABORT_NONE：等待列表为空
返回值	被移除的任务数量

5．OSMutexPost 函数

OSMutexPost 函数用于释放互斥量，具体描述如表 10-7 所示，该函数通常与 OSMutexPend 函数配对使用。若当前任务的优先级已被其他任务通过 OSMutexPend 函数提高，则在释放互斥量后，当前任务的优先级将恢复到提高前的状态。若互斥量的等待列表非空，则在当前任务释放互斥量后，等待列表中优先级最高的任务将获得此互斥量，且若该任务的优先级高于当前任务，则会产生任务调度。

表 10-7　OSMutexPost 函数描述

函数名	OSMutexPost
函数原型	void OSMutexPost(OS_MUTEX　　*p_mutex, 　　　　　　　　　　OS_OPT　　　opt, 　　　　　　　　　　OS_ERR　　　*p_err)
功能描述	释放互斥量
所在位置	os_mutex.c
调用位置	任务中
使能配置	OS_CFG_MUTEX_EN
输入参数 1	p_mutex：互斥量指针，指向互斥量控制块（OS_MUTEX）

输入参数 2	opt：选项，可以通过"或"运算组合。
	OS_OPT_POST_NONE：无特殊选项；
	OS_OPT_POST_NO_SCHED：不触发任务调度
输入参数 3	p_err：错误码。
	OS_ERR_NONE：成功；
	OS_ERR_MUTEX_NESTING：互斥量嵌套，释放次数还未等于获取次数；
	OS_ERR_MUTEX_NOT_OWNER：当前任务并不是互斥量的持有者，释放失败；
	OS_ERR_OBJ_PTR_NULL：p_mutex 为 NULL；
	OS_ERR_OBJ_TYPE：p_mutex 并非指向一个互斥量控制块；
	OS_ERR_POST_ISR：从中断中调用此函数
返回值	void

OSMutexPend 函数和 OSMutexPost 函数只能在任务中使用，使用示例如程序清单 10-8 所示。在使用共享资源之前，要先通过 OSMutexPend 函数获取互斥量，表示该资源已被占用，其他任务禁止访问。共享资源使用完毕后，通过 OSMutexPost 函数释放信号量，表示该资源空闲。

为了提高应用的稳定性，在获取和释放互斥量操作时都应校验错误码。

程序清单 10-8

```c
#include "includes.h"

void UserTask(void *pArg)
{
  extern OS_MUTEX g_mutexTest;
  OS_ERR err;

  //任务循环
  while(1)
  {
    //获取互斥量，上锁
    OSMutexPend(&g_mutexTest, 0, OS_OPT_PEND_BLOCKING, NULL, &err);
    if(OS_ERR_NONE != err)
    {
      printf("Fail to take mutex (%d)\r\n", err);
    }
    else
    {
      //使用共享资源
      ...

      //释放互斥量，解锁
      OSMutexPost(&g_mutexTest, OS_OPT_POST_NONE, &err);
      if(OS_ERR_NONE != err)
      {
        printf("Fail to give mutex (%d)\r\n", err);
      }
    }
  }
}
```

10.6　OSMutexPend 函数源码分析

OSMutexPend 函数在 os_mutex.c 文件中定义，部分关键代码如程序清单 10-9 所示。

前面已经提到过，该函数在尝试获取互斥量失败后，若判断持有互斥量的任务的优先级低于当前任务，则会将持有互斥量的任务的优先级提升至与当前任务相同，这样可降低优先级翻转带来的影响。

程序清单 10-9

```c
void  OSMutexPend (OS_MUTEX *p_mutex, OS_TICK timeout, OS_OPT opt, CPU_TS *p_ts, OS_ERR *p_err)
{
  OS_PEND_DATA  pend_data;
  OS_TCB        *p_tcb;
  CPU_SR_ALLOC();

  //初始化时间戳
  if (p_ts != (CPU_TS *)0) { *p_ts  = (CPU_TS  )0;}

  //进入临界段
  CPU_CRITICAL_ENTER();

  //互斥量嵌套次数为0，表明共享资源未被其他任务/中断调用，当前任务可以直接使用共享资源
  if (p_mutex->OwnerNestingCtr == (OS_NESTING_CTR)0)
  {
    p_mutex->OwnerTCBPtr        =  OSTCBCurPtr;           //标记互斥量的持有者为当前任务
    p_mutex->OwnerNestingCtr    = (OS_NESTING_CTR)1;      //嵌套次数为1
    if (p_ts != (CPU_TS *)0) {*p_ts = p_mutex->TS;}       //输出时间戳
    OS_MutexGrpAdd(OSTCBCurPtr, p_mutex);                 //将该互斥量添加到任务的互斥量组中
    CPU_CRITICAL_EXIT();                                  //退出临界段
    *p_err = OS_ERR_NONE;                                 //设置错误码，获取成功
    return;                                               //返回
  }

  //互斥量的持有任务连续多次调用OSMutexPend函数，造成互斥量嵌套，此时只需将嵌套次数加1即可
  if (OSTCBCurPtr == p_mutex->OwnerTCBPtr)
  {
    p_mutex->OwnerNestingCtr++;                           //嵌套次数加1
    if (p_ts != (CPU_TS *)0) {*p_ts = p_mutex->TS;}       //输出时间戳
    CPU_CRITICAL_EXIT();                                  //退出临界段
    *p_err = OS_ERR_MUTEX_OWNER;                          //设置错误码，提示接收方产生了互斥量嵌套
    return;                                               //返回
  }

  //获取互斥量失败，且未使能阻塞等待，直接返回
  if ((opt & OS_OPT_PEND_NON_BLOCKING) != (OS_OPT)0)
  {
    CPU_CRITICAL_EXIT();              //退出临界段
    *p_err = OS_ERR_PEND_WOULD_BLOCK; //设置错误码，获取互斥量失败
    return;                           //返回
  }
```

```
//获取互斥量失败，且使能了阻塞等待，此时要校验调度器是否处于开启状态
else
{
    //调度器已锁定，任务无法阻塞
    if (OSSchedLockNestingCtr > (OS_NESTING_CTR)0)
    {
        CPU_CRITICAL_EXIT();                //退出临界段
        *p_err = OS_ERR_SCHED_LOCKED;       //设置错误码，提示用户调度器已锁定
        return;                             //返回
    }
}

//关闭调度器，开启中断
OS_CRITICAL_ENTER_CPU_EXIT();

//获取持有互斥量的任务的 TCB
p_tcb = p_mutex->OwnerTCBPtr;

//如果持有互斥量的任务的优先级比当前任务低，临时提升该任务的优先级，使之与当前任务的一致
if (p_tcb->Prio > OSTCBCurPtr->Prio) {OS_TaskChangePrio(p_tcb, OSTCBCurPtr->Prio);}

//①任务的 TCB 中标记正在等待互斥量
//②任务的 TCB 中标记阻塞状态（PendStatus）为 OS_STATUS_PEND_OK
//③将任务从就绪列表中删除，如果设置了超时等待，则任务还会被添加到就绪列表中
//④将任务按优先级插入到互斥量的等待列表中
OS_Pend(&pend_data, (OS_PEND_OBJ *)((void *)p_mutex), OS_TASK_PEND_ON_MUTEX, timeout);

//退出临界段
OS_CRITICAL_EXIT_NO_SCHED();

//触发任务调度，切换到优先级最高的就绪任务，若出现过优先级翻转，则此时互斥量持有任务将被唤醒
OSSched();

//从其他任务切换回来，从当前节点继续往下执行

//进入临界段
CPU_CRITICAL_ENTER();

//检查获取结果
switch (OSTCBCurPtr->PendStatus)
{
    case OS_STATUS_PEND_OK:                              //获取互斥量成功
        if (p_ts != (CPU_TS *)0) {*p_ts  = OSTCBCurPtr->TS;} //输出时间戳
        *p_err = OS_ERR_NONE;                           //设置错误码，获取成功
        break;                                          //返回

    case OS_STATUS_PEND_ABORT:    //从等待列表中移除
    case OS_STATUS_PEND_TIMEOUT:  //等待超时
    case OS_STATUS_PEND_DEL:      //互斥量被删除
    default:                      //其他错误
}
```

```
//退出临界段
CPU_CRITICAL_EXIT();
}
```

10.7　OSMutexPost 函数源码分析

OSMutexPost 函数在 os_mutex.c 文件中定义，部分关键代码如程序清单 10-10 所示。

通过 OSMutexPost 函数释放互斥量且互斥量嵌套次数归零时，需要更新当前任务的优先级。一个任务可能持有多个互斥量，任务的互斥量组为一个单向链表，包含了任务持有的所有互斥量。

任务释放某一互斥量后，可能还持有其他互斥量，此时要统计互斥量组中的最高等待优先级，该优先级一定小于或等于当前任务的优先级。若该优先级小于当前任务的优先级并且大于当前任务的初始优先级，那么 OSMutexPost 函数会把当前任务的优先级修改为此优先级，否则当前任务的优先级将恢复到其初始的优先级。

程序清单 10-10

```
void  OSMutexPost (OS_MUTEX *p_mutex, OS_OPT opt, OS_ERR *p_err)
{
  //局部变量
  OS_PEND_LIST  *p_pend_list; //互斥量的就绪列表
  OS_TCB        *p_tcb;       //等待列表中优先级最高的任务的 TCB
  CPU_TS         ts;          //时间戳
  OS_PRIO        prio_new;    //新的任务优先级
  CPU_SR_ALLOC();             //临界段所需的临时变量

  //进入临界段
  OS_CRITICAL_ENTER_CPU_EXIT();

  //获取时间戳
  ts = OS_TS_GET();
  p_mutex->TS = ts;

  //互斥量嵌套次数减 1
  p_mutex->OwnerNestingCtr--;

  //互斥量尚未释放完毕，嵌套依旧存在，直接返回
  if (p_mutex->OwnerNestingCtr > (OS_NESTING_CTR)0)
  {
    OS_CRITICAL_EXIT();              //退出临界段
    *p_err = OS_ERR_MUTEX_NESTING; //输出错误码，提示任务互斥量仍然处于嵌套状态
    return;                          //返回
  }

  //将该互斥量从任务的互斥量组中移除
  OS_MutexGrpRemove(OSTCBCurPtr, p_mutex);

  //获取互斥量等待列表
  p_pend_list = &p_mutex->PendList;

  //等待列表为空，表示没有任务正在等待互斥量，也就没有优先级翻转发生，可以直接返回
```

```
if (p_pend_list->NbrEntries == (OS_OBJ_QTY)0)
{
  p_mutex->OwnerTCBPtr     = (OS_TCB     *)0;   //标记互斥量没有持有者
  p_mutex->OwnerNestingCtr = (OS_NESTING_CTR)0; //互斥量嵌套次数为0
  OS_CRITICAL_EXIT();                            //退出临界段
  *p_err = OS_ERR_NONE;                          //设置错误码,互斥量释放完毕
  return;                                        //返回
}
```

//等待列表非空,要检查持有互斥量的任务(当前任务)的优先级是否已被提升,若是,则需要考虑降低优先级

```
if (OSTCBCurPtr->Prio != OSTCBCurPtr->BasePrio)
{
  //查找任务的互斥量组中优先级最高的等待任务
  prio_new = OS_MutexGrpPrioFindHighest(OSTCBCurPtr);

  //选择优先级较高的任务,即优先级数值较小的任务
  prio_new = prio_new > OSTCBCurPtr->BasePrio ? OSTCBCurPtr->BasePrio : prio_new;

  //新的优先级比当前优先级低,互斥量组中所有任务的优先级均小于或等于当前任务,即数值上要大于
  或等于当前任务
  if (prio_new > OSTCBCurPtr->Prio)
  {
    OS_RdyListRemove(OSTCBCurPtr);     //将当前任务从就绪列表中删除
    OSTCBCurPtr->Prio = prio_new;      //修改当前任务的优先级
    OS_PrioInsert(prio_new);           //当前任务插入到就绪优先级点阵中
    OS_RdyListInsertTail(OSTCBCurPtr); //当前任务插入到就绪列表中
    OSPrioCur       = prio_new;        //更新当前就绪任务优先级
  }
}
```

```
  //获取互斥量等待列表表头任务的TCB
  p_tcb                    = p_pend_list->HeadPtr->TCBPtr;
  p_mutex->OwnerTCBPtr     = p_tcb;               //记录互斥量的持有任务
  p_mutex->OwnerNestingCtr = (OS_NESTING_CTR)1;   //互斥量嵌套深度为1
  OS_MutexGrpAdd(p_tcb, p_mutex);                  //将互斥量添加到持有任务互斥量组中
```

//向任务发送通知
//①为加快消息传递,将消息首地址、消息长度和时间戳直接保存到任务的 TCB 中,消息首地址和消息长度均为 0
//②将任务从等待列表中删除,并插入到就绪列表中
//③如果设置了超时等待,则会将任务从延时列表中删除
```
OS_Post((OS_PEND_OBJ  *)((void *)p_mutex),  (OS_TCB*)p_tcb,  (void*)0,  (OS_MSG_SIZE)0,
(CPU_TS)ts);
```

```
  //退出临界段
  OS_CRITICAL_EXIT_NO_SCHED();
```

```
  //触发任务调度,切换到优先级最高的就绪任务
  if ((opt & OS_OPT_POST_NO_SCHED) == (OS_OPT)0) { OSSched(); }
```

```
  *p_err = OS_ERR_NONE;
}
```

10.8 实例与代码解析

下面通过编写实例程序，创建两个任务，以串口为共享资源，实现串口的互斥访问。

10.8.1 复制并编译原始工程

首先，将"D:\GD32F3µCOSTest\Material\08.µCOSIII 互斥量"文件夹复制到"D:\GD32F3µCOSTest\Product"文件夹中。其次，双击运行"D:\GD32F3µCOSTest\Product\08.µCOSIII 互斥量\Project"文件夹中的 GD32KeilPrj.uvprojx，单击工具栏中的🔲按钮进行编译，当"Build Output"栏中出现"FromELF：creating hex file..."时表示已经成功生成.hex 文件，出现"0 Error(s)，0Warning(s)"时表示编译成功。最后，将.axf 文件下载到微控制器的内部 Flash 中。下载成功后，若串口输出"Init System has been finished"，则表明原始工程正确，可以进行下一步操作。

10.8.2 编写测试程序

当 os_cfg.h 文件中的宏 OS_CFG_MUTEX_EN 被设置为 1 时，表示启用互斥量组件，如程序清单 10-11 所示。用户可以根据需要使能互斥量的其他功能。

程序清单 10-11

```
1.              /* ------------------ MUTUAL EXCLUSION SEMAPHORES ------------------ */
2.   #define OS_CFG_MUTEX_EN          1u /* Enable (1) or Disable (0) code generation for MUTEX  */
3.   #define OS_CFG_MUTEX_DEL_EN      1u /*        Include code for OSMutexDel()              */
4.   #define OS_CFG_MUTEX_PEND_ABORT_EN 1u /*      Include code for OSMutexPendAbort()          */
```

在 Main.c 文件的"内部变量"区，添加互斥量的声明代码，如程序清单 10-12 所示。

程序清单 10-12

```
//互斥量
OS_MUTEX g_mutexTest;
```

在 main 函数中，添加创建互斥量的代码，如程序清单 10-13 的第 8 至 14 行代码所示。

程序清单 10-13

```
1.   int main(void)
2.   {
3.     OS_ERR err;
4.
5.     //初始化 UCOSIII
6.     ...
7.
8.     //创建互斥量
9.     OSMutexCreate(&g_mutexTest, "mutex", &err);
10.    if(OS_ERR_NONE != err)
11.    {
12.      printf("Fail to create mutex (%d)\r\n", err);
13.      while(1){}
14.    }
15.
16.    //创建开始任务
```

```
17.    ...
18.  }
```

　　按照程序清单 10-14 修改 Task1 函数的代码。任务 1 采用软件延时的方法模拟打印大量字符串。所需打印的字符串长度为 18，每隔 100ms 打印一个字符，因此打印一个字符串约需要 1.8s。

　　注意，DelayNms 延时函数的原理为软件延时，不会产生任务调度。

程序清单 10-14

```
1.    static  void Task1(void* pArg)
2.    {
3.      const char* string = "Task1 print info\r\n";
4.      u32 i;
5.      OS_ERR err;
6.
7.      //任务循环
8.      while(1)
9.      {
10.       //获取互斥量，上锁
11.       OSMutexPend(&g_mutexTest, UINT32_MAX, OS_OPT_PEND_BLOCKING, NULL, &err);
12.
13.       //循环打印字符串，使用软件延时模拟打印大量字符串
14.       i = 0;
15.       while(0 != string[i])
16.       {
17.         printf("%c", string[i]);
18.         DelayNms(100);
19.         i++;
20.       }
21.
22.       //释放互斥量，解锁
23.       OSMutexPost(&g_mutexTest, OS_OPT_POST_NONE, &err);
24.
25.       //延时 500ms
26.       OSTimeDlyHMSM(0, 0, 0, 500, OS_OPT_TIME_HMSM_STRICT, &err);
27.     }
28.  }
```

　　按照程序清单 10-15 修改 Task2 函数的代码。任务 2 主要用于等待互斥量释放，然后每隔 100ms 打印一次"Task2"。

程序清单 10-15

```
1.    static  void Task2(void* pArg)
2.    {
3.      //错误
4.      OS_ERR err;
5.
6.      //任务循环
7.      while(1)
8.      {
9.        //获取互斥量，上锁
```

```
10.     OSMutexPend(&g_mutexTest, 0, OS_OPT_PEND_BLOCKING, NULL, &err);
11.
12.     //打印信息
13.     printf("Task2\r\n");
14.
15.     //释放互斥量, 解锁
16.     OSMutexPost(&g_mutexTest, OS_OPT_POST_NONE, &err);
17.
18.     //延时 100ms
19.     OSTimeDlyHMSM(0, 0, 0, 100, OS_OPT_TIME_HMSM_STRICT, &err);
20.   }
21. }
```

10.8.3　编译及下载验证

代码编写完成并编译通过后，下载程序并进行复位。下载成功后打开串口助手，可见虽然任务 1 打印字符串的速度较慢，任务 2 的优先级更高，但任务 2 始终未打断任务 1 的执行，如图 10-4 所示。

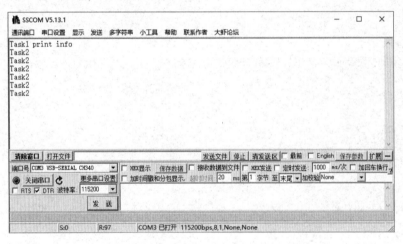

图 10-4　运行结果

本 章 任 务

编写程序测试守护任务的功能。例如，创建一个守护任务，专用于字符串打印。基于守护任务封装消息队列发送函数，实现自己的 printf 函数，要求具有字符串转换功能。

本 章 习 题

1. 简述使用临界段和调度器实现资源管理的异同点。
2. 什么是优先级翻转？
3. 简述优先级继承的概念及其作用。
4. 优先级继承可以完全避免优先级翻转带来的影响吗？请举例说明。
5. 如何避免程序出现死锁？
6. 简述守护任务实现资源互斥访问的原理。

第 11 章 μC/OS-III 事件标志组

在前面的章节中，无论是使用消息队列还是使用信号量，一个任务在同一个时刻只能等待一个事件，不能同步等待多个事件。对此，μC/OS-III 提供了事件标志组机制。本章将详细介绍事件标志组的原理及应用。

11.1 事件标志组简介

嵌入式实时操作系统必须对各类事件做出响应。前面介绍了 μC/OS-III 如何通过消息队列和信号量实现任务与任务、任务与中断之间的通信，其特性如下。

（1）允许任务在等待某个事件发生时进入阻塞态。

（2）事件发生时可以唤醒任务，且被唤醒的任务的优先级最高，等待事件的时间最长。

事件标志组除具有上述特性外，还允许任务因同时等待多个事件而进入阻塞态，事件发生时也可以唤醒所有等待此事件或事件集的任务。这些特性使得事件标志组的应用场景更为广泛，且通过适当的配置可以减少对 RAM 的使用，同时完成多个二值信号量的工作。

事件标志组用于实现任务与多个事件同步，共有两种工作模式：第一种是任一事件发生时唤醒任务，类似于"或"运算；第二种是所有事件均发生时才唤醒任务，类似于"与"运算，如图 11-1 所示。

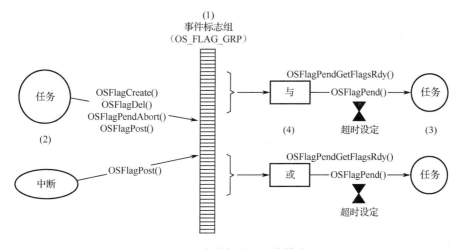

图 11-1 事件标志组工作模式

μC/OS-III 不限制事件标志组的数量，用户可以创建任意多个事件标志组。在使用事件标志组之前，要将 os_cfg.h 文件中的 OS_CFG_FLAG_EN 宏设为 1。

下面介绍图 11-1 中的事件标志组的工作模式。

（1）事件标志组的控制块类型为 OS_FLAG_GRP，该类型在 os.h 文件中定义，具体代码如程序清单 11-1 所示。事件标志位的最大值由 os_type.h 文件中 OS_FLAGS 的位宽决定，可以为 8 位、16 位或 32 位，典型值为无符号 32 位，而每一个事件标志位占据 1 位的内存空间，所有的事件标志位共同组成 OS_FLAG_GRP 中的 Flags。

控制块中的 PendList 为事件标志组的等待列表，与消息队列、信号量等类似，其中包含了所有因等待事件标志位而进入阻塞态的任务。注意，在任务或中断访问事件标志组之前，必须先创建事件标志组，可在启动 μC/OS-III 系统之前创建，也可在开始任务中创建。

程序清单 11-1

```
struct  os_flag_grp {
  OS_OBJ_TYPE    Type;       //项目类型
  CPU_CHAR       *NamePtr;   //项目名
  OS_PEND_LIST   PendList;   //等待列表
  OS_FLAGS       Flags;      //事件标志位
  CPU_TS         TS;         //时间戳
};
typedef struct os_flag_grp OS_FLAG_GRP;
```

（2）任务或中断都能发送事件标志位，但事件标志组的创建、删除、任务移除等操作只能在任务中进行。

（3）任务可以同时等待一个或多个事件标志位，并设定一个超时时间，若超过规定时间仍未等到事件标志位，任务将从阻塞态被唤醒，进入就绪态，并接收到一个错误码。

（4）任务可以指定其在所等待的任一事件标志位被置 1（或清零）时唤醒，也可以指定其在所等待的所有事件标志位均被置1（或清零）后再唤醒。

11.2　事件标志组相关 API 函数

1. OSFlagCreate 函数

OSFlagCreate 函数用于创建和初始化事件标志组，具体描述如表 11-1 所示。μC/OS-III 允许用户创建无限多个事件标志组，其数量仅受限于系统中的 RAM 容量。

表 11-1　OSFlagCreate 函数描述

函数名	OSFlagCreate		
函数原型	void OSFlagCreate(OS_FLAG_GRP	*p_grp,	
	CPU_CHAR	*p_name,	
	OS_FLAGS	flags,	
	OS_ERR	*p_err)	
功能描述	创建和初始化事件标志组		
所在位置	os_flag.c		
调用位置	启动代码前或开始任务中		
使能配置	OS_CFG_FLAG_EN		
输入参数 1	p_grp：事件标志组指针，指向事件标志组控制块（OS_FLAG_GRP）。μC/OS-III 中的事件标志组控制块并不会动态创建，用户需要手动定义一个 OS_FLAG_GRP 类型的变量，由编译器静态分配内存，用户也可以通过 malloc 函数动态分配内存。为了便于在不同文件间访问，事件标志组控制块一般要设为全局变量		
输入参数 2	p_name：事件标志组名，用于调试。注意，μC/OS-III 只会保存事件标志组名的字符串首地址，因此事件标志组名最好为字符串常量		
输入参数 3	flags：事件标志组初值		

续表

输入参数 4	p_err：错误码。
	OS_ERR_NONE：成功；
	OS_ERR_CREATE_ISR：在中断中调用此函数；
	OS_ERR_ILLEGAL_CREATE_RUN_TIME：在调用 OSSafetyCriticalStart 函数后调用此函数；
	OS_ERR_NAME：p_name 为 NULL；
	OS_ERR_OBJ_CREATED：事件标志组已经被创建；
	OS_ERR_OBJ_PTR_NULL：p_grp 为 NULL
返回值	void

OSFlagCreate 函数的使用示例如程序清单 11-2 所示。事件标志组的创建代码可以置于启动代码前，也可以置于开始任务中，但事件标志组必须在使用之前被创建。创建事件标志组时，首先要为事件标志组控制块分配内存：可以使用静态分配方式，即创建一个 OS_FLAG_GRP 类型的静态变量，由编译器自动分配；也可以从系统堆区中动态分配内存，但在事件标志组使用期间禁止释放相应内存。

程序清单 11-2

```
//事件标志组相关变量
OS_FLAG_GRP g_flagEventGroup;

//开始任务
void StartTask(void *pArg)
{
  OS_ERR err;

  //创建事件标志组
  OSFlagCreate(&g_flagEventGroup, "event flag group", 0, &err);
  if(OS_ERR_NONE != err)
  {
    printf("Fail to create event flag group (%d)\r\n", err);
    while(1){}
  }

  //创建其他任务
  ...
}
```

2. OSFlagDel 函数

OSFlagDel 函数用于删除事件标志组，具体描述如表 11-2 所示。注意，在使用该函数删除事件标志组之前，需要将依赖于此事件标志组的所有任务都删除。此外，不建议在系统运行时删除事件标志组。

表 11-2 OSFlagDel 函数描述

函数名	OSFlagDel

函数原型	OS_OBJ_QTY OSFlagDel(OS_FLAG_GRP *p_grp,
	                     OS_OPT opt,
	                     OS_ERR *p_err)

功能描述	删除事件标志组

续表

所在位置	os_flag.c
调用位置	任务中
使能配置	OS_CFG_FLAG_EN && OS_CFG_FLAG_DEL_EN
输入参数 1	p_grp：事件标志组指针，指向事件标志组控制块（OS_FLAG_GRP）
输入参数 2	opt：选项。 OS_OPT_DEL_NO_PEND：仅在事件标志组等待列表为空时删除； OS_OPT_DEL_ALWAYS：强制删除，事件标志组等待列表中的任务将转换为就绪态
输入参数 3	p_err：错误码。 OS_ERR_NONE：成功； OS_ERR_DEL_ISR：在中断中调用此函数； OS_ERR_OBJ_PTR_NULL：p_grp 为 NULL； OS_ERR_OBJ_TYPE：p_grp 并非指向一个事件标志组； OS_ERR_OPT_INVALID：opt 参数无效； OS_ERR_TASK_WAITING：启用了 OS_OPT_DEL_NO_PEND，但事件标志组等待列表非空
返回值	成功：返回唤醒的任务数量； 失败：返回 0，并输出一个错误码

3. OSFlagPend 函数

OSFlagPend 函数用于等待事件标志位，具体描述如表 11-3 所示。

表 11-3　OSFlagPend 函数描述

函数名	OSFlagPend
函数原型	OS_FLAGS OSFlagDel(OS_FLAG_GRP *p_grp, 　　　　　　　　OS_FLAGS　　flags, 　　　　　　　　OS_TICK　　timeout, 　　　　　　　　OS_OPT　　opt, 　　　　　　　　CPU_TS　　*p_ts, 　　　　　　　　OS_ERR　　*p_err)
功能描述	等待事件标志位
所在位置	os_flag.c
调用位置	任务中
使能配置	OS_CFG_FLAG_EN
输入参数 1	p_grp：事件标志组指针，指向事件标志组控制块（OS_FLAG_GRP）
输入参数 2	flags：事件标志位，以位为独立单元，表示任务希望等待哪些位。如果任务希望等待 bit0 和 bit1 被置 1，那么 flags 将为 0x03
输入参数 3	timeout：超时等待时间，以时间片为单位。timeout 为 0 表示任务要一直等待事件标志位
输入参数 4	opt：选项，可以通过"或"运算组合。 OS_OPT_PEND_FLAG_CLR_ALL：等待所有事件标志位清零； OS_OPT_PEND_FLAG_CLR_ANY：等待任一事件标志位清零； OS_OPT_PEND_FLAG_SET_ALL：等待所有事件标志位置 1； OS_OPT_PEND_FLAG_SET_ANY：等待任一事件标志位置 1； OS_OPT_PEND_FLAG_CONSUME：返回前清零/置 1 事件标志位； OS_OPT_PEND_BLOCKING：启用阻塞等待； OS_OPT_PEND_NON_BLOCKING：禁用阻塞等待，函数将立即返回。 注意，使用 OS_OPT_PEND_NON_BLOCKING 时，timeout 应设置为 0

续表

输入参数 5	p_ts：时间戳。
输入参数 6	p_err：错误码。 OS_ERR_NONE：成功； OS_ERR_OBJ_PTR_NULL：p_grp 为 NULL； OS_ERR_OBJ_TYPE：p_grp 并非指向一个事件标志组； OS_ERR_OPT_INVALID：opt 参数无效； OS_ERR_PEND_ABORT：OSFlagPendAbort 函数被调用，产生错误异常； OS_ERR_PEND_ISR：从中断中调用此函数； OS_ERR_PEND_WOULD_BLOCK：启用了 OS_OPT_PEND_NON_BLOCKING，但事件标志位无效； OS_ERR_SCHED_LOCK：调度器已锁定； OS_ERR_TIMEOUT：超时等待时间溢出
返回值	成功：返回导致任务进入就绪态的事件标志位； 失败：返回 0，并输出一个错误码

OSFlagPend 函数只能在任务中使用，并且在使用事件标志组之前，要确保事件标志组已经被创建，如程序清单 11-3 所示。

使用 OSFlagPend 函数等待事件发生时，可以指定任务在"所有事件标志位置 1""任一事件标志位置 1""所有事件标志位清零""任一事件标志位清零"后唤醒。若配置了 OS_OPT_PEND_FLAG_CONSUME 宏，则 OSFlagPend 函数还会在返回前将事件标志位清零/置 1。

程序清单 11-3

```
#include "includes.h"

void UserTask(void *pArg)
{
  extern OS_FLAG_GRP g_flagEventGroup;
  OS_ERR err;

  //任务循环
  while(1)
  {
    //获取事件标志位
    OSFlagPend(&g_flagEventGroup, 0x01, 0, OS_OPT_PEND_FLAG_SET_ANY | OS_OPT_PEND_FLAG_CONSUME,
NULL, &err);
    if(OS_ERR_NONE != err)
    {
      printf("Fail to get event group (%d)r\n", err);
    }
    else
    {
      //事件处理
      ...
    }
  }
}
```

4．OSFlagPendAbort 函数

OSFlagPendAbort 函数用于移除事件标志组等待列表中的任务，具体描述如表 11-4 所示。该函数通常用于通知任务检测到了故障。

表 11-4　OSFlagPendAbort 函数描述

函数名	OSFlagPendAbort
函数原型	OS_OBJ_QTY OSFlagPendAbort(OS_FLAG_GRP　　*p_grp, 　　　　　　　　　　　　　　OS_OPT　　　　　opt, 　　　　　　　　　　　　　　OS_ERR　　　　　*p_err)
功能描述	移除事件标志组等待列表中的任务
所在位置	os_flag.c
调用位置	任务中
使能配置	OS_CFG_FLAG_EN && OS_CFG_FLAG_PEND_ABORT_EN
输入参数 1	p_grp：事件标志组指针，指向事件标志组控制块（OS_FLAG_GRP）
输入参数 2	opt：选项，可以通过"或"运算组合。 OS_OPT_PEND_ABORT_1：只移除等待列表中优先级最高的任务； OS_OPT_PEND_ABORT_ALL：移除等待列表中的所有任务； OS_OPT_POST_NO_SCHED：不触发任务调度
输入参数 3	p_err：错误码。 OS_ERR_NONE：成功； OS_ERR_OBJ_PTR_NULL：p_grp 为 NULL； OS_ERR_OBJ_TYPE：p_grp 并非指向一个事件标志组； OS_ERR_OPT_INVALID：opt 参数无效； OS_ERR_PEND_ABORT_ISR：在中断中调用此函数； OS_ERR_PEND_ABORT_NONE：等待列表为空
返回值	被移除的任务数量

5．OSFlagPendGetFlagsRdy 函数

OSFlagPendGetFlagsRdy 函数用于获取导致当前任务就绪的事件标志位，具体描述如表 11-5 所示。

表 11-5　OSFlagPendGetFlagsRdy 函数描述

函数名	OSFlagPendGetFlagsRdy
函数原型	OS_FLAGS OSFlagPendGetFlagsRdy(OS_ERR *p_err)
功能描述	获取导致当前任务就绪的事件标志位
所在位置	os_flag.c
调用位置	任务中
使能配置	OS_CFG_FLAG_EN
输入参数	p_err：错误码。 OS_ERR_NONE：成功； OS_ERR_PEND_ISR：在中断中调用此函数
返回值	返回导致任务进入就绪态的事件标志位（可能含多个 bit）

6. OSFlagPost 函数

OSFlagPost 函数可以在任务或中断中使用，用于将事件标志位清零/置 1，具体描述如表 11-6 所示。

表 11-6　OSFlagPost 函数描述

函数名	OSFlagPost
函数原型	OS_FLAGS OSFlagPost(OS_FLAG_GRP　*p_grp, 　　　　　　　　　　OS_FLAGS　　　flags, 　　　　　　　　　　OS_OPT　　　　opt, 　　　　　　　　　　OS_ERR　　　　*p_err)
功能描述	将事件标志位清零/置 1
所在位置	os_flag.c
调用位置	任务或中断中
使能配置	OS_CFG_FLAG_EN
输入参数 1	p_grp：事件标志组指针，指向事件标志组控制块（OS_FLAG_GRP）
输入参数 2	flags：事件标志位，以 bit 为独立单元，表示要将哪些位清零/置 1。假设要将 bit0、bit4 和 bit5 清零/置 1，那么 flags 为 0x31
输入参数 3	opt：选项，可以通过"或"运算组合。 OS_OPT_POST_FLAG_SET：将事件标志位置 1； OS_OPT_POST_FLAG_CLR：将事件标志位清零； OS_OPT_POST_NO_SCHED：不触发任务调度
输入参数 4	p_err：错误码。 OS_ERR_NONE：成功； OS_ERR_OBJ_PTR_NULL：p_grp 为 NULL； OS_ERR_OBJ_TYPE：p_grp 并非指向一个事件标志组； OS_ERR_FLAG_INVALID_OPT：opt 参数无效
返回值	更新后的事件标志位

OSFlagPost 函数在中断中的使用示例如程序清单 11-4 所示。与消息队列类似，程序开始执行中断服务函数时，要通过 OSIntEnter 函数通知 µC/OS-III 内核应用正在处理中断；退出中断服务函数前，要通过 OSIntExit 函数通知 µC/OS-III 内核中断已处理完毕。

程序清单 11-4

```
#include "includes.h"

//中断服务函数
void xxx_IRQHandler(void)
{
  extern OS_FLAG_GRP g_flagEventGroup;
  OS_ERR err;

  //进入中断
  OSIntEnter();

  //输出事件标志位
  OSFlagPost(&g_flagEventGroup, 0x01, OS_OPT_POST_FLAG_SET, &err);
```

```
if(OS_ERR_NONE != err)
{
  printf("Fail to give event group (%d)\r\n", err);
}

//退出中断
OSIntExit();
}
```

11.3　OSFlagPend 函数源码分析

OSFlagPend 函数在 os_flag.c 文件中定义，部分关键代码如程序清单 11-5 所示。

OSFlagPend 函数针对"所有事件标志位置 1""任一事件标志位置 1""所有事件标志位清零""任一事件标志位清零"进行不同的处理，在程序清单 11-5 中仅介绍了"所有事件标志位置 1"的情形。

OSFlagPend 函数会先判断当前事件标志位是否满足"所有事件标志位置 1"，若是则直接退出，而且若配置了 OS_OPT_PEND_FLAG_CONSUME 选项，退出前还会将事件标志位清零/置 1。若事件标志位不满足退出条件，OSFlagPend 函数将调用 OS_FlagBlock 函数将当前任务添加到事件标志组的等待列表中，并将其从就绪列表中移除。若设置了超时等待，当前任务还将被添加到延时列表中。随后，OSFlagPend 函数调用 OSSched 函数触发一次任务调度，将 CPU 使用权移交给优先级最高的就绪任务。

从其他任务切换回来后，若接收到正确的事件标志位则可以直接退出，而且若配置了 OS_OPT_PEND_FLAG_CONSUME 选项，则退出前还会将事件标志位清零/置 1。

程序清单 11-5

```
OS_FLAGS  OSFlagPend(OS_FLAG_GRP  *p_grp,OS_FLAGS  flags,OS_TICK  timeout,OS_OPT  opt,CPU_TS
*p_ts,OS_ERR *p_err)
{
  //局部变量
  CPU_BOOLEAN    consume;    //返回前将事件标志位清零/置 1
  OS_FLAGS       flags_rdy;  //导致函数返回的事件标志位
  OS_OPT         mode;       //屏蔽无关位后的 opt
  OS_PEND_DATA   pend_data;  //等待列表的列表项
  CPU_SR_ALLOC();            //临界段所需的局部变量

  //预处理
  if((opt & OS_OPT_PEND_FLAG_CONSUME) != (OS_OPT)0) //判断是否需要返回前将事件标志位清零/置 1
  {consume = DEF_TRUE;}else{consume = DEF_FALSE;}   //设置返回前将事件标志位清零/置 1
  if(p_ts != (CPU_TS *)0) {*p_ts = (CPU_TS)0;}      //时间戳赋初值
  mode = opt & OS_OPT_PEND_FLAG_MASK;               //屏蔽 opt 无关位
  CPU_CRITICAL_ENTER();                             //进入临界段

  //根据不同选项做出相应处理
  switch (mode)
  {
    case OS_OPT_PEND_FLAG_SET_ALL:                      //等待所有事件标志位被置 1
      flags_rdy = (OS_FLAGS)(p_grp->Flags & flags);     //获取等待前的事件标志位

      //尚未开始等待，所有事件标志位均已置 1，可以直接返回
```

```
        if (flags_rdy == flags)
        {
           if (consume == DEF_TRUE) {p_grp->Flags &= ~flags_rdy;} //使能了返回前清零，清除指定事
件标志位
           OSTCBCurPtr->FlagsRdy = flags_rdy;                      //保存导致任务唤醒的事件标志位
到任务的 TCB 中
           if (p_ts != (CPU_TS *)0) {*p_ts  = p_grp->TS;}         //返回时间戳
           CPU_CRITICAL_EXIT();                                    //退出临界段
           *p_err = OS_ERR_NONE;                                   //无错误
           return (flags_rdy);                                     //返回事件标志位
        }

        //至少有一个等待的事件标志位不为 1
        else
        {
           //不需要阻塞等待，直接返回即可
           if ((opt & OS_OPT_PEND_NON_BLOCKING) != (OS_OPT)0)
           {
              CPU_CRITICAL_EXIT();               //退出临界段
              *p_err = OS_ERR_PEND_WOULD_BLOCK;  //设置错误码
              return ((OS_FLAGS)0);              //返回 0
           }

           //使能阻塞等待，需要进行任务调度，在此之前要检查调度器是否打开
           else
           {
              if (OSSchedLockNestingCtr > (OS_NESTING_CTR)0)
              { //调度器处于关闭状态，阻塞等待失败
                 CPU_CRITICAL_EXIT();                             //退出临界段
                 *p_err = OS_ERR_SCHED_LOCKED;                    //设置错误码
                 return ((OS_FLAGS)0);                            //返回 0
              }
           }
        }

        //使能中断，并关闭调度器
        OS_CRITICAL_ENTER_CPU_EXIT();

        //①将所等待的事件标志组、事件标志位及选项保存到任务的 TCB 中
        //②将当前任务从就绪列表中移除，并添加到事件标志组的等待列表中
        //③如果 timeout 非零，则会将当前任务添加到延时列表中
        OS_FlagBlock(&pend_data,p_grp, flags, opt, timeout);

        //退出临界段
        OS_CRITICAL_EXIT_NO_SCHED();
     }
     break;

case OS_OPT_PEND_FLAG_SET_ANY: ... break; //等待任一事件标志位被置 1
case OS_OPT_PEND_FLAG_CLR_ALL: ... break; //等待所有事件标志位被清零
case OS_OPT_PEND_FLAG_CLR_ANY: ... break; //等待任一事件标志位被清零

//出错
```

```
default:
    CPU_CRITICAL_EXIT();           //退出临界段
    *p_err = OS_ERR_OPT_INVALID;   //设置错误码
    return ((OS_FLAGS)0);          //返回 0
}

//触发任务调度，切换到下一个优先级最高的就绪任务
OSSched();

//重新回到当前任务，从当前节点继续往下执行

//重新进入临界段
CPU_CRITICAL_ENTER();

//校验等待结果
switch (OSTCBCurPtr->PendStatus) { ... }
if (*p_err != OS_ERR_NONE) {return ((OS_FLAGS)0);}

//获取导致函数返回的事件标志位
flags_rdy = OSTCBCurPtr->FlagsRdy;

//返回前需要将事件标志位清零/置1
if (consume == DEF_TRUE) { ... }

//返回
CPU_CRITICAL_EXIT();           //退出临界段
*p_err = OS_ERR_NONE;          //无错误
return (flags_rdy);            //返回事件标志位
}
```

11.4　OSFlagPost 函数源码分析

　　OSFlagPost 函数通过 OS_FlagPost 函数将事件标志位清零/置 1，OS_FlagPost 函数在 os_flag.c 文件中定义，部分关键代码如程序清单 11-6 所示。

　　在 OS_FlagPost 函数中，首先根据 opt 参数将事件标志位清零/置 1，并保存到事件标志组中。然后遍历事件标志组的延时列表，查看是否有任务满足唤醒条件，若有，则将此任务从延时列表中移除，并添加到就绪列表中。若该任务设置了超时等待，那么还将被从延时列表中移除。OS_FlagPost 函数在遍历完所有任务后，将触发一次任务调度，将 CPU 使用权移交给优先级最高的就绪任务，如果就绪列表中存在优先级比当前任务更高的等待任务，则此时该任务会被唤醒。重新回到当前任务后，OS_FlagPost 函数会返回最新的事件标志位。

程序清单 11-6

```
OS_FLAGS   OS_FlagPost (OS_FLAG_GRP *p_grp, OS_FLAGS flags, OS_OPT opt, CPU_TS ts, OS_ERR *p_err)
{
    //局部变量
    OS_FLAGS        flags_cur;          //用于返回的事件标志位
    OS_FLAGS        flags_rdy;          //任务所等待的事件标志位
    OS_OPT          mode;               //任务等待模式
    OS_PEND_DATA    *p_pend_data;       //当前等待列表项
    OS_PEND_DATA    *p_pend_data_next;  //下一个等待列表项
```

```
OS_PEND_LIST    *p_pend_list;          //状态标志组的等待列表
OS_TCB          *p_tcb;                //当前任务的 TCB
CPU_SR_ALLOC();                        //临界段所需的临时变量

//进入临界段
CPU_CRITICAL_ENTER();

//将状态标志位清零/置1，并将结果保存到事件标志组中
switch (opt)
{
  case OS_OPT_POST_FLAG_SET:
  case OS_OPT_POST_FLAG_SET | OS_OPT_POST_NO_SCHED:
    p_grp->Flags |=  flags; //将状态标志位置 1
    break;

  case OS_OPT_POST_FLAG_CLR:
  case OS_OPT_POST_FLAG_CLR | OS_OPT_POST_NO_SCHED:
    p_grp->Flags &= ~flags; //将状态标志位清零
    break;

  default: //非法选项，直接返回
    CPU_CRITICAL_EXIT();            //退出临界段
    *p_err = OS_ERR_OPT_INVALID; //输出错误码
    return ((OS_FLAGS)0);          //返回 0
}

//记录时间戳
p_grp->TS   = ts;

//获取等待列表
p_pend_list = &p_grp->PendList;

//等待列表为空，可以直接返回
if (p_pend_list->NbrEntries == 0u)
{
  CPU_CRITICAL_EXIT();   //退出临界段
  *p_err = OS_ERR_NONE;  //无错误
  return (p_grp->Flags); //返回修改后的事件标志位
}

//使能中断，关闭调度器
OS_CRITICAL_ENTER_CPU_EXIT();

//获取等待列表表头
p_pend_data = p_pend_list->HeadPtr;

//获得第一个等待任务的 TCB
p_tcb = p_pend_data->TCBPtr;

//循环遍历整个等待列表
while (p_tcb != (OS_TCB *)0) {
```

```
    //获取等待列表中的下一个列表项, 保存到 p_pend_data_next
    p_pend_data_next = p_pend_data->NextPtr;

    //获取 OSFlagPend 函数保存下来的选项, 即等待模式
    mode = p_tcb->FlagsOpt & OS_OPT_PEND_FLAG_MASK;

    //判断任务是否得到了预期的事件标志位
    switch (mode)
    {
      case OS_OPT_PEND_FLAG_SET_ALL:                              //等待所有事件标志位置 1
        flags_rdy = (OS_FLAGS)(p_grp->Flags & p_tcb->FlagsPend); //获取指定事件标志位
        if (flags_rdy == p_tcb->FlagsPend)
        {
            //所有事件标志位已置 1, 可以唤醒该任务
            //①将任务从事件标志组的延时列表中移除
            //②如果设置了超时等待, 则任务会从延时列表中移除
            //③将任务添加到就绪列表中
            OS_FlagTaskRdy(p_tcb, flags_rdy, ts);
        }
        break;

      case OS_OPT_PEND_FLAG_SET_ANY: break; //等待任一事件标志位置 1
      case OS_OPT_PEND_FLAG_CLR_ALL: break; //等待所有事件标志位清零
      case OS_OPT_PEND_FLAG_CLR_ANY: break; //等待任一事件标志位清零
      default:                              //非法选项
        OS_CRITICAL_EXIT();                 //退出临界段
        *p_err = OS_ERR_FLAG_PEND_OPT;      //设置错误码
        return ((OS_FLAGS)0);               //返回 0
    }

    //指向下一个列表项
    p_pend_data = p_pend_data_next;

    //获取下一个等待任务的 TCB
    if (p_pend_data != (OS_PEND_DATA *)0) {p_tcb = p_pend_data->TCBPtr;} else { p_tcb = (OS_TCB
*)0;}
  }

  //遍历完所有任务, 退出临界段
  OS_CRITICAL_EXIT_NO_SCHED();

  //触发一次任务调度
  if ((opt & OS_OPT_POST_NO_SCHED) == (OS_OPT)0) { OSSched();}

  //重新回到当前任务, 从当前节点继续往下执行

  //返回
  CPU_CRITICAL_ENTER();       //进入临界段
  flags_cur = p_grp->Flags;   //获取当前事件标志位
  CPU_CRITICAL_EXIT();        //退出临界段
  *p_err = OS_ERR_NONE;       //成功执行
  return (flags_cur);         //返回最新的事件标志位
}
```

11.5　实例与代码解析

下面通过编写实例程序，创建两个任务。任务 1 进行独立按键检测，任务 2 进行按键响应处理，两个任务之间通过事件标志组来同步按键按下事件。

11.5.1　复制并编译原始工程

首先，将"D:\GD32F3μCOSTest\Material\09.μCOSIII 事件标志组"文件夹复制到"D:\GD32F3μCOSTest\Product"文件夹中。其次，双击运行"D:\GD32F3μCOSTest\Product\09.μCOSIII 事件标志组\Project"文件夹中的 GD32KeilPrj.uvprojx，单击工具栏中的![按钮]按钮进行编译，当"Build Output"栏中出现"FromELF：creating hex file..."时表示已经成功生成.hex文件，出现"0 Error(s), 0Warning(s)"时表示编译成功。最后，将.axf 文件下载到微控制器的内部 Flash 中。下载成功后，若串口输出"Init System has been finished"，则表明原始工程正确，可以进行下一步操作。

11.5.2　编写测试程序

当 os_cfg.h 文件中的 OS_CFG_FLAG_EN 宏被设置为 1 时，表示启用事件标志组功能，如程序清单 11-7 所示。用户可以根据需要使能事件标志组其他功能。

程序清单 11-7

```
1.          /* ------------------------ EVENT FLAGS ------------------------ */
2.   #define OS_CFG_FLAG_EN      1u /* Enable (1) or Disable (0) code generation for EVENT FLAGS   */
3.   #define OS_CFG_FLAG_DEL_EN          1u /*  Include code for OSFlagDel()          */
4.   #define OS_CFG_FLAG_MODE_CLR_EN     1u /*  Include code for Wait on Clear EVENT FLAGS   */
5.   #define OS_CFG_FLAG_PEND_ABORT_EN   1u /*  Include code for OSFlagPendAbort()   */
```

在 Main.c 文件的"内部变量"区，添加事件标志组的声明代码，如程序清单 11-8 所示。

程序清单 11-8

```
//事件标志组
OS_FLAG_GRP g_flagTest;
```

在 main 函数中，添加创建事件标志组的代码，如程序清单 11-9 的第 8 至 14 行代码所示。

程序清单 11-9

```
1.   int main(void)
2.   {
3.     OS_ERR err;
4.
5.     //初始化 UCOSIII
6.     ...
7.
8.     //创建事件标志组
9.     OSFlagCreate(&g_flagTest, "event flag group", 0, &err);
10.    if(OS_ERR_NONE != err)
11.    {
12.      printf("Fail to create event flag group (%d)\r\n", err);
13.      while(1){}
```

```
14.     }
15.
16.     //创建开始任务
17.     ...
18. }
```

按照程序清单 11-10 修改 Task1 函数的代码。在任务 1 中，每隔 10ms 进行一次按键扫描，若检测到按键按下则将相应事件标志位置 1，再通过任务 2 进行按键响应处理。在事件标志组中，bit0 为 KEY$_1$ 按键按下事件标志位，bit1 为 KEY$_2$ 按键按下事件标志位，bit2 为 KEY$_3$ 按键按下事件标志位。

程序清单 11-10

```
1.  static   void Task1(void* pArg)
2.  {
3.     //错误
4.     OS_ERR err;
5.
6.     //任务循环
7.     while(1)
8.     {
9.       //KEY₁扫描
10.      if(ScanKeyOne(KEY_NAME_KEY1, NULL, NULL))
11.      {
12.        OSFlagPost(&g_flagTest, 0x01, OS_OPT_POST_FLAG_SET, &err);
13.      }
14.
15.      //KEY₂扫描
16.      if(ScanKeyOne(KEY_NAME_KEY2, NULL, NULL))
17.      {
18.        OSFlagPost(&g_flagTest, 0x02, OS_OPT_POST_FLAG_SET, &err);
19.      }
20.
21.      //KEY₃扫描
22.      if(ScanKeyOne(KEY_NAME_KEY3, NULL, NULL))
23.      {
24.        OSFlagPost(&g_flagTest, 0x04, OS_OPT_POST_FLAG_SET, &err);
25.      }
26.
27.      //延时 10ms
28.      OSTimeDlyHMSM(0, 0, 0, 10, OS_OPT_TIME_HMSM_STRICT, &err);
29.    }
30. }
```

按照程序清单 11-11 修改 Task2 函数的代码。在任务 2 中，OSFlagPend 函数使任务进入阻塞态，此时若按下 KEY$_1$、KEY$_2$ 或 KEY$_3$ 按键，则任务 2 将打印按键响应信息。

程序清单 11-11

```
1.  static   void Task2(void* pArg)
2.  {
3.     //事件标志位
4.     OS_FLAGS flags;
```

```
5.
6.      //错误
7.      OS_ERR err;
8.
9.      //任务循环
10.     while(1)
11.     {
12.       //事件标志组的事件标志位
13.       flags = OSFlagPend(&g_flagTest, 0x07, 0, OS_OPT_PEND_FLAG_SET_ANY + OS_OPT_PEND_
FLAG_CONSUME + OS_OPT_PEND_BLOCKING, NULL, &err);
14.
15.       //KEY₁响应
16.       if(0x01 & flags)
17.       {
18.         printf("KEY1 Press\r\n");
19.       }
20.
21.       //KEY₂响应
22.       if(0x02 & flags)
23.       {
24.         printf("KEY2 Press\r\n");
25.       }
26.
27.       //KEY₃响应
28.       if(0x04 & flags)
29.       {
30.         printf("KEY3 Press\r\n");
31.       }
32.     }
33.   }
```

11.5.3　编译及下载验证

代码编写完成并编译通过后，下载程序并进行复位。下载成功后打开串口助手，依次按
下 KEY₁、KEY₂ 和 KEY₃ 按键，串口助手上将依次打印"KEY1 Press""KEY2 Press""KEY3
Press"，如图 11-2 所示。若将 OSFlagPend 函数参数中的 OS_OPT_PEND_FLAG_SET_ANY
改为 OS_OPT_PEND_FLAG_SET_ALL，则 3 个按键都按下后，任务 2 才会从阻塞态中退出，
并打印结果。

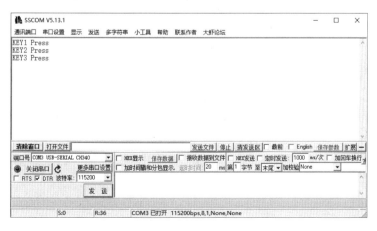

图 11-2　运行结果

本 章 任 务

参照本书第 10 章的实例，使用事件标志组进行资源管理，实现串口的互斥访问。

本 章 习 题

1．列举事件标志组的应用场景。

2．如何使用事件标志组实现二值信号量？

3．如何用事件标志组实现资源的互斥访问？

4．简述事件标志组与信号量的优缺点。

5．如何在中断中设置或清除事件标志组的事件标志位？

第12章 μC/OS-III 等待多个项目

在前面介绍消息队列、信号量的章节中，提到过当任务因获取信号量等资源而进入阻塞态时，将被添加到等待列表中。本章将详细介绍等待列表的组成和使用方法，以及 μC/OS-III 实现任务同时等待多个项目的原理。

12.1 等待列表简介

等待列表又称阻塞列表，当一个任务因等待信号量、互斥量、事件标志组或消息队列而进入阻塞态时，会被加入到相应项目的等待列表中。

等待列表与就绪列表的作用类似，不同点在于就绪列表用于跟踪记录处于就绪态的任务，而等待列表则用于跟踪记录因等待资源而进入阻塞态的任务，每个信号量、互斥量、事件标志组、消息队列项目都包含一个等待列表。等待列表将任务按照优先级排序，优先级最高的任务位于表头，优先级最低的任务位于表尾。

等待列表由 OS_PEND_LIST 结构体管理，如图 12-1 所示。NbrEntries 为当前列表长度，即列表中包含的任务数量。TailPtr 指向表尾，即指向优先级最低的任务。HeadPtr 指向表头，即指向优先级最高的任务。

图 12-1　OS_PEND_LIST 结构体

在 μC/OS-III 中，每个使用等待列表的内核项目，其结构体都会包含 3 个成员变量，这些成员变量用于组成该项目的等待列表，被称为 OS_PEND_OBJ，如图 12-2 所示。注意，第一个成员变量必须为 Type，用于表示该项目是消息队列、信号量、互斥量还是事件标志组。

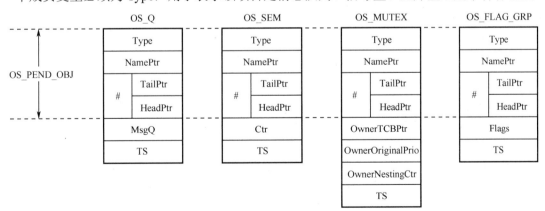

图 12-2　OS_PEND_OBJ

Type 占用 4 字节，在项目被创建时，按照表 12-1 被初始化。

表 12-1　Type 取值

内 核 项 目	Type 取值
信号量	'S' 'E' 'M' 'A'
互斥量	'M' 'U' 'T' 'X'
事件标志组	'F' 'L' 'A' 'G'
消息队列	'Q' 'U' 'E' 'U'

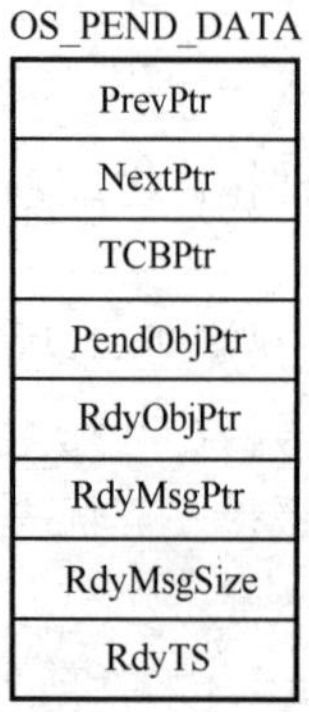

OS_PEND_DATA

PrevPtr
NextPtr
TCBPtr
PendObjPtr
RdyObjPtr
RdyMsgPtr
RdyMsgSize
RdyTS

图 12-3　OS_PEND_DATA 结构体

等待列表不会直接指向任务 OS_TCB，而是链接多个 OS_PEND_DATA 结构体来组成列表项，如图 12-3 所示。

下面依次介绍 OS_PEND_DATA 结构体中各个成员变量的作用。

PrevPtr 和 NextPtr 分别指向上一个、下一个 OS_PEND_DATA 结构体。μC/OS-III 通过这两个成员变量链接多个 OS_PEND_DATA 结构体形成双向链表，并与 OS_PEND_LIST 组合成等待列表。

TCBPtr 指向任务的 TCB，即等待该项目的任务。

PendObjPtr 为 OS_PEND_OBJ 类型的指针，指向任务正在阻塞等待的项目，可以为消息队列、信号量、互斥量或事件标志组。

RdyObjPtr 同样为 OS_PEND_OBJ 类型的指针，在任务等待多个项目时使用，用于表明该项目是否就绪。

RdyMsgPtr 和 RdyMsgSize 在任务等待多个项目时使用，任务通过这两个成员变量获取消息队列中的消息。

RdyTs 为时间戳，用于记录项目何时被发送。

假设两个任务正在等待同一个信号量，该信号量的等待列表如图 12-4 所示。调用 OSSemPend 函数会将当前任务添加到信号量的等待列表中，调用 OSSemPost 函数释放信号量时会将任务从等待列表中移除，并添加到就绪列表中。如果设置了超时时间，则任务还将被加入到 μC/OS-III 内核的延时列表中。

OS_PEND_DATA 结构体以局部变量的形式存在，进入 OSSemPend 函数时自动从栈区分配内存，退出 OSSemPend 函数后内存自动释放。互斥量、消息队列、事件标志组等也采用类似的机制。

下面按照图 12-4 中的编号顺序介绍等待列表。

（1）OS_SEM 结构体包含 OS_PEND_OBJ 域以形成等待列表。NbrEntries 为 2 表示当前有两个任务在信号量的等待列表中。

（2）HeadPtr 指向表头，即与优先级最高的任务关联的 OS_PEND_DATA 结构体。

（3）TailPtr 指向表尾，即与优先级最低的任务关联的 OS_PEND_DATA 结构体。

（4）两个 OS_PEND_DATA 结构体均指向 OS_SEM 结构体。在任务超时时间溢出后，μC/OS-III 内核通过任务的 OS_TCB 得到 OS_PEND_DATA 结构体，进而获取信号量控制块中的等待列表，并将该任务从等待列表中移除，添加到就绪列表中。

（5）每个 OS_PEND_DATA 结构体均指向了与之关联任务的 OS_TCB，因此信号量可得知有哪些任务在等待列表中。

（6）每个任务均保留了与之关联的 OS_PEND_DATA 结构体首地址，便于超时时间溢出后查找等待列表。

（7）所有 OS_PEND_DATA 结构体组成一个双向链表，便于任务的快速插入和删除。

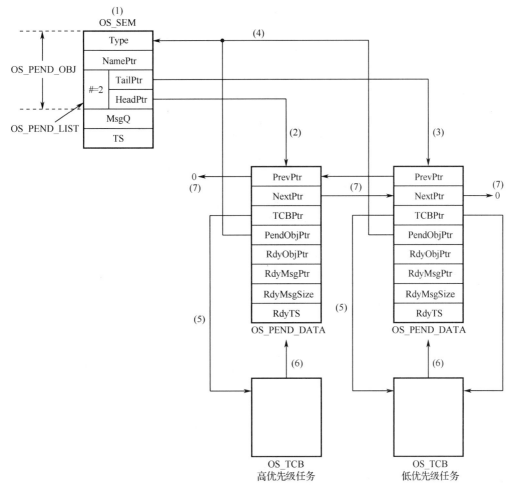

图 12-4　等待列表（示例）

12.2　等待多个项目

μC/OS-III 允许一个任务同时等待多个信号量和消息队列，但不能同时等待多个互斥量和事件标志组。

如图 12-5 所示，一个任务同时等待多个信号量与消息队列。任一信号量或消息队列被发送都会唤醒接收任务，使其退出阻塞态。接收任务可以通过 OSPendMulti 函数同时等待多个项目，并设定超时时间。超时时间针对所有项目。若接收任务在规定时间内没有接收到通知或消息，则会被唤醒，并收到一个错误码。

OSPendMulti 函数最主要的参数为一个 OS_PEND_DATA 类型的数组，该数组被称为项目表，如图 12-6 所示，用于表示任务需要等待的项目，数组长度取决于项目数量。

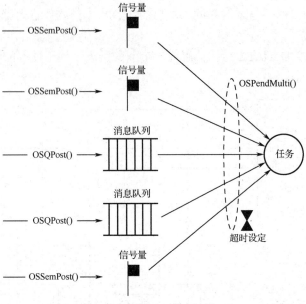

图 12-5　同时等待多个项目示例

	PrevPtr	NextPtr	TCBPtr	PendObjPtr	RdyObjPtr	RdyMsgPtr	RdyMsgSize	RdyTs
[0]	PrevPtr	NextPtr	TCBPtr	PendObjPtr	RdyObjPtr	RdyMsgPtr	RdyMsgSize	RdyTs
[1]	PrevPtr	NextPtr	TCBPtr	PendObjPtr	RdyObjPtr	RdyMsgPtr	RdyMsgSize	RdyTs
[2]	PrevPtr	NextPtr	TCBPtr	PendObjPtr	RdyObjPtr	RdyMsgPtr	RdyMsgSize	RdyTs
[N−1]	PrevPtr	NextPtr	TCBPtr	PendObjPtr	RdyObjPtr	RdyMsgPtr	RdyMsgSize	RdyTs

OS_PEND_DATA

图 12-6　项目表

例如，同时等待 3 个信号量和 2 个消息队列，项目表的定义代码如程序清单 12-1 所示。

程序清单 12-1

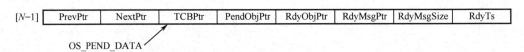

```
OS_PEND_DATA pendMultiTbl[5];
```

在接收任务中，首先要初始化项目表，并将需要等待的项目保存在项目表中，再调用 **OSPendMulti** 函数传入项目表首地址，如程序清单 12-2 所示。

程序清单 12-2

```
OS_SEM s_semBinary1;
OS_SEM s_semBinary2;
OS_SEM s_semBinary3;
OS_Q   s_queMessage1;
OS_Q   s_queMessage2;

void Task(void* *pArg)
{
  OS_ERR       err;
  OS_PEND_DATA pendMultiTbl[5];
  while(1)
  {
```

```
...
    pendMultiTbl[0].PendObjPtr = (OS_PEND_OBJ*)&s_semBinary1;
    pendMultiTbl[1].PendObjPtr = (OS_PEND_OBJ*)&s_semBinary2;
    pendMultiTbl[2].PendObjPtr = (OS_PEND_OBJ*)&s_semBinary3;
    pendMultiTbl[3].PendObjPtr = (OS_PEND_OBJ*)&s_queMessage1;
    pendMultiTbl[4].PendObjPtr = (OS_PEND_OBJ*)&s_queMessage2;
    OSPendMulti(pendMultiTbl, 5, 0, OS_OPT_PEND_BLOCKING, &err);

    ...
  }
}
```

当一个任务等待两个信号量时，两个信号量的等待列表如图 12-7 所示。下面按照编号顺序进行介绍。

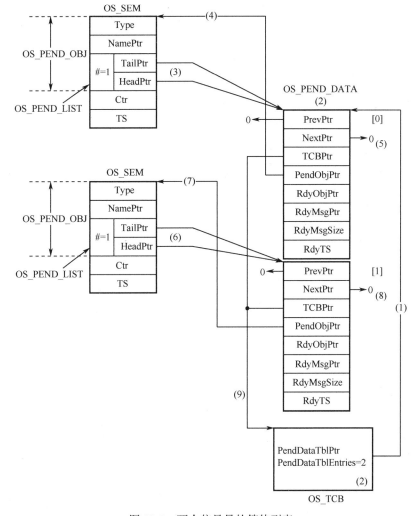

图 12-7　两个信号量的等待列表

（1）任务的 OS_TCB 中记录了项目表的首地址，便于超时时间溢出后 μC/OS-III 内核将任务从所有项目的等待列表中移除。

（2）任务的 OS_TCB 中记录了项目表的大小，PendDataTblEntries 为 2 表明项目表的大小为 2，即需要等待两个项目。

（3）项目表中的第一个 OS_PEND_DATA 被添加到第一个信号量的等待列表中。

（4）项目表中的第一个 OS_PEND_DATA 关联到第一个信号量，该关联由用户负责实现。

（5）第一个信号量的等待列表中只有一个任务，因此 OS_PEND_DATA 中的 PrevPtr 和 NextPtr 均为 NULL。

（6）项目表中的第二个 OS_PEND_DATA 被添加到第二个信号量的等待列表中。

（7）项目表中的第二个 OS_PEND_DATA 关联到第二个信号量，该关联由用户负责实现。

（8）第二个信号量的等待列表中只有一个任务，因此 OS_PEND_DATA 中的 PrevPtr 和 NextPtr 均为 NULL。

（9）项目表中所有的 OS_PEND_DATA 均关联到接收任务的 OS_TCB。

当任一信号量被释放或超时时间溢出时，μC/OS-III 内核首先会将接收任务从所有项目的等待列表中移除，然后将当前任务唤醒，并将其加入就绪列表。

假设一个任务在等待两个信号量，而另一个任务在等待这两个信号量中的一个，等待列表如图 12-8 所示。

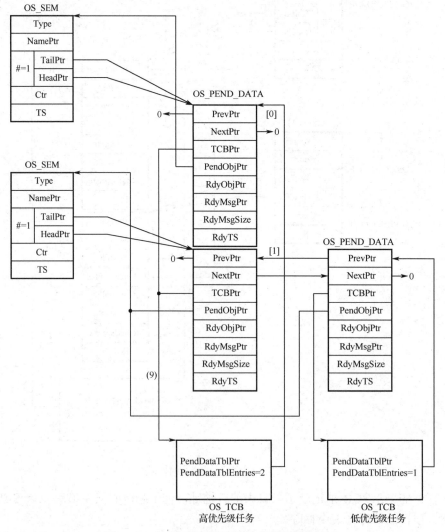

图 12-8　多个任务等待多个信号量的等待列表

当任务或中断释放了项目表中的信号量，或者向项目表中的消息队列写入了信息，OSPendMulti 函数会返回，表明项目表中的某个任务已经就绪。此时用户只需检查项目表中每个 OS_PEND_DATA 的 RdyObjPtr，若非 NULL 则表明对应的项目已就绪。

12.3 OSPendMulti 函数

OSPendMulti 函数用于等待多个项目，具体描述如表 12-2 所示。调用 OSPendMulti 函数时，若有一个或多个项目已就绪，则所有已就绪的项目和消息都会被返回到当前任务中；若没有项目就绪，则 OSPendMulti 函数会阻塞当前任务，当任一项目就绪、超时时间溢出、任务从就绪列表中移除或有项目被删除时，唤醒当前任务。

若任务在等待期间被其他任务通过 OSTaskSuspend 函数挂起，则挂起期间该任务依然可以监听多个项目，但必须通过 OSTaskResume 函数才能唤醒该任务。

表 12-2　OSPendMulti 函数描述

函数名	OSPendMulti
函数原型	OS_OBJ_QTY OSPendMulti(OS_PEND_DATA　*p_pend_data_tbl, 　　　　　　　　　　　　OS_OBJ_QTY　　　tbl_size, 　　　　　　　　　　　　OS_TICK　　　　　timeout, 　　　　　　　　　　　　OS_OPT　　　　　 opt, 　　　　　　　　　　　　OS_ERR　　　　　 *p_err)
功能描述	等待多个项目
所在位置	os_pend_multi.c
调用位置	任务中
使能配置	OS_CFG_PEND_MULTI_EN
输入参数 1	p_pend_data_tbl：项目表，指向一个 OS_PEND_DATA 数组
输入参数 2	tbl_size：OS_PEND_DATA 数组大小，表明要同时等待的项目数量
输入参数 3	timeout：超时时间，以时间片为单位。timeout 为 0 表示任务要一直等待。超时时间将从下一个时间片开始递减
输入参数 4	opt：选项。 OS_OPT_PEND_BLOCKING：启用阻塞； OS_OPT_PEND_NON_BLOCKING：禁用阻塞，此函数将立即返回
输入参数 5	p_err：错误码。 OS_ERR_NONE：成功； OS_ERR_OBJ_TYPE：项目表中某个项目为 NULL，或者并非信号量和消息队列； OS_ERR_OPT_INVALID：opt 参数无效； OS_ERR_PEND_ABORT：项目将任务从等待列表中移除； OS_ERR_PEND_DEL：某个项目被删除； OS_ERR_PEND_ISR：在中断中调用此函数； OS_ERR_PEND_LOCKED：在调度器关闭时调用此函数； OS_ERR_PEND_WOULD_BLOCK：使用了 OS_OPT_PEND_NON_BLOCKING 但无项目就绪； OS_ERR_STATUS_INVALID：状态无效； OS_ERR_PTR_INVALID：p_pend_data_tbl 参数为 NULL； OS_ERR_TIMEOUT：超时
返回值	更新后的事件标志组

12.4　实例与代码解析

下面通过编写实例程序，创建 3 个信号量，分别对应 3 个独立按键。任务 1 用于进行按键扫描，检测到按键按下后释放相应的信号量，交由任务 2 处理。任务 2 同时等待 3 个信号量，获取到任一信号量后，任务 2 将被唤醒并打印相应的按键信息。

12.4.1　复制并编译原始工程

首先，将 "D:\GD32F3μCOSTest\Material\10.μCOSIII 等待多个项目" 文件夹复制到 "D:\GD32F3μCOSTest\Product" 文件夹中。其次，双击运行 "D:\GD32F3μCOSTest\Product\10.μCOSIII 等待多个项目\Project" 文件夹中的 GD32KeilPrj.uvprojx，单击工具栏中的▦按钮进行编译，当 "Build Output" 栏中出现 "FromELF: creating hex file..." 时表示已经成功生成.hex 文件，出现 "0 Error(s), 0Warning(s)" 时表示编译成功。最后，将.axf 文件下载到微控制器的内部 Flash 中。下载成功后，若串口输出 "Init System has been finished"，则表明原始工程正确，可以进行下一步操作。

12.4.2　编写测试程序

当 os_cfg.h 文件中的宏 OS_CFG_PEND_MULTI_EN 被设置为 1 时，表示使能同时等待多个项目功能，如程序清单 12-3 所示。

程序清单 12-3

```
#define OS_CFG_PEND_MULTI_EN  1u /* Enable (1) or Disable (0) code generation for multi-pend
feature      */
```

在 Main.c 文件的 "内部变量" 区，添加信号量的声明代码，如程序清单 12-4 所示。本实例中创建的 3 个信号量分别用于检测 3 个独立按键。

程序清单 12-4

```
1.   //信号量
2.   OS_SEM g_semBinary1;
3.   OS_SEM g_semBinary2;
4.   OS_SEM g_semBinary3;
```

在 main 函数中，添加创建并初始化信号量的代码，如程序清单 12-5 的第 8 至 33 行代码所示。

程序清单 12-5

```
1.   int main(void)
2.   {
3.     OS_ERR err;
4.
5.     //初始化
6.     ...
7.
8.     //创建二值信号量
9.     OSSemCreate(&g_semBinary1, "binary semaphore", 1, &err);
10.    if(OS_ERR_NONE != err)
```

```
11.    {
12.      printf("Fail to create binary semaphore (%d)\r\n", err);
13.      while(1){}
14.    }
15.
16.    OSSemCreate(&g_semBinary2, "binary semaphore", 1, &err);
17.    if(OS_ERR_NONE != err)
18.    {
19.      printf("Fail to create binary semaphore (%d)\r\n", err);
20.      while(1){}
21.    }
22.
23.    OSSemCreate(&g_semBinary3, "binary semaphore", 1, &err);
24.    if(OS_ERR_NONE != err)
25.    {
26.      printf("Fail to create binary semaphore (%d)\r\n", err);
27.      while(1){}
28.    }
29.
30.    //设置二值信号量初值
31.    OSSemSet(&g_semBinary1, 0, &err);
32.    OSSemSet(&g_semBinary2, 0, &err);
33.    OSSemSet(&g_semBinary3, 0, &err);
34.
35.    //创建开始任务
36.    ...
37.  }
```

按照程序清单 12-6 修改 Task1 函数的代码。在任务 1 中，每隔 10ms 进行一次独立按键扫描。若检测到按键按下，则任务 1 释放对应的信号量，并交由任务 2 进行按键响应处理。

程序清单 12-6

```
1.    static   void Task1(void* pArg)
2.    {
3.      //错误
4.      OS_ERR err;
5.
6.      //任务循环，每隔10ms扫描一次按键，若按键按下则释放信号量，交由任务2处理
7.      while(1)
8.      {
9.        //KEY₁扫描
10.       if(ScanKeyOne(KEY_NAME_KEY1, NULL, NULL))
11.       {
12.         OSSemPost(&g_semBinary1, OS_OPT_POST_1, &err);
13.       }
14.
15.       //KEY₂扫描
16.       if(ScanKeyOne(KEY_NAME_KEY2, NULL, NULL))
17.       {
18.         OSSemPost(&g_semBinary2, OS_OPT_POST_1, &err);
19.       }
20.
```

```
21.     //KEY₃扫描
22.     if(ScanKeyOne(KEY_NAME_KEY3, NULL, NULL))
23.     {
24.         OSSemPost(&g_semBinary3, OS_OPT_POST_1, &err);
25.     }
26.
27.     //延时10ms
28.     OSTimeDlyHMSM(0, 0, 0, 10, OS_OPT_TIME_HMSM_STRICT, &err);
29.   }
30. }
```

按照程序清单 12-7 修改 Task2 函数的代码。在任务 2 中，首先定义项目表，项目表中包含 3 个信号量，然后通过 OSPendMulti 函数同时等待多个项目。任一信号量被释放后，任务 2 将从阻塞态被唤醒并处理该事件。

程序清单 12-7

```
1.   static   void Task2(void* pArg)
2.   {
3.     //错误
4.     OS_ERR err;
5.
6.     //项目表
7.     OS_PEND_DATA pendMultiTbl[3];
8.
9.     //初始化项目表
10.    pendMultiTbl[0].PendObjPtr = (OS_PEND_OBJ*)&g_semBinary1;
11.    pendMultiTbl[1].PendObjPtr = (OS_PEND_OBJ*)&g_semBinary2;
12.    pendMultiTbl[2].PendObjPtr = (OS_PEND_OBJ*)&g_semBinary3;
13.
14.    //任务循环
15.    while(1)
16.    {
17.      //等待多个项目
18.      OSPendMulti(pendMultiTbl, sizeof(pendMultiTbl) / sizeof(OS_PEND_DATA), 0, OS_OPT_PEND_
BLOCKING, &err);
19.      if(OS_ERR_NONE == err)
20.      {
21.        //KEY₁按下
22.        if(NULL != pendMultiTbl[0].RdyObjPtr)
23.        {
24.          printf("KEY1 Press\r\n");
25.        }
26.
27.        //KEY₂按下
28.        if(NULL != pendMultiTbl[1].RdyObjPtr)
29.        {
30.          printf("KEY2 Press\r\n");
31.        }
32.
33.        //KEY₃按下
34.        if(NULL != pendMultiTbl[2].RdyObjPtr)
```

```
35.         {
36.            printf("KEY3 Press\r\n");
37.         }
38.      }
39.    }
40.  }
```

12.4.3　编译及下载验证

代码编写完成并编译通过后，下载程序并进行复位。下载成功后打开串口助手，依次按下 KEY₁、KEY₂ 和 KEY₃ 按键，串口助手上将依次打印 KEY1 Press、KEY2 Press 和 KEY3 Press，如图 12-9 所示。

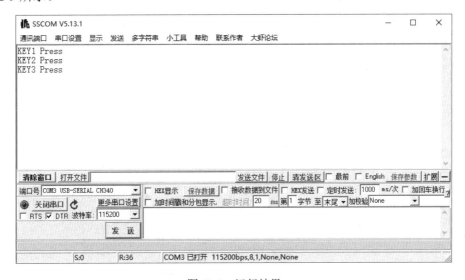

图 12-9　运行结果

本 章 任 务

1. 创建一个消息队列，使任务 2 同时监听 3 个信号量和一个消息队列。在串口中断服务函数中将串口收到的数据通过消息队列传递给任务 2，任务 2 接收到数据后将其打印出来。

2. 参照 μC/OS-III，在第 4 章实现的简易操作系统上部署信号量组件。

本 章 习 题

1. 简述 OS_PEND_DATA 的作用。

2. 简述等待列表的作用。

3. 多个 OS_PEND_DATA 如何串联为等待列表？

4. 任务等待超时后，如何通过等待列表锁定超时任务并将其唤醒？

5. 使用事件标志组也可以实现同时监听多个事件，简述事件标志组和等待多个项目各自的优缺点。

第 13 章　μC/OS-III 内建消息队列

当任务之间通过消息队列进行通信时，需要额外创建一个中间项目，即消息队列，任务与任务、任务与中断之间的通信均以该消息队列为中转站。本章将介绍与消息队列功能相似，但更为高效的内建消息队列。

13.1　内建消息队列简介

消息队列通常只有一个接收任务，多个任务同时等待同一消息队列的应用场景较少。因此，为了便于任务之间的通信，μC/OS-III 在任务的 OS_TCB 中内嵌了一个小型消息队列，称为内建消息队列，如图 13-1 所示。任务和中断可以直接向任务的 TCB 发送消息，这样不仅提高了消息传输速度，还提高了内存利用率。内建消息队列的使用方法与消息队列相似，但传输效率更高。

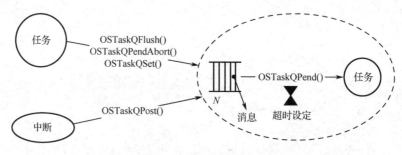

图 13-1　内建消息队列

内建消息队列的 API 函数在 os_task.c 文件中定义，这些函数以 OSTaskQ 为前缀，在使用前需要将 os_cfg.h 文件中的宏 OS_CFG_TASK_Q_EN 设为 1，表示使能内建消息队列服务。内建消息队列的长度在任务创建时由 OSTaskCreate 函数的 q_size 参数确定。

13.2　内建消息队列相关 API 函数

1. OSTaskQFlush 函数

OSTaskQFlush 函数用于清空内建消息队列，具体描述如表 13-1 所示。清空内建消息队列后，所有消息占据的内存都将被释放。

表 13-1　OSTaskQFlush 函数描述

函数名	OSTaskQFlush
函数原型	OS_MSG_QTY OSTaskQFlush(OS_TCB　　　　*p_tcb, 　　　　　　　　　　　　　　OS_ERR　　　　　*p_err)
功能描述	清空内建消息队列
所在位置	os_task.c
调用位置	任务中
使能配置	OS_CFG_TASK_Q_EN

输入参数 1	p_tcb：任务控制块指针，NULL 表示要清空当前任务的内建消息队列
输入参数 2	p_err：错误码。 OS_ERR_NONE：成功； OS_ERR_FLUSH_ISR：在中断中调用此函数
返回值	清空的消息数量

2. OSTaskQPend 函数

OSTaskQPend 函数用于获取内建消息队列的消息，该函数只能在任务中使用，具体描述如表 13-2 所示。

表 13-2　OSTaskQPend 函数描述

函数名	OSTaskQPend
函数原型	void* OSTaskQPend(OS_TICK　　　　timeout, 　　　　　　　　　　OS_OPT　　　　　opt, 　　　　　　　　　　OS_MSG_SIZE　　*p_msg_size, 　　　　　　　　　　CPU_TS　　　　　*p_ts, 　　　　　　　　　　OS_ERR　　　　　*p_err)
功能描述	获取内建消息队列的消息
所在位置	os_task.c
调用位置	任务中
使能配置	OS_CFG_TASK_Q_EN
输入参数 1	timeout：超时时长，以时间片为单位。若为 0 则表示任务将一直等待消息
输入参数 2	opt：选项。 OS_OPT_PEND_BLOCKING：使能阻塞； OS_OPT_PEND_NON_BLOCKING：禁用阻塞。 注意，启用 OS_OPT_PEND_NON_BLOCKING 时，timeout 参数应为 0
输入参数 3	p_msg_size：消息数量
输入参数 4	p_ts：时间戳
输入参数 5	p_err：错误码。 OS_ERR_NONE：成功； OS_ERR_OPT_INVALID：opt 参数无效； OS_ERR_PEND_ABORT：任务从等待列表中移除； OS_ERR_PEND_ISR：在中断中调用此函数； OS_ERR_PEND_WOULD_BLOCK：启用了 OS_OPT_PEND_NON_BLOCKING 但内建消息队列为空； OS_ERR_PTR_INVALID：p_msg_size 为 NULL； OS_ERR_SCHED_LOCKED：调度器已锁定； OS_ERR_TIMEOUT：超时
返回值	成功：返回数据缓冲区首地址； 失败：返回 NULL 并输出一个错误码。 注意，返回 NULL 不一定意味着获取消息失败，执行结果由 p_err 参数确定

OSTaskQPend 函数的使用方法与 OSQPend 基本一致，使用示例如程序清单 13-1 所示。由于监听对象为本任务的 TCB 中的内建消息队列，所以无须传入内建消息队列的首地址。

程序清单 13-1

```
#include "includes.h"

void Task1(void *pArg)
{
  OS_ERR err;
  OS_MSG_SIZE msgSize;
  unsigned char* msgAddr;

  //任务循环
  while(1)
  {
    //接收内建消息队列数据，一直等待
    msgAddr = OSTaskQPend(0, OS_OPT_PEND_BLOCKING, &msgSize, NULL, &err);

    //接收数据成功，处理数据
    if(OS_ERR_NONE == err)
    {
      ...
    }
  }
}
```

3. OSTaskQPendAbort 函数

　　OSTaskQPendAbort 函数用于将目标任务从内建消息队列的等待列表中移除，解除任务阻塞状态，并向任务发出一个错误警报，具体描述如表 13-3 所示。

表 13-3　OSTaskQPendAbort 函数描述

函数名	OSTaskQPendAbort
函数原型	CPU_BOOLEAN OSTaskQPendAbort(OS_TCB　　　*p_tcb, 　　　　　　　　　　　　　　　OS_OPT　　　　opt, 　　　　　　　　　　　　　　　OS_ERR　　　　*p_err)
功能描述	将目标任务从内建消息队列的等待列表中移除
所在位置	os_task.c
调用位置	任务中
使能配置	OS_CFG_TASK_Q_EN && OS_CFG_TASK_Q_PEND_ABORT_EN
输入参数 1	p_tcb：任务控制块指针
输入参数 2	opt：选项。 OS_OPT_POST_NONE：无意义； OS_OPT_POST_NO_SCHED：不触发任务调度
输入参数 3	p_err：错误码。 OS_ERR_NONE：成功； OS_ERR_PEND_ABORT_ISR：在中断中调用此函数； OS_ERR_PEND_ABORT_NONE：等待列表为空； OS_ERR_PEND_ABORT_SELF：p_tcb 为 NULL，表示要将当前任务从内建消息队列的等待列表中移除，这项操作无意义
返回值	成功：DEF_TRUE； 失败：DEF_FALSE

4. OSTaskQPost 函数

OSTaskQPost 函数用于向内建消息队列写入消息，可在任务或中断中使用，具体描述如表 13-4 所示。

表 13-4　OSTaskQPost 函数描述

函数名	OSTaskQPost
函数原型	void OSTaskQPost(OS_TCB　　　　　　*p_tcb, 　　　　　　　　　void　　　　　　　*p_void, 　　　　　　　　　OS_MSG_SIZE　　msg_size, 　　　　　　　　　OS_OPT　　　　　opt, 　　　　　　　　　OS_ERR　　　　　*p_err)
功能描述	向内建消息队列写入消息
所在位置	os_task.c
调用位置	任务或中断中
使能配置	OS_CFG_TASK_Q_EN
输入参数 1	p_tcb：目标任务控制块指针
输入参数 2	p_void：缓冲区首地址
输入参数 3	msg_size：消息数量
输入参数 4	opt：选项，可以通过"或"运算组合。 OS_OPT_POST_FIFO：消息以先进先出的形式传递； OS_OPT_POST_LIFO：消息以后进先出的形式传递； OS_OPT_POST_NO_SCHED：不触发任务调度
输入参数 5	p_err：错误码。 OS_ERR_NONE：成功； OS_ERR_Q_MAX：目标任务的内建消息队列已满； OS_ERR_MSG_POOL_EMPTY：OSMSGs 内存池已空
返回值	void

OSTaskQPost 函数与 OSQPost 函数类似，均可在任务和中断中使用，使用示例如程序清单 13-2 所示。内建消息队列内嵌在任务的 TCB 中，因此可以直接向任务的 TCB 发送消息。若在任务中使用 OSTaskQPost 函数，则无须调用 OSIntEnter 和 OSIntExit 函数告知 μC/OS-III 内核进入/退出中断。

程序清单 13-2

```
#include "includes.h"

//中断服务函数
void xxx_IRQHandler(void)
{
  extern OS_TCB g_tcbTask1;
  OS_ERR err;
  static unsigned char s_arrSendData[10];

  //进入中断
  OSIntEnter();
```

```
//接收数据
...

//通过消息队列发送数据
OSTaskQPost(&g_tcbTask1, s_arrSendData, 10, OS_OPT_POST_FIFO, &err);
if(OS_ERR_NONE != err)
{
  printf("Fail to send message (%d)\r\n", err);
}

//退出中断
OSIntExit();
}
```

13.3　OSTaskQPend 函数源码分析

　　OSTaskQPend 函数在 os_task.c 文件中定义，其中部分关键代码如程序清单 13-3 所示。
OSTaskQPend 函数与消息队列中的 OSQPend 函数相似，但由于内建消息队列只能被任务自
身等待，所以不需要等待列表，也没有等待列表插入操作。此外，内建消息队列控制块比消
息队列控制块更为简洁，插入、删除等操作所消耗的时间也更短。因此，OSTaskQPend 函数
的效率高于 OSQPend 函数。

程序清单 13-3

```
void *OSTaskQPend (OS_TICK timeout, OS_OPT opt, OS_MSG_SIZE *p_msg_size, CPU_TS *p_ts, OS_ERR
*p_err)
{
  //局部变量
  OS_MSG_Q     *p_msg_q;  //内建消息队列
  void         *p_void;   //消息首地址
  CPU_SR_ALLOC();              //临界段所需的局部变量

  //初始化时间戳
  if (p_ts != (CPU_TS *)0) { *p_ts  = (CPU_TS  )0;}

  //进入临界段
  CPU_CRITICAL_ENTER();

  //获取任务的 TCB 中的内建消息队列
  p_msg_q = &OSTCBCurPtr->MsgQ;

  //尝试获取消息
  p_void  = OS_MsgQGet(p_msg_q, p_msg_size, p_ts, p_err);

  //获取消息成功，可以直接退出
  if (*p_err == OS_ERR_NONE)
  {

    //记录消息传递所消耗的时间历史最大值
```

```
    if (p_ts != (CPU_TS *)0)
    {
        OSTCBCurPtr->MsgQPendTime = OS_TS_GET() - *p_ts;
        if (OSTCBCurPtr->MsgQPendTimeMax < OSTCBCurPtr->MsgQPendTime)
        {
            OSTCBCurPtr->MsgQPendTimeMax = OSTCBCurPtr->MsgQPendTime;
        }
    }

    //退出临界段
    CPU_CRITICAL_EXIT();

    //返回消息首地址
    return (p_void);
}

//获取消息失败，但未使能阻塞等待
if ((opt & OS_OPT_PEND_NON_BLOCKING) != (OS_OPT)0)
{
    *p_err = OS_ERR_PEND_WOULD_BLOCK;   //设置错误码，获取消息失败
    CPU_CRITICAL_EXIT();                //退出临界段
    return ((void *)0);                 //返回 NULL
}

//获取消息失败，并且使能了阻塞等待，需要校验调度器是否处于锁定状态
else
{
    //调度器已锁定，任务无法阻塞等待
    if (OSSchedLockNestingCtr > (OS_NESTING_CTR)0)
    {
        CPU_CRITICAL_EXIT();            //退出临界段
        *p_err = OS_ERR_SCHED_LOCKED;   //设置错误码，提示任务调度器已锁定
        return ((void *)0);             //返回 NULL
    }
}

//使能中断，关闭调度器
OS_CRITICAL_ENTER_CPU_EXIT();

//①任务的 TCB 中标记正在等待内建消息队列
//②任务的 TCB 中标记阻塞态（PendStatus）为 OS_STATUS_PEND_OK
//③将任务从就绪列表中删除，如果设置了超时等待，则任务还会被添加到就绪列表中
//④内建消息队列无等待列表，因此没有等待列表插入操作
OS_Pend((OS_PEND_DATA    *)0,    (OS_PEND_OBJ    *)0,    (OS_STATE)OS_TASK_PEND_ON_TASK_Q,
(OS_TICK)timeout);

//退出临界段
OS_CRITICAL_EXIT_NO_SCHED();

//触发任务调度，切换到优先级最高的就绪任务，当前任务已从就绪列表中移除，因此不再处于就绪态
```

```
OSSched();

//从其他任务切换回来，从当前节点继续往下执行


//再次进入临界段
CPU_CRITICAL_ENTER();

//判断等待结果
switch (OSTCBCurPtr->PendStatus)
{
    //等待成功，接收到的消息首地址和消息长度均保存在任务的 TCB 中，而不是在内建消息队列中
    case OS_STATUS_PEND_OK:
        p_void      = OSTCBCurPtr->MsgPtr;                        //获取消息首地址
        *p_msg_size = OSTCBCurPtr->MsgSize;                       //获取消息长度
        if (p_ts != (CPU_TS *)0)                                  //使能时间戳
        {
            *p_ts = OSTCBCurPtr->TS;                              //输出时间戳
            OSTCBCurPtr->MsgQPendTime = OS_TS_GET() - OSTCBCurPtr->TS;  //计算消息传递所消耗的时间
            if(OSTCBCurPtr->MsgQPendTimeMax<OSTCBCurPtr->MsgQPendTime) //消息传递所消耗的时间超过
了历史最大值
            {
                OSTCBCurPtr->MsgQPendTimeMax = OSTCBCurPtr->MsgQPendTime; //记录该最大值
            }
        }
        *p_err = OS_ERR_NONE;
        break;

    case OS_STATUS_PEND_ABORT:    //从等待列表中移除
    case OS_STATUS_PEND_TIMEOUT:  //超时时间溢出
    default:                      //其他错误
}

//退出临界段
CPU_CRITICAL_EXIT();

//返回消息首地址
return (p_void);
}
```

13.4   OSTaskQPost 函数源码分析

OSTaskQPost 函数通过 OS_TaskQPost 函数向任务发送消息，OS_TaskQPost 函数的具体实现代码如程序清单 13-4 所示。如果目标任务正在等待内建信号量，那么 OSTaskQPost 函数将直接通过 OS_Post 函数唤醒目标任务，消息首地址、消息长度和时间戳均会保存到目标任务的 TCB 中。如果目标任务未在等待内建信号量，则 OSTaskQPost 函数会将消息保存到内建消息队列中。

注意，OS_Post 函数将直接把消息首地址、消息长度和时间戳保存到目标任务的 TCB 中，且不会校验内建消息队列的容量。因此，即使在创建任务时将内建消息队列的容量设为 0，

接收任务仍有可能接收到消息，但是在传输大量数据时可能丢失数据。

程序清单 13-4

```
void OS_TaskQPost(OS_TCB *p_tcb, void *p_void, OS_MSG_SIZE msg_size, OS_OPT opt, CPU_TS ts, OS_ERR
*p_err)
{
  CPU_SR_ALLOC(); //临界段所需的局部变量

  //假定没有出错
  *p_err = OS_ERR_NONE;

  //进入临界段
  OS_CRITICAL_ENTER();

  //任务向自身发送消息，那么令 p_tcb 指向当前任务
  if (p_tcb == (OS_TCB *)0) { p_tcb = OSTCBCurPtr;}

  //判断任务状态
  switch (p_tcb->TaskState)
  {

    //任务未处于阻塞等待状态，可以直接将消息保存到任务内建消息队列中
    case OS_TASK_STATE_RDY:
    case OS_TASK_STATE_DLY:
    case OS_TASK_STATE_SUSPENDED:
    case OS_TASK_STATE_DLY_SUSPENDED:
      OS_MsgQPut(&p_tcb->MsgQ, p_void, msg_size, opt, ts, p_err);
      OS_CRITICAL_EXIT();
      break;

    //任务正处于阻塞等待状态
    case OS_TASK_STATE_PEND:
    case OS_TASK_STATE_PEND_TIMEOUT:
    case OS_TASK_STATE_PEND_SUSPENDED:
    case OS_TASK_STATE_PEND_TIMEOUT_SUSPENDED:

      //任务正在等待内建消息队列，需要通过 OS_Post 函数将任务唤醒
      if (p_tcb->PendOn == OS_TASK_PEND_ON_TASK_Q)
      {
        //①为加快消息传递，将消息首地址、消息长度和时间戳直接保存到任务的 TCB 中，消息首地址和
消息长度均为 0
        //②将任务从等待列表中移除，并插入到就绪列表中
        //③如果设置了超时等待，还会将任务从延时列表中移除
        OS_Post((OS_PEND_OBJ *)0, p_tcb, p_void, msg_size, ts);

        //退出临界段
        OS_CRITICAL_EXIT_NO_SCHED();

        //发送任务未禁止触发任务调度
        if ((opt & OS_OPT_POST_NO_SCHED) == (OS_OPT)0u)
```

```
    {
        //触发任务调度，切换到优先级最高的就绪任务
        OSSched();

        //从其他任务切换回来，从当前节点继续往下执行
    }
    }

    //任务正在阻塞等待其他项目，并非内建消息队列，需将消息保存到内建消息队列中
    else
    {
        OS_MsgQPut(&p_tcb->MsgQ, p_void, msg_size, opt, ts, p_err); //保存消息
        OS_CRITICAL_EXIT();                                         //退出临界段
    }
    break;

//其他错误
default:
    OS_CRITICAL_EXIT();             //退出临界段
    *p_err = OS_ERR_STATE_INVALID; //设置错误码，目标任务的状态无效
    break;
    }
}
```

13.5　实例与代码解析

下面通过编写实例程序，创建两个任务。任务 1 通过内建消息队列向任务 2 发送数据，任务 2 接收到数据后通过串口进行打印。

13.5.1　复制并编译原始工程

首先，将"D:\GD32F3μCOSTest\Material\11.μCOSIII 内建消息队列"文件夹复制到"D:\GD32F3μCOSTest\Product"文件夹中。其次，双击运行"D:\GD32F3μCOSTest\Product\11.μCOSIII 内建消息队列\Project"文件夹中的 GD32KeilPrj.uvprojx，单击工具栏中的🔨按钮进行编译，当"Build Output"栏中出现"FromELF: creating hex file..."时表示已经成功生成.hex文件，出现"0 Error(s), 0Warning(s)"时表示编译成功。最后，将.axf 文件下载到微控制器的内部 Flash 中。下载成功后，若串口输出"Init System has been finished"，则表明原始工程正确，可以进行下一步操作。

13.5.2　编写测试程序

当 os_cfg.h 文件中的宏 OS_CFG_TASK_Q_EN 被设置为 1 时，表示使能内建消息队列组件，如程序清单 13-5 所示。

程序清单 13-5

```
#define OS_CFG_TASK_Q_EN    1u    /* Include code for OSTaskQXXXX()                    */
```

在 os_cfg_app.h 文件中，默认将消息池大小定义为 100，如程序清单 13-6 所示。用户可以根据需要调整消息池的大小。

程序清单 13-6

```
            /* --------------------- MISCELLANEOUS ------------------ */
#define  OS_CFG_MSG_POOL_SIZE        100u      /* Maximum number of messages        */
```

在 Main.c 文件的"内部函数实现"区，按照程序清单 13-7 修改 Task1 函数的代码。在任务 1 中，每隔 10ms 扫描一次 KEY_1 按键，检测到 KEY_1 按键按下后，通过 OSTaskQPost 函数将数据写入消息队列。

程序清单 13-7

```
1.   static  void Task1(void* pArg)
2.   {
3.     //需要发送的消息
4.     const char* s_pSendData = "Task1 message\r\n";
5.
6.     //循环变量
7.     int i;
8.
9.     //错误
10.    OS_ERR err;
11.
12.    //任务循环，每隔 10ms 扫描一次 KEY₁ 按键，若 KEY₁ 按键按下则向任务 2 发送一次消息
13.    while(1)
14.    {
15.      if(ScanKeyOne(KEY_NAME_KEY1, NULL, NULL))
16.      {
17.        //输出提示语句
18.        printf("Task1: 向任务 2 发送消息\r\n");
19.
20.        //统计字符串长度
21.        i = 0;
22.        while(0 != s_pSendData[i])
23.        {
24.          i++;
25.        }
26.
27.        //加上字符串结尾
28.        i++;
29.
30.        //发送字符串
31.        OSTaskQPost(&g_tcbTask2, (void*)s_pSendData, i, OS_OPT_POST_FIFO, &err);
32.      }
33.
34.      //延时 10ms
35.      OSTimeDlyHMSM(0, 0, 0, 10, OS_OPT_TIME_HMSM_STRICT, &err);
36.    }
37.  }
```

按照程序清单 13-8 修改 Task2 函数的代码。在任务 2 中，使用 OSTaskQPend 函数接收消息队列中的数据，并通过 printf 函数将数据打印出来。

程序清单 13-8

```
1.   static  void Task2(void* pArg)
2.   {
3.     void* pMag;
4.     char data;
5.     OS_MSG_SIZE size, i;
6.     OS_ERR err;
7.
8.     //任务循环
9.     while(1)
10.    {
11.      //打印消息队列中的数据
12.      pMag = OSTaskQPend(0, OS_OPT_PEND_BLOCKING, &size, NULL, &err);
13.      if(OS_ERR_NONE == err)
14.      {
15.        for(i = 0; i < size; i++)
16.        {
17.          data = *((char*)pMag + i);
18.          printf("%c", data);
19.        }
20.      }
21.    }
22.  }
```

在 StartTask 函数中，修改任务列表，将任务 2 的内建消息队列长度设为 100，如程序清单 13-9 的第 11 行代码所示。

程序清单 13-9

```
1.   void StartTask(void *pArg)
2.   {
3.     //任务信息结构体
4.     ...
5.
6.     //任务列表
7.     StructTaskInfo taskInfo[] =
8.     {
9.       {&g_tcbLEDTask, LEDTask, "LED task", 4, s_arrLEDStack  , sizeof(s_arrLEDStack) /
sizeof(CPU_STK)  , 0 },
10.      {&g_tcbTask1  , Task1  , "Task1"   , 5, s_arrTask1Stack, sizeof(s_arrTask1Stack) /
sizeof(CPU_STK), 0 },
11.      {&g_tcbTask2  , Task2  , "Task2"   , 6, s_arrTask2Stack, sizeof(s_arrTask2Stack) /
sizeof(CPU_STK), 100},
12.    };
13.
14.    //局部变量
15.    ...
16.  }
```

13.5.3　编译及下载验证

代码编写完成并编译通过后，下载程序并进行复位。下载成功后打开串口助手，按下 KEY$_1$

按键，任务 1 将向任务 2 发送消息，任务 2 则打印"Task1 message"，如图 13-2 所示。

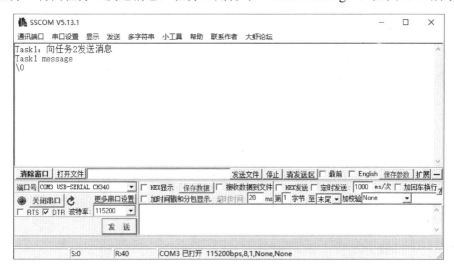

图 13-2　运行结果

本 章 任 务

在 UART0.c 中使用内建消息队列，将串口接收到的数据通过消息队列传递给任务 2。为防止数据覆盖丢失，可以设置双缓冲区，也可以使用传值的方式来应用内建消息队列，即消息首地址或消息长度就是数据本身

本 章 习 题

1．简述内建消息队列与消息队列的优缺点。

2．内建消息队列能否用于等待多个项目？

3．内建消息队列是否有等待列表？

4．内建消息队列长度为 0 时能否接收到数据？

5．内建消息队列的数据缓冲区来自哪里？

第 14 章　μC/OS-III 内建信号量

信号量广泛应用于事件同步和资源管理，为便于用户使用，μC/OS-III 中引入了内建信号量。这样，任务或中断可以直接向任务的 TCB 释放信号量，不仅加快了信号量的传输速度，还提高了内存利用率。

14.1　内建信号量简介

信号量在事件同步中应用非常广泛。在 μC/OS-III 中，每个任务都内嵌了一个小型信号量，即内建信号量，如图 14-1 所示。内建信号量的代码更为简洁，且效率更高。

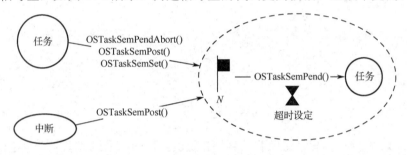

图 14-1　内建信号量

内建信号量的相关 API 函数在 os_task.c 文件中定义，这些函数以 OSTaskSem 为前缀。与其他内核组件不同，内建信号量不能被禁用，因为内核中的部分服务依赖于内建信号量完成工作，如系统节拍任务等。

内建信号量只能被其所属的任务阻塞等待。释放内建信号量时，可以指定接收任务。

14.2　内建信号量相关 API 函数

1. OSTaskSemPend 函数

OSTaskSemPend 函数用于获取任务内建信号量，只能在任务中使用，具体描述如表 14-1 所示。

表 14-1　OSTaskSemPend 函数描述

函数名	OSTaskSemPend
函数原型	OS_SEM_CTR OSTaskSemPend(OS_TICK　　　　timeout, 　　　　　　　　　　　　　　OS_OPT　　　　　opt, 　　　　　　　　　　　　　　CPU_TS　　　　　*p_ts, 　　　　　　　　　　　　　　OS_ERR　　　　　*p_err)
功能描述	获取任务内建信号量
所在位置	os_task.c
调用位置	任务中
使能配置	N/A
输入参数 1	timeout：超时时间，以时间片为单位，若为 0 则表示任务将一直等待消息

续表

输入参数 2	opt：选项。 OS_OPT_PEND_BLOCKING：启用阻塞； OS_OPT_PEND_NON_BLOCKING：禁用阻塞。 注意，启用 OS_OPT_PEND_NON_BLOCKING 时 timeout 应为 0
输入参数 3	p_ts：时间戳
输入参数 4	p_err：错误码。 OS_ERR_NONE：成功； OS_ERR_PEND_ABORT：任务从等待列表中移除； OS_ERR_PEND_ISR：在中断中调用此函数； OS_ERR_PEND_WOULD_BLOCK：选用 OS_OPT_PEND_NON_BLOCKING 但获取信号量失败； OS_ERR_PEND_SCHED_LOCKED：调度器已锁定； OS_ERR_STATUS_INVALID：状态无效； OS_ERR_TIMEOUT：超时
返回值	递减后的信号量计数值

OSTaskSemPend 函数的使用方法与 OSSemPend 函数类似，但无须传入内建消息队列的首地址，如程序清单 14-1 所示。

程序清单 14-1

```
#include "includes.h"

void UserTask(void *pArg)
{
  OS_ERR err;

  //任务循环
  while(1)
  {
    //获取信号量
    OSTaskSemPend(0, OS_OPT_PEND_BLOCKING, NULL, &err);
    if(OS_ERR_NONE != err)
    {
      printf("Fail to take semaphore (%d) \r\n");
    }
    else
    {
      //事件处理
      ...
    }
  }
}
```

2. OSTaskSemPendAbort 函数

OSTaskSemPendAbort 函数用于移除内建信号量等待列表中的任务，并向目标任务发送一个错误码，具体描述如表 14-2 所示。

表 14-2　OSTaskSemPendAbort 函数描述

函数名	OSTaskSemPendAbort
函数原型	CPU_BOOLEAN OSTaskSemPendAbort(OS_TCB　　　　*p_tcb, 　　　　　　　　　　　　　　　　　OS_OPT　　　opt, 　　　　　　　　　　　　　　　　　OS_ERR　　　*p_err)
功能描述	移除内建信号量等待列表中的任务
所在位置	os_task.c
调用位置	任务中
使能配置	OS_CFG_TASK_SEM_PEND_ABORT_EN
输入参数 1	p_tcb：任务控制块指针
输入参数 2	opt：选项。 OS_OPT_POST_NONE：无； OS_OPT_POST_NO_SCHED：不触发任务调度
输入参数 3	p_err：错误码。 OS_ERR_NONE：成功； OS_ERR_PEND_ABORT_ISR：在中断中调用此函数； OS_ERR_PEND_ABORT_NONE：等待列表为空； OS_ERR_PEND_ABORT_SELF：p_tcb 参数为 NULL，将当前任务从内建信号量的等待列表中移除无意义
返回值	成功：DEF_TRUE； 失败：DEF_FALSE

3. OSTaskSemPost 函数

OSTaskSemPost 函数用于释放内建信号量，可在任务中或中断中使用，具体描述如表 14-3 所示。

表 14-3　OSTaskSemPost 函数描述

函数名	OSTaskSemPost
函数原型	OS_SEM_CTR OSTaskSemPost(OS_TCB　　　　*p_tcb, 　　　　　　　　　　　　　　OS_OPT　　　opt, 　　　　　　　　　　　　　　OS_ERR　　　*p_err)
功能描述	释放内建信号量
所在位置	os_task.c
调用位置	任务中或中断中
使能配置	N/A
输入参数 1	p_tcb：任务控制块指针，NULL 表示任务要给自身发送信号量
输入参数 2	opt：选项。 OS_OPT_POST_NONE：无意义； OS_OPT_POST_NO_SCHED：不触发任务调度
输入参数 3	p_err：错误码。 OS_ERR_NONE：成功； OS_ERR_SEM_OVF：信号量计数器溢出
返回值	内建信号量计数值

OSTaskSemPost 函数的使用方法与 OSSemPost 函数类似，均可在任务中或中断中使用，

在中断中使用的示例如程序清单 14-2 所示。若在任务中使用则无须调用 OSIntEnter 和 OSIntExit
函数告知 μC/OS-III 内核进入/退出中断。

程序清单 14-2

```
#include "includes.h"

//中断服务函数
void xxx_IRQHandler(void)
{
  extern OS_TCB g_tcbTask1;
  OS_ERR err;

  //进入中断
  OSIntEnter();

  //释放信号量
  OSTaskSemPost(&g_tcbTask1, OS_OPT_POST_NONE, &err);
  if(OS_ERR_NONE != err)
  {
    printf("Fail to give semaphore (%d)\r\n", err);
  }

  //退出中断
  OSIntExit();
}
```

4. OSTaskSemSet 函数

OSTaskSemSet 函数用于设置内建信号量计数值，具体描述如表 14-4 所示。

表 14-4　OSTaskSemSet 函数描述

函数名	OSTaskSemSet
函数原型	OS_SEM_CTR OSTaskSemSet(OS_TCB　　*p_tcb, 　　　　　　　　　　　　OS_SEM_CTR　cnt, 　　　　　　　　　　　　OS_ERR　　　*p_err)
功能描述	设置内建信号量计数值
所在位置	os_task.c
调用位置	任务中或中断中
使能配置	N/A
输入参数 1	p_tcb：任务控制块指针，NULL 表示任务要设置自身内建信号量计数值
输入参数 2	cnt：信号量计数值
输入参数 3	p_err：错误码。 OS_ERR_NONE：成功； OS_ERR_SET_ISR：在中断中调用此函数
返回值	内建信号量计数值

14.3　OSTaskSemPend 函数源码分析

OSTaskSemPend 函数在 os_task.c 文件中定义，部分关键代码如程序清单 14-3 所示。由于内建信号量只能由任务自身控制等待，所以不需要等待列表，当任务阻塞等待内建信号量时，就省去了等待列表相关操作。

程序清单 14-3

```
OS_SEM_CTR OSTaskSemPend(OS_TICK timeout, OS_OPT opt, CPU_TS *p_ts, OS_ERR *p_err)
{
  //局部变量
  OS_SEM_CTR ctr; //内建信号量计数结果
  CPU_SR_ALLOC(); //临界段所需的局部变量

  //初始化时间戳
  if (p_ts != (CPU_TS *)0) { *p_ts = (CPU_TS )0; }

  //进入临界段
  CPU_CRITICAL_ENTER();

  //内建信号量计数值非零，表明事件已经发生
  if (OSTCBCurPtr->SemCtr > (OS_SEM_CTR)0)
  {
    OSTCBCurPtr->SemCtr--;                            //内建信号量计数值减 1
    ctr = OSTCBCurPtr->SemCtr;                        //获取最新的内建信号量计数值
    if(p_ts!=(CPU_TS*)0) {*p_ts=OSTCBCurPtr->TS;}    //输出时间戳
    CPU_CRITICAL_EXIT();                             //退出临界段
    *p_err = OS_ERR_NONE;                            //设置错误码，成功获取内建信号量
    return (ctr);                                   //返回内建信号量计数值
  }

  //获取内建信号量失败，但未使能阻塞等待
  if ((opt & OS_OPT_PEND_NON_BLOCKING) != (OS_OPT)0)
  {
    CPU_CRITICAL_EXIT();               //退出临界段
    *p_err = OS_ERR_PEND_WOULD_BLOCK; //设置错误码，获取内建信号量失败
    return ((OS_SEM_CTR)0);           //返回 0
  }

  //获取内建信号量失败，并且使能了阻塞等待，需要校验调度器是否处于锁定状态
  else
  {
    //调度器已锁定，任务无法阻塞等待
    if (OSSchedLockNestingCtr > (OS_NESTING_CTR)0)
    {
      CPU_CRITICAL_EXIT();               //退出临界段
      *p_err = OS_ERR_SCHED_LOCKED; //设置错误码，提示任务调度器已锁定
      return ((OS_SEM_CTR)0);           //返回 0
    }
  }

  //使能中断，关闭调度器
  OS_CRITICAL_ENTER_CPU_EXIT();

  //①任务的 TCB 中标记正在等待内建信号量
```

```
//②任务的 TCB 中标记阻塞态（PendStatus）为 OS_STATUS_PEND_OK
//③将任务从就绪列表中移除，如果设置了超时等待，则任务还会被添加到就绪列表中
//④内建信号量无等待列表，因此没有等待列表插入操作
OS_Pend((OS_PEND_DATA  *)0,    (OS_PEND_OBJ    *)0,    (OS_STATE)OS_TASK_PEND_ON_TASK_SEM,
(OS_TICK)timeout);

//退出临界段
OS_CRITICAL_EXIT_NO_SCHED();

//触发任务调度，切换到优先级最高的就绪任务，当前任务被从就绪列表中移除，因此不再处于就绪态
OSSched();

//从其他任务切换回来，从当前节点继续往下执行

//再次进入临界段
CPU_CRITICAL_ENTER();

//校验等待结果
switch (OSTCBCurPtr->PendStatus)
{
  //等待成功
  case OS_STATUS_PEND_OK:
    if (p_ts != (CPU_TS *)0) {*p_ts =  OSTCBCurPtr->TS;} //输出时间戳
    *p_err = OS_ERR_NONE;                                //设置错误码，获取成功
    break;

  case OS_STATUS_PEND_ABORT:    //从等待列表中移除
  case OS_STATUS_PEND_TIMEOUT: //超时
  default:                     //其他错误
}

//获取最新的内建信号量计数值
ctr = OSTCBCurPtr->SemCtr;

//退出临界段
CPU_CRITICAL_EXIT();

//返回内建信号量计数值
return (ctr);
}
```

14.4　OSTaskSemPost 函数源码分析

　　OSTaskSemPost 函数通过 OS_TaskSemPost 函数向目标任务释放内建信号量,部分关键代码如程序清单 14-4 所示。

　　若目标任务并非正在阻塞等待内建信号量,OS_TaskSemPost 函数会将内建信号量计数值加 1,并判断内建信号量计数值是否会溢出,如果加 1 后产生溢出,则内建信号量将保持最大值。

　　若目标任务设置了阻塞等待内建信号量,为了加快内建信号量的传递,OS_TaskSemPost 函数不会使目标任务的内建信号量计数值加 1,而是通过 OS_Post 函数向目标任务发送一条

空通知。OS_Post 函数会将目标任务添加到就绪列表中，若目标任务设置了超时等待，OS_Post 函数还会将目标任务从延时列表中移除。由于内建信号量没有等待列表，OS_Post 函数无须执行等待列表相关操作。向目标任务发送通知后，OS_TaskSemPost 函数立即触发任务调度，将 CPU 使用权移交给优先级最高的就绪任务，如果目标任务的优先级比当前任务的优先级高，那么目标任务将会被唤醒并处理该任务。

综上所述，内建信号量比 μC/OS-III 提供的计数信号量更加简单且高效。内建信号量存在于任务的 TCB 中，因此任务自带内建信号量，用户无须创建即可使用，适用于简单的应用场景。μC/OS-III 提供的计数信号量支持多任务同时等待，同时也支持同时等待多个信号量，功能上更加丰富，适用于复杂的应用场景。

程序清单 14-4

```c
OS_SEM_CTR OS_TaskSemPost(OS_TCB *p_tcb, OS_OPT opt, CPU_TS ts, OS_ERR *p_err)
{
  //局部变量
  OS_SEM_CTR  ctr; //内建信号量计数结果
  CPU_SR_ALLOC();  //临界段所需的局部变量

  //进入临界段
  OS_CRITICAL_ENTER();

  //当任务向自身释放内建信号量时，p_tcb 指向当前任务
  if(p_tcb == (OS_TCB *)0) {p_tcb = OSTCBCurPtr;}

  //记录时间戳
  p_tcb->TS = ts;

  //假定成功释放了内建信号量
  *p_err = OS_ERR_NONE;
  switch (p_tcb->TaskState)
  {
    //任务未处于阻塞等待状态，此时需要将内建信号量计数值加1
    case OS_TASK_STATE_RDY:
    case OS_TASK_STATE_DLY:
    case OS_TASK_STATE_SUSPENDED:
    case OS_TASK_STATE_DLY_SUSPENDED:

      //校验是否计数到了最大值
      switch (sizeof(OS_SEM_CTR))
      {
        case 1u:
          if(p_tcb->SemCtr == DEF_INT_08U_MAX_VAL)
          {
            OS_CRITICAL_EXIT();*p_err = OS_ERR_SEM_OVF;return ((OS_SEM_CTR)0);
          }
          break;

        case 2u:
          if (p_tcb->SemCtr == DEF_INT_16U_MAX_VAL)
          {
```

```
        OS_CRITICAL_EXIT();*p_err = OS_ERR_SEM_OVF;return ((OS_SEM_CTR)0);
       }
       break;

     case 4u:
       if (p_tcb->SemCtr == DEF_INT_32U_MAX_VAL)
       {
           OS_CRITICAL_EXIT();*p_err = OS_ERR_SEM_OVF;return ((OS_SEM_CTR)0);
       }
       break;

     default:
         break;
    }
    p_tcb->SemCtr++;          //内建信号量计数值加 1
    ctr = p_tcb->SemCtr;    //获取最新的内建信号量计数值
    OS_CRITICAL_EXIT();    //退出临界段
    break;

//任务处于阻塞等待状态, 还需判断是否正在等待内建信号量
case OS_TASK_STATE_PEND:
case OS_TASK_STATE_PEND_TIMEOUT:
case OS_TASK_STATE_PEND_SUSPENDED:
case OS_TASK_STATE_PEND_TIMEOUT_SUSPENDED:

    //任务正在等待内建信号量
    if (p_tcb->PendOn == OS_TASK_PEND_ON_TASK_SEM)
    {

        //①为加快消息传递, 将消息首地址、消息长度和时间戳直接保存到任务的 TCB 中, 消息首地址和
消息长度均为 0
        //②将任务从等待列表中删除, 并插入到就绪列表中
        //③如果设置了超时等待, 则会将任务从延时列表中移除
        OS_Post((OS_PEND_OBJ*)0,(OS_TCB*)p_tcb, (void*)0,(OS_MSG_SIZE)0u,(CPU_TS)ts);

        //获取当前计数值
        ctr = p_tcb->SemCtr;

        //退出临界段
        OS_CRITICAL_EXIT_NO_SCHED();

        //发送任务未禁止触发任务调度
        if ((opt & OS_OPT_POST_NO_SCHED) == (OS_OPT)0)
        {
          //触发任务调度, 切换到优先级最高的就绪任务
          OSSched();

          //从其他任务切换回来, 从当前节点继续往下执行

        }
    }

//任务正在阻塞, 等待其他项目, 并未设置内建信号量, 需将内建信号量计数值加 1
```

```
        else
        {
          //与上述内建信号量计数值加1的步骤相同
        }
        break;

      //其他错误
      default:
        OS_CRITICAL_EXIT();              //退出临界段
        *p_err = OS_ERR_STATE_INVALID;   //设置错误码，目标任务的状态无效
        ctr = (OS_SEM_CTR)0;             //计数结果设为0
        break;
  }

  //返回内建信号量计数值
  return (ctr);
}
```

14.5　实例与代码解析

下面通过编写实例程序，创建两个任务。任务 1 用于进行按键扫描，检测到按键按下后释放内建信号量，任务 2 获取内建信号量后进行按键按下处理。

14.5.1　复制并编译原始工程

首先，将"D:\GD32F3μCOSTest\Material\12.μCOSIII 内建信号量"文件夹复制到"D:\GD32F3μCOSTest\Product"文件夹中。其次，双击运行"D:\GD32F3μCOSTest\Product\12.μCOSIII 内建信号量\Project"文件夹中的 GD32KeilPrj.uvprojx，单击工具栏中的▦按钮进行编译。当"Build Output"栏中出现"FromELF：creating hex file..."时，表示已经成功生成.hex 文件；出现"0 Error(s), 0Warning(s)"时，表示编译成功。最后，将.axf 文件下载到微控制器的内部 Flash 中。下载成功后，若串口输出"Init System has been finished"，则表明原始工程正确，可以进行下一步操作。

14.5.2　编写测试程序

在 Main.c 文件的"内部函数实现"区，按照程序清单 14-5 修改 Task1 函数的代码。在任务 1 中，每隔 10ms 扫描一次 KEY$_1$ 按键，检测到 KEY$_1$ 按键按下后释放信号量，再交由任务 2 处理。

程序清单 14-5

```
1.    static  void Task1(void* pArg)
2.    {
3.      //错误
4.      OS_ERR err;
5.
6.      //任务循环，每隔10ms扫描一次KEY₁按键，若KEY₁按键按下则释放信号量，交由任务2处理
7.      while(1)
8.      {
9.        if(ScanKeyOne(KEY_NAME_KEY1, NULL, NULL))
```

```
10.      {
11.          OSTaskSemPost(&g_tcbTask2, OS_OPT_POST_NONE, &err);
12.      }
13.      OSTimeDlyHMSM(0, 0, 0, 10, OS_OPT_TIME_HMSM_STRICT, &err);
14.   }
15. }
```

按照程序清单 14-6 修改 Task2 函数的代码。在任务 2 中，通过 OSTaskSemPend 函数获取信号量并进入阻塞态。任务 1 释放信号量后，任务 2 将从阻塞态被唤醒，并打印"KEY1 Press"，模拟按键按下处理程序。

程序清单 14-6

```
1.  static   void Task2(void* pArg)
2.  {
3.    //错误
4.    OS_ERR err;
5.
6.    //任务循环
7.    while(1)
8.    {
9.      OSTaskSemPend(0, OS_OPT_PEND_BLOCKING, NULL, &err);
10.     printf("KEY1 Press\r\n");
11.   }
12. }
```

14.5.3　编译及下载验证

代码编写完成并编译通过后，下载程序并进行复位。下载成功后，打开串口助手，按下 KEY₁ 按键，任务 1 将释放信号量，任务 2 获取到信号量后被唤醒执行，打印"KEY1 Press"，如图 14-2 所示。

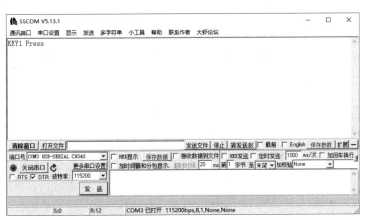

图 14-2　运行结果

本 章 任 务

进行中断延迟测试。删除本章例程中的 Task1 函数，使用外部中断检测 KEY₁ 按键，KEY₁ 按键按下后在中断服务函数中释放信号量，然后交由 Task2 处理。

本 章 习 题

1. 简述内建信号量与信号量各自的优缺点。
2. 内建信号量能否用于等待多个项目？
3. 内建信号量是否有等待列表？
4. 内建信号量的计数范围是什么？
5. 列举内建信号量的应用场景。

第15章　µC/OS-III 软件定时器

定时器是微控制器中非常重要的外设，GD32 微控制器的定时器功能强大，除了定时功能，还提供了输入捕获、PWM、死区和刹车等功能。但微控制器的定时器属于硬件资源，数量有限。本章将介绍 µC/OS-III 提供的软件定时器，并通过软件定时器执行周期任务。

15.1　软件定时器及其模式

15.1.1　软件定时器

µC/OS-III 内核在 os_tmr.c 文件中提供了软件定时器服务，软件定时器适用于对定时精度要求不高的场合。要使用软件定时器服务，需要在 os_cfg.h 文件中将宏 OS_CFG_TMR_EN 设置为 1。用户可以定义无限多个软件定时器，数量仅受限于 RAM 的容量。µC/OS-III 提供的软件定时器为递减定时器，计数值递减到 0 后将执行用户提供的回调函数。

将 OS_CFG_TMR_EN 宏设置为 1 后，系统启动时将自动创建定时器任务（OS_TmrTask），用于提供定时器服务。定时器任务负责所有软件定时器的计时、相应回调函数的调用，因此回调函数实际上在定时器任务线程中执行，不能在定时器回调函数中使用任何可能导致阻塞的 API 函数，如 OSTimeDly、OSTimeDlyHMSM 等，也不能进行任何可能导致定时器任务阻塞、删除的操作。

前面介绍了任务是基于时间片运行的，µC/OS-III 软件定时器的计时同样基于时间片，但软件定时器的时间片通过 os_cfg_app.h 文件中的宏 OS_CFG_TMR_TASK_RATE_HZ 确定，单位为 Hz。即：若该宏为 10，则软件定时器的精度为 10Hz，计数值将每隔 100ms 递减一次。软件定时器精度的典型值为 10Hz，精度过高会增加系统负担，影响系统的实时性。

os_cfg_app.h 文件中的宏 OS_CFG_TMR_TASK_PRIO 和 OS_CFG_TMR_TASK_STK_SIZE 分别用于配置定时器任务的优先级和任务栈区的大小。

15.1.2　单次模式

软件定时器可以配置为单次模式，此时其将从初始值开始递减计数，递减到零时执行回调函数，最后停止运行，如图 15-1 所示。创建软件定时器后，需要调用 OSTmrStart 函数才能开始递减计数。软件定时器通过 OSTmrStop 函数可以终止计时。

软件定时器在单次模式下运行时，若在计数值递减到 0 之前调用 OSTmrStart 函数，则其将重新从初始值开始递减计数，如图 15-2 所示。因此，通过软件定时器可实现类似于看门狗定时器的功能。

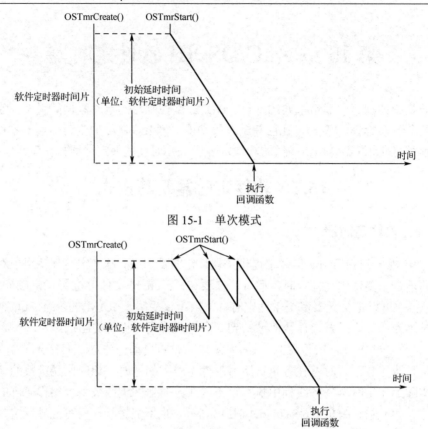

图 15-1 单次模式

图 15-2 单次模式下重置软件定时器

15.1.3 周期模式

软件定时器也可以配置为周期模式，此时计数值递减到 0 后执行回调函数，并自动开启新一轮计数（重装载）。在周期模式下，软件定时器可以通过设置初始延时时间来控制第一次调用回调函数的时间。

1. 无初始延时

如图 15-3 所示，若初始化软件定时器时将初始延时时间设置为零，则在调用 OSTmrStart 函数时，软件定时器将立即进入周期模式。此外，可在任意时间点调用 OSTmrStart 函数重启计时。

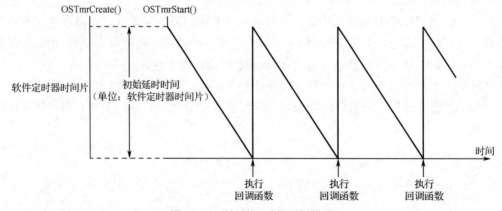

图 15-3 无初始延时的周期模式

2．带初始延时

如图 15-4 所示，若初始化软件定时器时设置初始延时时间不为零，则系统将在初始延时结束后，调用一次回调函数并正式进入周期模式。此外，可在任意时间点调用 OSTmrStart 函数重启计时，但在重启计时后，软件定时器仍将先进行初始延时，然后进入周期模式。

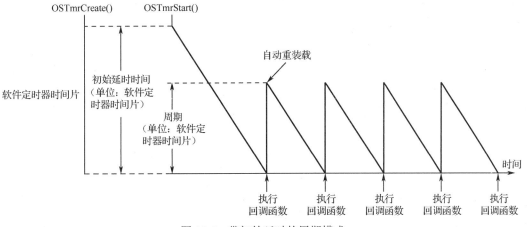

图 15-4　带初始延时的周期模式

15.2　软件定时器状态

软件定时器状态转换如图 15-5 所示。通过 OSTmrStateGet 函数可以获取软件定时器当前状态。

通过 OSTmrRemainGet 函数可以获取软件定时器的剩余定时时间。假设软件定时器的精度为 10Hz，若 OSTmrRemainGet 函数返回值为 50，则软件定时器的剩余定时时间为 5s。若调用 OSTmrRemainGet 函数时软件定时器处于停止状态，则根据软件定时器的模式分为两种情况：在单次模式或带初始延时的周期模式下函数将返回初始延时值；而在无初始延时的周期模式下函数将返回周期值。

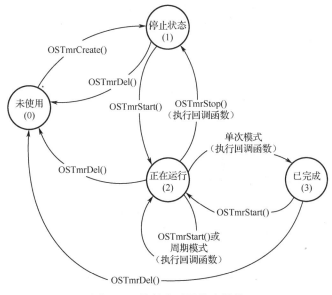

图 15-5　软件定时器状态转换

在图 15-5 中，4 个状态的具体描述如下。

（0）未使用（Unused）：软件定时器尚未被创建或已被删除。

（1）停止状态（Stopped）：软件定时器刚被创建或用户执行了 OSTmrStop 函数。

（2）正在运行（Running）：软件定时器正在计时。

（3）已完成（Completed）：工作在单次模式下的软件定时器计时完成。

15.3　软件定时器控制块

软件定时器属于系统内核项目之一，与任务控制块（OS_TCB）类似，软件定时器的控制块为 OS_TMR，如程序清单 15-1 所示。μC/OS-III 的软件定时器服务在 os_tmr.c 文件中实现，在使用该服务之前需要先将其使能，即将 os_cfg.h 文件中的宏 OS_CFG_TMR_EN 设置为 1。

程序清单 15-1

```
struct  os_tmr {
    OS_OBJ_TYPE          Type;            /* Object type                               */
    CPU_CHAR             *NamePtr;        /* Name to give the timer                    */
    OS_TMR_CALLBACK_PTR  CallbackPtr;     /* Function to call when timer expires        */
    void                 *CallbackPtrArg; /* Argument to pass to function when timer expires */
    OS_TMR               *NextPtr;        /* Double link list pointers                 */
    OS_TMR               *PrevPtr;
    OS_TICK              Remain;          /* Amount of time remaining before timer expires */
    OS_TICK              Dly;             /* Delay before start of repeat              */
    OS_TICK              Period;          /* Period to repeat timer                     */
    OS_OPT               Opt;             /* Options (see OS_OPT_TMR_xxx)               */
    OS_STATE             State;           /* Timer state                               */
};
typedef  struct  os_tmr  OS_TMR;
```

下面依次介绍 OS_TMR 中的成员变量。

（1）Type：与消息队列、信号量、互斥量等系统内核项目类似，软件定时器控制块中第一个成员变量为项目类型，μC/OS-III 内核通过 Type 判断该项目是否为软件定时器。

（2）NamePtr：定时器名，用于调试。

（3）CallbackPtr：回调函数入口地址，若创建软件定时器时将回调函数设为 NULL，则在计时结束后，软件定时器将不会执行回调函数。

（4）CallbackPtrArg：回调函数参数。

（5）NextPtr 和 PrevPtr：这两个成员变量用于将多个软件定时器链接为一个双向链表。

（6）Remain：软件定时器剩余计时时间。

（7）Dly：软件定时器初始延时时间。

（8）Period：软件定时器周期。

（9）Opt：选项，用于指定软件定时器是在单次模式还是周期模式下工作的。

（10）State：软件定时器状态。

注意，必须通过 μC/OS-III 提供的 API 函数才能对软件定时器进行修改，不能直接修改 OS_TMR 中的成员变量。

15.4　定时器任务

若将 os_cfg.h 文件中的宏 OS_CFG_TMR_EN 设置为 1，则 μC/OS-III 内核将自动创建定时器任务（OS_TmrTask）。此外，可以通过 os_cfg_app.h 文件中的 OS_CFG_TMR_TASK_PRIO 宏修改定时器任务的优先级，定时器任务通常被设为中等优先级。

定时器任务是一个周期任务，与系统时钟共用一个时钟源，专用于驱动系统中的软件定时器，并为软件定时器提供时钟源。os_cfg_app.h 文件中的 OS_CFG_TMR_TASK_RATE_HZ 宏规定了定时器任务周期。

系统时钟定时器中断通过任务内建信号量触发定时器任务运行。假设将系统时钟配置为 1000Hz，定时器任务周期配置为 100ms（10Hz），则每进行 100 次定时器中断就会触发一次定时器任务，如图 15-6 所示。

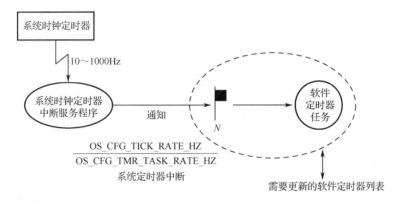

图 15-6　定时器中断与定时器任务

定时器中断与定时器任务之间通信的时序图如图 15-7 所示。

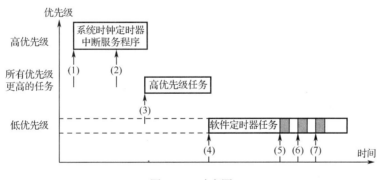

图 15-7　时序图

下面按照时间顺序介绍图 15-7。

（1）系统时钟定时器产生中断，应用开始执行对应的中断服务程序。

（2）中断服务程序通知定时器任务，使其更新软件定时器的时间。

（3）中断服务程序退出，由于存在处于就绪态的其他优先级更高的任务，定时器任务延时执行。

（4）定时器任务开始执行，假设有三个软件定时器即将计时结束。

（5）执行第一个软件定时器的回调函数。

（6）执行第二个软件定时器的回调函数。

（7）执行第三个软件定时器的回调函数。

其中，需要注意以下方面。

（1）软件定时器的回调函数在定时器任务中调用，若定时器任务的栈区容量过小，可能导致栈区溢出。该栈区的容量可通过 os_cfg_app.h 文件中的宏 OS_CFG_TMR_TASK_STK_SIZE 配置。此外，回调函数中应尽量使用静态变量，避免使用过多的局部变量。

（2）定时器回调函数的执行顺序取决于软件定时器在定时器列表中的位置。

（3）定时器任务的处理时间取决于系统中计时结束的定时器数量及处理回调函数所消耗的时间。

（4）回调函数中不能执行任何可能导致阻塞的操作，如调用 OSTimeDly 函数等。在回调函数中阻塞即为定时器任务阻塞，这将影响软件定时器服务的正常运行。

（5）在 V3.04.04 版本的 μC/OS-III 中，系统在执行回调函数前会关闭调度器，因此回调函数要求程序快进快出，与中断服务程序类似。

15.5　软件定时器列表

为便于管理，μC/OS-III 的所有软件定时器链接为双向链表，形成软件定时器列表。该列表与延时列表类似，均采用增量列表的形式。如图 15-8 所示为一个空的软件定时器列表，其中 OSTmrListEntries 用于记录定时器列表中的节点数量，即表示当前列表中软件定时器的数量；OSTmrListPtr 为双向链表表头，定时器任务通过 OSTmrListPtr 遍历所有正在运行的软件定时器；OSTmrTickCtr 用于记录定时器任务已执行的次数。

当任务调用 OSTmrStart 函数启动第一个软件定时器后，会将其插入到软件定时器列表中。假设该软件定时器采用单次模式，且初始延时值为 1，则此时的软件定时器列表如图 15-9 所示。

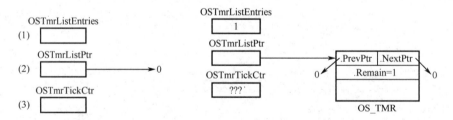

图 15-8　空的软件定时器列表　　图 15-9　插入第一个软件定时器的软件定时器列表

若再次创建并启动一个软件定时器，且该软件定时器同样工作在单次模式下，但初始延时值为 10，则插入第二个软件定时器后的软件定时器列表如图 15-10 所示，可见第二个软件定时器的 Remain 值为 9，而非 10。定时器任务每次执行时，仅会更新表头定时器的计数值，而不会遍历整个软件定时器列表。第一个软件定时器计时结束后，将被从列表中移除，而由于已经经过了 1 个时间单位，因此第二个软件定时器只需再计数 9 次即可，增量列表的该特性极大降低了定时器任务的负担。

调用 OSTmrStop 函数、OSTmrDel 函数，或者软件定时器在单次模式下计时结束，都将导致软件定时器被从列表中移除。

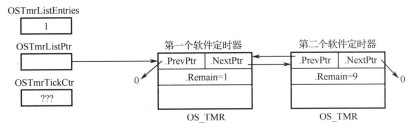

图 15-10 插入第二个软件定时器的软件定时器列表

15.6 软件定时器相关 API 函数

1. OSTmrCreate 函数

OSTmrCreate 函数用于创建软件定时器，具体描述如表 15-1 所示。软件定时器可以设置为单次模式或周期模式。软件定时器的计数值以固定的频率递减，递减到 0 时，将执行回调函数。回调函数可用于实现用户自定义代码。与中断服务函数类似，软件定时器的回调函数要求快进快出。

软件定时器被创建后处于暂停状态，用户需要调用 OSTmrStart 函数来启动软件定时器。若软件定时器工作在单次模式下，在计时结束后，用户可以通过 OSTmrStart 函数再次启动软件定时器，也可以通过 OSTmrDel 函数将其删除，甚至可以在回调函数中将其删除。

表 15-1 OSTmrCreate 函数描述

函数名	OSTmrCreate
函数原型	void OSTmrCreate(OS_TMR *p_tmr, CPU_CHAR *p_name, OS_TICK dly, OS_TICK period, OS_OPT opt, OS_TMR_CALLBACK_PTR p_callback, void *p_callback_arg, OS_ERR *p_err)
功能描述	创建软件定时器
所在位置	os_tmr.c
调用位置	任务中
使能配置	OS_CFG_TMR_EN
输入参数 1	p_tmr：软件定时器指针，指向软件定时器控制块（OS_TMR）。μC/OS-III 中软件定时器控制块并不会动态创建，用户需要手动定义一个 OS_TMR 类型的变量，由编译器静态分配内存。用户也可以通过 malloc 函数动态分配内存。为了便于不同文件间访问，通常将软件定时器控制块设为全局变量
输入参数 2	p_name：软件定时器名，用于调试。注意，μC/OS-III 只会保存字符串首地址，因此软件定时器名最好为字符串常量
输入参数 3	dly：初始化延时时间，以软件定时器时间片（非系统时间片）为单位。在单次模式下，dly 即为超时溢出时间。在周期模式下，dly 表明软件定时器创建后要经过多少个时间片才开始工作。软件定时器的时间片大小取决于系统调用 OSTmrSignal 函数的频率（见 OSTimeTick 函数），可以通过宏 OS_CFG_TMR_TASK_RATE_HZ 配置。该宏为 10 表明 OSTmrSignal 函数每 10ms 被调用一次，对应的软件定时器时间片为 100ms
输入参数 4	period：周期，以软件定时器时间片为单位，用于周期模式。当软件定时器工作在单次模式下时，该参数可以设置为 0

续表

输入参数 5	opt：选项。 OS_OPT_TMR_ONE_SHOT：单次模式； OS_OPT_TMR_PERIODIC：周期模式
输入参数 6	p_callback：软件定时器回调函数，该参数为函数指针，其类型为"void MyCallback(OS_TMR *p_tmr, void* p_arg)"。在回调函数中，用户可以使用所有与软件定时器相关的函数，如 OSTmrCreate、OSTmrDel、OSTmrStateGet、OSTmrRemainGet、OSTmrStart、OSTmrStop 等函数。 注意，回调函数中不能使用任何可能导致阻塞的函数，如 OSTimeDly、OSQPend 等函数
输入参数 7	p_callback_arg：软件定时器回调函数，与任务参数类似
输入参数 8	p_err：错误码。 OS_ERR_NONE：成功； OS_ERR_ILLEGAL_CREATE_RUN_TIME：如果定义了 OS_SAFETY_CRITICAL_IEC61508 宏，则调用 OSSafetyCriticalStart 函数后不再允许创建任何内核项目，如软件定时器、信号量、消息队列等； OS_ERR_OBJ_CREATED：该软件定时器已被创建； OS_ERR_OBJ_PTR_NULL：p_tmr 为 NULL； OS_ERR_OPT_INVALID：opt 无效； OS_ERR_TMR_INVALID_DLY：单次模式下 dly 为 0； OS_ERR_TMR_INVALID_PERIOD：无效周期； OS_ERR_TMR_ISR：在中断中调用此函数
返回值	内建信号量计数值

　　OSTmrCreate 函数的使用示例如程序清单 15-2 所示。在创建软件定时器之前，首先要为软件定时器控制块分配内存空间，可以静态创建，即定义一个 OS_TMR 类型的静态变量，也可以从系统堆区中动态创建，但在软件定时器使用期间禁止释放软件定时器控制块内存。为便于其他文件访问软件定时器，通常将软件定时器控制块定义为全局变量。

　　通常在 main 函数（启动代码）中创建软件定时器，也可以在开始任务中创建，但要确保先创建后使用。

　　软件定时器被创建后处于停止状态，需要调用 OSTmrStart 函数才能开始运行。

程序清单 15-2

```c
#include "includes.h"

//软件定时器
OS_TMR g_tmrTimer;

//软件定时器回调函数
void TimerCallback(void* pTmr, void* pArg)
{
  //回调处理
  ...
}

//开始任务
void StartTask(void *pArg)
{
  OS_ERR err;

  //创建软件定时器
```

```
OSTmrCreate(&g_tmrTimer, "timer", 0, 500, OS_OPT_TMR_PERIODIC, TimerCallback, NULL, &err);
if(OS_ERR_NONE != NULL)
{
  printf("Fail to create timer (%d)\r\n", err);
  while(1){}
}

//任务循环
while(1)
{

}
}
```

2. OSTmrDel 函数

OSTmrDel 函数用于删除软件定时器，具体描述如表 15-2 所示。

表 15-2　OSTmrDel 函数描述

函数名	OSTmrDel
函数原型	CPU_BOOLEAN OSTmrDel(OS_TMR 　　　*p_tmr, 　　　　　　　　　　　　OS_ERR 　　　　*p_err)
功能描述	删除软件定时器
所在位置	os_tmr.c
调用位置	任务中
使能配置	OS_CFG_TMR_EN && OS_CFG_TMR_DEL_EN
输入参数 1	p_tmr：软件定时器指针
输入参数 2	p_err：错误码。 OS_ERR_NONE：成功； OS_ERR_OBJ_TYPE：p_tmr 并非指向一个软件定时器控制块； OS_ERR_TMR_INVALID：p_tmr 为 NULL； OS_ERR_TMR_ISR：在中断中调用此函数； OS_ERR_TMR_INACTIVE：软件定时器不存在； OS_ERR_TMR_INVALID_STATE：软件定时器状态无效
返回值	成功：DEF_TRUE； 失败：DEF_FALSE

3. OSTmrRemainGet 函数

OSTmrRemainGet 函数用于获取软件定时器剩余计时时间，以软件定时器时间片为单位，具体描述如表 15-3 所示。

表 15-3　OSTmrRemainGet 函数描述

函数名	OSTmrRemainGet
函数原型	OS_TICK OSTmrRemainGet(OS_TMR 　　　*p_tmr, 　　　　　　　　　　　　OS_ERR 　　　　*p_err)
功能描述	获取软件定时器剩余计时时间
所在位置	os_tmr.c
调用位置	任务中

续表

使能配置	OS_CFG_TMR_EN
输入参数 1	p_tmr：软件定时器指针
输入参数 2	p_err：错误码。 OS_ERR_NONE：成功； OS_ERR_OBJ_TYPE：p_tmr 并非指向一个软件定时器控制块； OS_ERR_TMR_INVALID：p_tmr 为 NULL； OS_ERR_TMR_ISR：在中断中调用此函数； OS_ERR_TMR_INACTIVE：软件定时器不存在； OS_ERR_TMR_INVALID_STATE：软件定时器状态无效
返回值	软件定时器剩余时间，如果定时器时间已溢出，那么返回 0

4. OSTmrStateGet 函数

OSTmrStateGet 函数用于获取软件定时器的状态，具体描述如表 15-4 所示。

表 15-4　OSTmrStateGet 函数描述

函数名	OSTmrStateGet
函数原型	OS_STATE OSTmrStateGet(OS_TMR　　*p_tmr, 　　　　　　　　　　　　OS_ERR　　　*p_err)
功能描述	获取软件定时器的状态
所在位置	os_tmr.c
调用位置	任务中
使能配置	OS_CFG_TMR_EN
输入参数 1	p_tmr：软件定时器指针
输入参数 2	p_err：错误码。 OS_ERR_NONE：成功； OS_ERR_OBJ_TYPE：p_tmr 并非指向一个软件定时器控制块； OS_ERR_TMR_INVALID：p_tmr 为 NULL； OS_ERR_TMR_INVALID_STATE：软件定时器状态无效； OS_ERR_TMR_ISR：在中断中调用此函数
返回值	OS_TMR_STATE_UNUSED：软件定时器未创建； OS_TMR_STATE_STOPPED：暂停； OS_TMR_STATE_COMPLETED：软件定时器工作在单次模式下，并完成了计时； OS_TMR_STATE_RUNNING：软件定时器正在运行

5. OSTmrStart 函数

OSTmrStart 函数用于启动（或重启）软件定时器，具体描述如表 15-5 所示。

表 15-5　OSTmrStart 函数描述

函数名	OSTmrStart
函数原型	CPU_BOOLEAN OSTmrStart(OS_TMR　　　*p_tmr, 　　　　　　　　　　　　OS_ERR　　　*p_err)
功能描述	启动（或重启）软件定时器
所在位置	os_tmr.c
调用位置	任务中

使能配置	OS_CFG_TMR_EN
输入参数 1	p_tmr：软件定时器指针
输入参数 2	p_err：错误码。 OS_ERR_NONE：成功； OS_ERR_OBJ_TYPE：p_tmr 并非指向一个软件定时器控制块； OS_ERR_TMR_INVALID：p_tmr 为 NULL； OS_ERR_TMR_INACTIVE：软件定时器不存在； OS_ERR_TMR_INVALID_STATE：软件定时器状态无效； OS_ERR_TMR_ISR：在中断中调用此函数
返回值	成功：DEF_TRUE； 失败：DEF_FALSE

6. OSTmrStop 函数

OSTmrStop 函数用于暂停软件定时器，具体描述如表 15-6 所示。

表 15-6　OSTmrStop 函数描述

函数名	OSTmrStop
函数原型	CPU_BOOLEAN OSTmrStop(OS_TMR　　　*p_tmr, 　　　　　　　　　　　OS_OPT　　　　opt, 　　　　　　　　　　　void　　　　　*p_callback_arg, 　　　　　　　　　　　OS_ERR　　　　*p_err)
功能描述	暂停软件定时器
所在位置	os_tmr.c
调用位置	任务中
使能配置	OS_CFG_TMR_EN
输入参数 1	p_tmr：软件定时器指针
输入参数 2	opt：选项。 OS_OPT_TMR_NONE：无意义； OS_OPT_TMR_CALLBACK：暂停后执行回调函数，回调函数参数为创建时的默认参数； OS_OPT_TMR_CALLBACK_ARG：暂停后执行回调函数，回调函数参数为 p_callback_arg
输入参数 3	p_callback_arg：回调函数参数
输入参数 4	p_err：错误码。 OS_ERR_NONE：成功； OS_ERR_OBJ_TYPE：p_tmr 并非指向一个软件定时器控制块； OS_ERR_OPT_INVALID：opt 无效； OS_ERR_TMR_INACTIVE：定时器不存在； OS_ERR_TMR_INVALID：p_tmr 为 NULL； OS_ERR_TMR_INVALID_STATE：软件定时器状态无效； OS_ERR_TMR_ISR：在中断中调用此函数； OS_ERR_TMR_NO_CALLBACK：软件定时器没有回调函数； OS_ERR_TMR_STOPPED：软件定时器已经处于暂停状态
返回值	成功：DEF_TRUE； 失败：DEF_FALSE

15.7　实例与代码解析

下面通过编写实例程序，设置两个软件定时器。一个定时器用于实现流水灯周期性闪烁，另一个定时器用于实现定时打印字符串。

15.7.1　复制并编译原始工程

首先，将"D:\GD32F3μCOSTest\Material\13.μCOSIII 软件定时器"文件夹复制到"D:\GD32F3μCOSTest\Product"文件夹中。其次，双击运行"D:\GD32F3μCOSTest\Product\13.μCOSIII 软件定时器\Project"文件夹中的 GD32KeilPrj.uvprojx，单击工具栏中的圈按钮进行编译，当"Build Output"栏中出现"FromELF：creating hex file..."时表示已经成功生成.hex文件，出现"0 Error(s), 0Warning(s)"时表示编译成功。最后，将.axf文件下载到微控制器的内部 Flash 中。下载成功后，若串口输出"Init System has been finished"，则表明原始工程正确，可以进行下一步操作。

15.7.2　编写测试程序

当 os_cfg.h 文件中的宏 OS_CFG_TMR_EN 被设置为 1 时，表示启用软件定时器服务，如程序清单 15-3 所示。

程序清单 15-3

```
        /* ------------------------ TIMER MANAGEMENT ------------------------- */
#define OS_CFG_TMR_EN          1u    /* Enable (1) or Disable (0) code generation for TIMERS      */
#define OS_CFG_TMR_DEL_EN      1u    /* Enable (1) or Disable (0) code generation for OSTmrDel()  */
```

在 os_cfg_app.h 文件中，可配置软件定时器任务的优先级、执行频率、栈区大小，如程序清单 15-4 所示。

程序清单 15-4

```
1.          /* ---------------------- TIMERS ---------------------- */
2.   #define   OS_CFG_TMR_TASK_PRIO        11u      /* Priority of 'Timer Task'                  */
3.   #define   OS_CFG_TMR_TASK_RATE_HZ     10u      /* Rate for timers (10 Hz Typ.)              */
4.   #define   OS_CFG_TMR_TASK_STK_SIZE    100u     /* Stack size (number of CPU_STK elements)   */
```

在 Main.c 文件的"内部变量"区，添加软件定时器控制块的声明代码，如程序清单 15-5 所示。

程序清单 15-5

```
1.   //软件定时器 1
2.   OS_TMR g_tmrTimer1;
3.
4.   //软件定时器 2
5.   OS_TMR g_tmrTimer2;
```

在"内部函数声明"区，添加软件定时器回调函数的声明代码，如程序清单 15-6 所示。

程序清单 15-6

```
static  void LEDCallback(void* pTmr, void* pArg);      //软件定时器 1 回调函数
static  void PrintCallback(void* pTmr, void* pArg);    //软件定时器 2 回调函数
```

在"内部函数实现"区的 InitSoftware 函数后，添加 LEDCallback 函数和 PrintCallback
函数的实现代码，如程序清单 15-7 所示。软件定时器 1 回调函数 LEDCallback 通过调用
LEDFlicker 实现流水灯周期性闪烁，参数为 0 表示立即更新 LED 状态。软件定时器 2 回调函
数 PrintCallback 用于输出字符串"PrintCallback"。

程序清单 15-7

```
1.   static  void LEDCallback(void* pTmr, void* pArg)
2.   {
3.     LEDFlicker(0);
4.   }
5.
6.   static  void PrintCallback(void* pTmr, void* pArg)
7.   {
8.     printf("PrintCallback\r\n");
9.   }
```

最后，在开始任务中添加两个定时器的创建和启动代码，如程序清单 15-8 的第 10 至 28
行代码所示。注意，定时器 ID 实际上为一个 void 类型指针，即可以使用任意数据类型，因
此用户可以通过 ID 向回调函数传递信息。此外，也可以将指针值设置为整型，此时 ID 指向
的内存单元无意义，仅用于区分不同的定时器。

程序清单 15-8

```
1.   void StartTask(void *pArg)
2.   {
3.     ...
4.
5.     //软硬件初始化
6.     InitHardware(); //初始化硬件相关函数
7.     InitSoftware(); //初始化软件相关函数
8.     printf("Init System has been finished\r\n");
9.
10.    //创建软件定时器1
11.    OSTmrCreate(&g_tmrTimer1, "Timer1", 0, 5, OS_OPT_TMR_PERIODIC, LEDCallback, NULL, &err);
12.    if(OS_ERR_NONE != err)
13.    {
14.      printf("Fail to create Timer1 (%d)\r\n", err);
15.      while(1){}
16.    }
17.
18.    //创建软件定时器2
19.    OSTmrCreate(&g_tmrTimer2, "Timer2", 0, 1, OS_OPT_TMR_PERIODIC, PrintCallback, NULL, &err);
20.    if(OS_ERR_NONE != err)
21.    {
22.      printf("Fail to create Timer2 (%d)\r\n", err);
23.      while(1){}
24.    }
25.
26.    //开启软件定时器
27.    OSTmrStart(&g_tmrTimer1, &err);
28.    OSTmrStart(&g_tmrTimer2, &err);
```

```
29.
30.    //删除开始任务
31.    OSTaskDel((OS_TCB*)&g_tcbStartTask, &err);
32. }
```

15.7.3 编译及下载验证

代码编写完成并编译通过后，下载程序并进行复位。下载成功后，开发板上的 LED₁ 和 LED₂ 每隔 500ms 交替闪烁一次。打开串口助手，可见串口助手上持续打印"PrintCallback"，如图 15-11 所示。

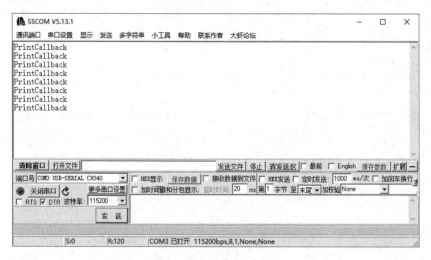

图 15-11 运行结果

本 章 任 务

参考本章实例，尝试自行编写测试程序，分别创建单次定时器、带初始延时的周期定时器，以及不带初始延时的周期定时器，测试比较三者的区别。

本 章 习 题

1. 多个定时器能否共用一个回调函数？若能，则如何在回调函数中区分定时器？
2. 软件定时器有哪些状态？
3. 简述单次定时器的应用场景。
4. 如何配置软件定时器任务的优先级和栈区大小？
5. 如何配置软件定时器的时间片？

第 16 章　μC/OS-III 内存管理

操作系统通常会提供内存管理组件，以更加合理地管理内存，使得微控制器在有限的资源上实现更强大的功能。μC/OS-III 以内存块的形式管理动态内存，避免产生内存碎片。本章将介绍 μC/OS-III 中的内存管理机制并进行测试。

16.1　内存管理简介

在嵌入式编程中，通常使用 ANSI C 提供的 malloc 和 free 函数进行动态内存申请和释放。但在嵌入式实时系统中，不建议直接使用 malloc 和 free 函数来操作内存，因为使用这两个函数会导致内存碎片出现，使得一片连续的大块内存被分割为多个不连续的小块内存，最终可能导致应用程序无法找到大小合适且连续的内存。此外，malloc 和 free 函数的执行时间无法确定，并且没有线程保护，可能导致系统出现不可预知的错误。

μC/OS-III 提供了一个动态内存管理解决方案，用户可在内存区中申请内存块，内存块大小固定且可配置，如图 16-1 所示。内存区由多个连续的内存块组成，每个内存块的大小一致，动态内存的申请和释放均以内存块为单位，因此不会产生内存碎片，并且申请和释放的执行时间可确定。内存区可由 malloc 函数从堆区中动态分配，但在内存区使用期间禁止使用 free 函数释放内存。

μC/OS-III 允许设置多个内存区，且不同内存区的内存块数量、内存块大小可以不同，如图 16-2 所示。在申请内存时，可以根据需要申请不同大小的内存块，但在释放内存时，内存块必须要归还到对应的内存区中。

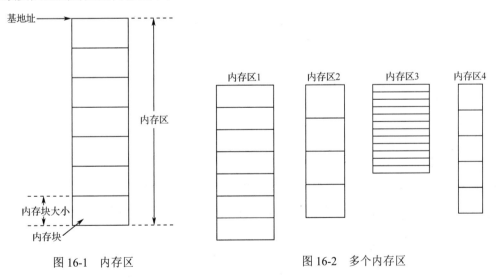

图 16-1　内存区　　　　　　　　　　　图 16-2　多个内存区

16.2　内存管理逻辑

内存管理逻辑如图 16-3 所示。每个内存区均由一个 OS_MEM 结构体控制，其中 NamePtr 为内存区名，用于调试；FreeListPtr 指向空闲内存块链表；BlkSize 表示内存块大小；NbrMax

表示内存区中内存块的总数，包括已使用和未使用的内存块；NbrFree 表示内存区中空闲内存块的数量。

空闲内存块以链表的形式串联在一起，每个空闲内存块的开头都包含一个指针，指向下一个空闲内存块。在 μC/OS-III 中，动态内存的申请和释放均只针对单个内存块，暂不支持申请或释放连续多个内存块。因此，申请内存时只需要返回链表头内存块的首地址；释放内存时只需要将内存块链接到链表头。由于无须进行查表操作，动态内存申请和释放的执行时间较短且可以确定。

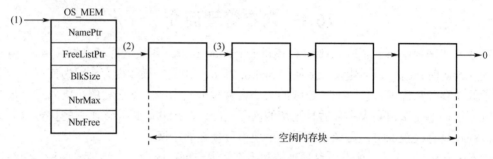

图 16-3　内存管理逻辑

16.3　内存管理相关 API 函数

1. OSMemCreate 函数

OSMemCreate 函数用于创建和初始化内存区，具体描述如表 16-1 所示。内存区由多个内存块组成，可用于进行动态内存分配。用户可以从内存区中申请内存块作为动态内存，使用完毕后再将内存释放回内存区。

表 16-1　OSMemCreate 函数描述

函数名	OSMemCreate
函数原型	void OSMemCreate(OS_MEM　　　*p_mem, 　　　　　　　　　CPU_CHAR　　　*p_name, 　　　　　　　　　void　　　　　　*p_addr, 　　　　　　　　　OS_MEM_QTY　　n_blks, 　　　　　　　　　OS_MEM_SIZE　　blk_size, 　　　　　　　　　OS_ERR　　　　　*p_err)
功能描述	创建和初始化内存区
所在位置	os_mem.c
调用位置	任务或启动代码中
使能配置	OS_CFG_MEM_EN
输入参数 1	p_mem：内存区指针，指向内存区控制块（OS_MEM）。在 μC/OS-III 中，内存区控制块并不会动态创建，用户需要手动定义一个 OS_MEM 类型的变量，由编译器静态分配内存。用户也可以通过 malloc 函数动态分配内存。为了便于不同文件之间进行访问，通常将内存区控制块设为全局变量
输入参数 2	p_name：内存区名，用于调试。注意，μC/OS-III 只会保存字符串首地址，因此内存区名最好为字符串常量
输入参数 3	p_addr：内存区首地址
输入参数 4	n_blks：内存块数量，每个内存区至少有两个内存块

续表

输入参数 5	blk_size：内存块大小，以字节为单位。内存块必须足以容纳一个指针变量，且内存块大小必须为指针长度的整数倍。若指针变量为 32 位（4 字节），则内存块大小必须为 4、8、12、16、20 等 4 的整数倍
输入参数 6	p_err：错误码。 OS_ERR_NONE：成功； OS_ERR_ILLEGAL_CREATE_RUN_TIME：在调用 OSSafetyCriticalStart 函数后调用此函数； OS_ERR_MEM_INVALID_BLKS：内存块的数量少于 2； OS_ERR_MEM_INVALID_P_ADDR：p_addr 为无效地址或未根据指针进行对齐； OS_ERR_MEM_INVALID_SIZE：内存块大小不大于指针大小或不是指针长度的整数倍
返回值	void

OSMemCreate 函数的使用示例如程序清单 16-1 所示。内存区所使用的内存池既可以静态分配（定义一个大容量数组），也可以从系统堆区中动态分配，但在内存区使用期间禁止释放内存池。由于每个内存块首地址都保存一个指针变量，所以内存区首地址要求 4 字节对齐，并且内存块大小为 4 字节的整数倍，即内存块首地址也要 4 字节对齐。使用静态分配方式创建内存池时，可以定义一个二维数组，也可以定义一个一维数组，只要内存池是连续的内存即可。

通常在 main 函数（启动代码）中创建内存区，也可以在开始任务中创建内存区，但要确保先创建后使用。

程序清单 16-1

```
#include "includes.h"

//内存池
#define MEM_BLOCK_NUM  100 //内存块数量
#define MEM_BLOCK_SIZE 64   //内存块大小
OS_MEM g_memPool;          //内存区控制块

//内存池
//__align(4) static unsigned char s_arrMemPool[MEM_BLOCK_NUM * MEM_BLOCK_SIZE];
__align(4) static unsigned char s_arrMemPool[MEM_BLOCK_NUM][MEM_BLOCK_SIZE];

//开始任务
void StartTask(void *pArg)
{
  OS_ERR err;

  //创建内存块
  OSMemCreate(&g_memPool, "mem", s_arrMemPool, MEM_BLOCK_NUM, MEM_BLOCK_SIZE, &err);
  if(OS_ERR_NONE != err)
  {
    printf("Fail to create memory partition (%d)\r\n", err);
    while(1){}
  }

  //任务循环
  while(1)
  {
```

```
    }
}
```

2．OSMemGet 函数

OSMemGet 函数用于从内存区中获取一个内存块，该函数可以在任务或中断中使用，具体描述如表 16-2 所示。

表 16-2　OSMemGet 函数描述

函数名	OSMemGet
函数原型	void* OSMemGet(OS_MEM　　　　*p_mem, 　　　　　　　　　　OS_ERR　　　　*p_err)
功能描述	获取一个内存块
所在位置	os_mem.c
调用位置	任务或中断中
使能配置	OS_CFG_MEM_EN
输入参数 1	p_mem：内存区指针，指向内存区控制块（OS_MEM）
输入参数 2	p_err：错误码。 OS_ERR_NONE：成功； OS_ERR_MEM_INVALID_P_MEM：p_mem 为 NULL； OS_ERR_MEM_NO_FREE_BLKS：所有内存块均被占用，申请失败
返回值	成功：内存块首地址； 失败：NULL

3．OSMemPut 函数

OSMemPut 函数用于释放内存块，该函数可以在任务或中断中使用，具体描述如表 16-3 所示。

表 16-3　OSMemPut 函数描述

函数名	OSMemPut
函数原型	void OSMemPut(OS_MEM　　　　　*p_mem, 　　　　　　　　void　　　　　*p_blk, 　　　　　　　　OS_ERR　　　　*p_err)
功能描述	释放内存块
所在位置	os_mem.c
调用位置	任务或中断中
使能配置	OS_CFG_MEM_EN
输入参数 1	p_mem：内存区指针，指向内存区控制块（OS_MEM）
输入参数 2	p_blk：内存块首地址
输入参数 3	p_err：错误码。 OS_ERR_NONE：成功； OS_ERR_MEM_MEM_FULL：内存区已满，表明此内存块并不属于当前内存区； OS_ERR_MEM_INVALID_P_BLK：p_blk 为 NULL； OS_ERR_MEM_INVALID_P_MEM：p_mem 为 NULL
返回值	void

16.4　OSMemCreate 函数源码分析

OSMemCreate 函数在 os_mem.c 文件中定义，其中部分关键代码如程序清单 16-2 所示。

OSMemCreate 函数首先根据用户提供的内存块首地址、内存块数量和内存块大小创建空闲内存块列表，然后将内存区各个参数保存到内存区控制块中。为了保证内存区控制块的互斥访问，OSMemCreate 函数将通过临界段保护共享资源。其中，OSMemQty 为一个全局变量，该变量在 os_var.c 文件中定义，用于记录系统中的内存区数量。

程序清单 16-2

```
void  OSMemCreate (OS_MEM       *p_mem,      //内存区控制块首地址
                   CPU_CHAR     *p_name,     //内存区名称
                   void         *p_addr,     //内存区首地址
                   OS_MEM_QTY    n_blks,     //内存块数量
                   OS_MEM_SIZE   blk_size,   //内存块大小
                   OS_ERR       *p_err)      //错误码
{
    //局部变量
    OS_MEM_QTY     i;                        //循环变量
    OS_MEM_QTY     loops;                    //循环数量
    CPU_INT08U    *p_blk;                    //指向下一个内存块
    void         **p_link;                   //指向当前内存块
    CPU_SR_ALLOC();                          //创建临界段所需的局部变量

    //创建空闲内存块链表
    p_link = (void **)p_addr;                //p_link 指向当前内存块首地址
    p_blk  = (CPU_INT08U *)p_addr;           //p_blk 指向第一个内存块首地址
    loops  = n_blks - 1u;                    //计算循环数量
    for (i = 0u; i < loops; i++)
    {
      p_blk  += blk_size;                    //计算下一个内存块的首地址
      *p_link = (void *)p_blk;               //将下一个内存块的首地址保存到当前内存块中
      p_link  = (void **)(void *)p_blk;      //更新 p_link 指向下一个内存块
    }
    *p_link = (void *)0;                     //最后一个内存块指向 NULL

    //进入临界段
    OS_CRITICAL_ENTER();

    //设置内存区控制块的类型
    p_mem->Type        = OS_OBJ_TYPE_MEM;    //设置内存区控制块类型
    p_mem->NamePtr     = p_name;             //保存内存区名称
    p_mem->AddrPtr     = p_addr;             //保存内存区首地址
    p_mem->FreeListPtr = p_addr;             //保存空闲内存块链表
    p_mem->NbrFree     = n_blks;             //保存空闲内存块数量
    p_mem->NbrMax      = n_blks;             //保存总的内存块数量
    p_mem->BlkSize     = blk_size;           //保存内存块大小

    //内存区数量加 1
    OSMemQty++;
```

```
//退出临界段，并且不触发任务调度
OS_CRITICAL_EXIT_NO_SCHED();

//创建内存区成功
*p_err = OS_ERR_NONE;
}
```

16.5　OSMemGet 函数源码分析

OSMemGet 函数在 os_mem.c 文件中定义，其中部分关键代码如程序清单 16-3 所示。

OSMemGet 函数首先判断内存区中是否有空闲的内存块，若没有则表明内存区内的所有内存块已被使用，此时 OSMemGet 函数将输出错误码 OS_ERR_MEM_NO_FREE_BLKS 并返回 NULL；若内存区中有空闲的内存块，则 OSMemGet 函数将返回表头内存区首地址，并更新空闲内存块链表和空闲内存块数量。

由于 OSMemGet 函数固定从表头获取内存块，无须遍历所有内存块，所以函数执行效率较高，且执行时间可预计。

程序清单 16-3

```
void  *OSMemGet (OS_MEM  *p_mem,          //内存区控制块首地址
                 OS_ERR   *p_err)          //错误码
{
  //局部变量
  void     *p_blk;                         //空闲内存块首地址
  CPU_SR_ALLOC();                          //创建临界段所需的局部变量

  //进入临界段
  CPU_CRITICAL_ENTER();

  //空闲内存块数量为 0，直接返回
  if (p_mem->NbrFree == (OS_MEM_QTY)0)
  {
    CPU_CRITICAL_EXIT();                   //退出临界段
    *p_err = OS_ERR_MEM_NO_FREE_BLKS;      //设置错误码，表明内存区中没有空闲的内存块
    return ((void *)0);                    //返回 NULL
  }

  //空闲内存块数量非零，返回表头空闲内存块
  p_blk               = p_mem->FreeListPtr; //获取表头内存块首地址
  p_mem->FreeListPtr = *(void **)p_blk;     //指向下一个内存块首地址
  p_mem->NbrFree--;                          //更新空闲内存块数量

  //退出临界段
  CPU_CRITICAL_EXIT();

  //申请内存成功
  *p_err = OS_ERR_NONE;

  //返回内存块首地址
  return (p_blk);
}
```

16.6　OSMemPut 函数源码分析

OSMemPut 函数在 os_mem.c 文件中定义，其中部分关键代码如程序清单 16-4 所示。

在 OSMemPut 函数中，主要将归还的内存块插入空闲内存块链表。该函数需要先校验内存区空闲内存块数量是否已达到最大值，若是则说明有内存块被归还到错误的内存区中，但并不一定是当前内存块出错。归还内存块时，只需将内存块插入空闲内存块链表表头即可。由于只需要更新表头，所以 OSMemPut 函数的执行效率较高，且执行时间可预计。

程序清单 16-4

```
void   OSMemPut (OS_MEM   *p_mem,          //内存区控制块首地址
                void     *p_blk,          //内存块首地址
                OS_ERR   *p_err)          //错误码
{
  //创建临界段所需的局部变量
  CPU_SR_ALLOC();

  //进入临界段
  CPU_CRITICAL_ENTER();

  //内存区空闲内存块数量已达到最大值
  if(p_mem->NbrFree >= p_mem->NbrMax)
  {
    CPU_CRITICAL_EXIT();                   //退出临界段
    *p_err = OS_ERR_MEM_FULL;             //输出错误码
    return;                               //退出
  }
  *(void **)p_blk     = p_mem->FreeListPtr; //将内存块插入空闲内存块链表表头
  p_mem->FreeListPtr = p_blk;             //指向新的表头
  p_mem->NbrFree++;                       //更新空闲内存块数量

  //退出临界段
  CPU_CRITICAL_EXIT();

  //释放内存块成功
  *p_err = OS_ERR_NONE;
}
```

16.7　实例与代码解析

下面编写实例程序，测试 μC/OS-III 的动态内存申请和释放，并将申请到的内存块首地址通过串口助手显示。

16.7.1　复制并编译原始工程

首先，将 "D:\GD32F3μCOSTest\Material\14.μCOSIII 内存管理" 文件夹复制到 "D:\GD32F3μCOSTest\Product" 文件夹中。其次，双击运行 "D:\GD32F3μCOSTest\Product\14.μCOSIII 内存管理\Project" 文件夹下的 GD32KeilPrj.uvprojx，单击工具栏中的 按钮进行编译，当 "Build Output" 栏中出现 "FromELF：creating hex file..." 时表示已经成功生成.hex

文件，出现"0 Error(s), 0Warning(s)"时表示编译成功。最后，将.axf 文件下载到微控制器的内部 Flash 中。下载成功后，若串口输出"Init System has been finished"，则表明原始工程正确，可以进行下一步操作。

16.7.2　编写测试程序

当 os_cfg.h 文件中的宏 OS_CFG_MEM_EN 被设置为 1 时，表示启用内存管理功能，如程序清单 16-5 所示。

程序清单 16-5

```
    /* ----------------------- MEMORY MANAGEMENT ----------------------- */
#define OS_CFG_MEM_EN        1u    /* Enable (1) or Disable (0) code generation for MEMORY MANAGER    */
```

在 Main.c 文件的"宏定义"区，添加定义内存块数量和内存块大小的代码，如程序清单 16-6 所示。

程序清单 16-6

```
#define MEM_BLOCK_NUM   100          //内存块数量
#define MEM_BLOCK_SIZE  64           //内存块大小
```

在"内部变量"区，添加定义内存区控制块和内存池数组的代码，如程序清单 16-7 所示。注意，由于内存块首地址中存放了一个 4 字节的指针变量，所以内存池数组首地址需要 4 字节对齐，而且内存块大小也要为 4 的整数倍。

程序清单 16-7

```
//内存池
OS_MEM g_memPool;
__align(4) static unsigned char s_arrMemPool[MEM_BLOCK_NUM][MEM_BLOCK_SIZE];
```

在开始任务中添加创建内存区的代码，如程序清单 16-8 的第 10 至 16 行代码所示。在μC/OS-III 中，可在启动代码中创建内核项目，也可以在开始任务中创建，但需确保先创建再使用。

程序清单 16-8

```
1.    void StartTask(void *pArg)
2.    {
3.      ...
4.
5.      //软硬件初始化
6.      InitHardware(); //初始化硬件相关函数
7.      InitSoftware(); //初始化软件相关函数
8.      printf("Init System has been finished\r\n");
9.
10.     //创建内存块
11.     OSMemCreate(&g_memPool, "mem", s_arrMemPool, MEM_BLOCK_NUM, MEM_BLOCK_SIZE, &err);
12.     if(OS_ERR_NONE != err)
13.     {
14.       printf("Fail to create memory partition (%d)\r\n", err);
15.       while(1){
16.       }
```

```
17.    }
18.
19.    //创建任务
20.    ...
21.  }
```

按照程序清单 16-9 修改 Task1 函数的代码，添加内存区测试代码。在 Task1 函数中，先通过 OSMemGet 函数申请动态内存，并依次打印内存池和内存块首地址，验证内存块申请是否成功，然后通过 OSMemPut 函数释放动态内存。

注意，通过 OSMemGet 函数连续申请的多个内存块不一定连续，因此在定义内存块大小之前，需要先估算系统中用到的最大连续动态内存长度，并在此基础上适当增大，以满足 4 字节对齐，最后再将该值定义为内存块大小。系统中可以创建多个内存区，以满足不同长度的连续动态内存需求。

程序清单 16-9

```
1.   static   void Task1(void* pArg)
2.   {
3.       //动态内存分配指针
4.       char* buf;
5.
6.       //错误
7.       OS_ERR err;
8.
9.       //申请动态内存
10.      buf = OSMemGet(&g_memPool, &err);
11.
12.      //打印内存池首地址
13.      printf("内存池首地址为: 0x%08X\r\n", (int)s_arrMemPool);
14.
15.      //打印内存块首地址
16.      printf("申请到的内存块首地址为: 0x%08X\r\n", (int)buf);
17.
18.      //释放动态内存
19.      OSMemPut(&g_memPool, buf, &err);
20.
21.      //任务循环
22.      while(1)
23.      {
24.        OSTimeDlyHMSM(0, 0, 0, 10, OS_OPT_TIME_HMSM_STRICT, &err);
25.      }
26.  }
```

16.7.3 编译及下载验证

代码编写完成并编译通过后，下载程序并进行复位。下载成功后，打开串口助手，按下开发板上的 RST 按键复位，即可见串口打印内存池和内存块首地址信息，如图 16-4 所示。

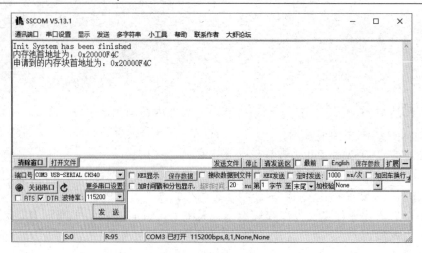

图 16-4　运行结果

本 章 任 务

1. 在 μC/OS-III 中，通过 OS_TS_GET 函数可以获取当前时间戳，在 120MHz 主频下，时间戳的精度为 1/120μs。在本章实例的基础上，使用 μC/OS-III 的时间戳功能测量 OSMemGet 和 OSMemPut 函数的执行时间。

2. 参照 μC/OS-III，在简易操作系统中部署内存管理功能。

本 章 习 题

1. 如何使能 μC/OS-III 的动态内存分配？

2. 在 μC/OS-III 中，如何申请和释放动态内存？

3. 简述内存碎片是如何产生的。

4. 在嵌入式实时系统中，能否直接使用 C 语言的 malloc 和 free 函数进行内存申请与释放？

5. 简述使用内存块的注意事项。

第17章 μC/OS-III 中断管理

在前面章节中已经介绍过 μC/OS-III 中断管理的相关内容，如在中断中通过消息队列向任务发送消息，以及临界段的实现等，本章将系统地介绍 μC/OS-III 的中断管理。

17.1 中 断 简 介

中断是嵌入式微控制器系统中用于通知 CPU 异步事件发生的一种硬件机制。若系统产生中断，则表示异步事件已发生，此时 CPU 将保存部分或所有现场数据到工作寄存器，然后跳转并执行中断服务程序。执行完中断服务程序后，CPU 将重新跳转到断点位置继续运行。大多数处理器都支持中断嵌套，即当 CPU 正在处理某一中断服务程序时，产生了更高优先级的中断，此时当前中断服务程序的执行将被打断，CPU 优先处理更高优先级的中断。

中断机制极大地减轻了 CPU 的负担，使得 CPU 无须消耗大量时间通过轮询来检查事件是否发生。以串口接收数据为例，利用中断机制，CPU 无须定时检查串口是否接收到了数据，只需打开串口接收中断，然后在中断服务程序中将数据保存到缓冲区即可。通过轮询的方式扫描串口不仅效率较低，还容易丢失数据，无法保障通信的实时性和安全性。

在中断的产生和处理过程中，有三个重要时间段：中断响应时间、中断返回时间和中断潜伏时间。

中断响应时间是指 CPU 从接收到中断请求至开始执行中断服务程序的这段时间，其中包含了 CPU 保存现场数据所消耗的时间。中断返回时间是指 CPU 从处理完中断服务程序至返回到用户程序或低优先级中断所消耗的时间，其中包含了恢复现场数据所消耗的时间。中断潜伏时间是指从中断事件产生到中断服务程序执行完并返回所消耗的时间。

在实际应用中，为了保护共享资源，或者防止应用程序被中断打断，可以通过中断开关将中断临时关闭。微处理器通常会提供两种中断开关：中断总开关（也称全局中断开关）和外设中断开关，后续将详细介绍这两种开关。

在实时系统中，关闭中断的时间要尽可能短，因为关闭中断会延长中断潜伏时间，可能导致中断请求被遗漏。以串口接收数据为例，若关闭串口接收中断的时间太长，可能会导致串口数据丢失。

目前，市面上主流的 CPU 架构均支持多中断源。例如，串口接收 1 字节数据、以太网接收一个数据包、DMA 完成一次数据传输、ADC 完成一次转换等，这些事件都可以产生中断，向 CPU 发起一个中断请求。

大多数处理器都含有中断控制器，用于管理外设向 CPU 发起的中断请求，如图 17-1 所示。多个外设向中断控制器发起中断请求时，中断控制器将从多个中断请求中筛选出优先级最大的中断，并将其提交给 CPU 处理。

中断控制器使得用户可以通过优先级管理多个中断，同时也可以记录哪些中断仍处于挂起状态，等待 CPU 处理。在处理中断时，中断控制器通常会直接向 CPU 提供中断服务程序的入口地址（中断向量）。

在图 17-1 中，若中断总开关被关闭，CPU 将忽视中断控制器发起的中断请求，但外设发起的中断请求会被中断控制器记录，并标记为"挂起"状态。在中断总开关打开后，中断控制器将再次发起中断请求。

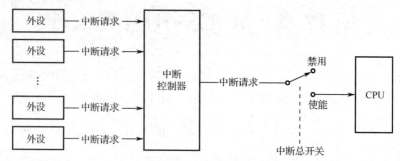

图 17-1　中断控制器

CPU 通常通过以下两种方式处理中断。

（1）所有的中断共用一个中断向量，即所有中断共用一个中断服务程序地址。

（2）每个中断都有自己独立的中断向量，即系统中含有多个中断服务程序地址。

在 GD32F303VET6 微控制器中，采用第二种方式处理中断。

17.2　中断通知

由于中断能够打断系统正常运行，且具有支持嵌套的特性，因此很多程序不适合在中断中执行。在 μC/OS-III 中，部分 API 函数不允许在中断中调用。但实际上，μC/OS-III 无法主动识别系统状态，即无法判断系统当前是在中断中还是在任务中。为了使 μC/OS-III 区分系统状态，在调用消息队列、信号量等内核项目的 API 函数时，可通过 OSIntEnter 和 OSIntExit 函数通知 μC/OS-III 内核将要进入中断和已退出中断，这样 μC/OS-III 在执行相应的 API 函数时能根据系统状态进行相应处理，如程序清单 17-1 所示。

程序清单 17-1

```
void xxx_IRQHandler(void)
{
  //进入中断
  OSIntEnter();

  //调用内核项目 API 函数
  ...

  //退出中断
  OSIntExit();
}
```

若在中断服务程序中没有调用内核项目的 API 函数，则无须调用 OSIntEnter 和 OSIntExit 函数，如程序清单 17-2 所示。

程序清单 17-2

```
void xxx_IRQHandler(void)
{
  //中断处理
  ...
}
```

17.3　临界段实现

在介绍互斥量的章节中，提到过可通过 OS_CRITICAL_ENTER 和 OS_CRITICAL_EXIT 函数标明临界段，如程序清单 17-3 所示。

程序清单 17-3

```
void Task(void* pvParameters)
{
  //临界段所需的临时变量
  CPU_SR_ALLOC();

  while(1)
  {
    //进入临界区
    OS_CRITICAL_ENTER();

    //临界段处理
    ...

    //退出临界区
    OS_CRITICAL_EXIT();

    ...
  }
}
```

os_cfg.h 文件中的宏 OS_CFG_ISR_POST_DEFERRED_EN 决定了临界段的实现方式，下面将简要介绍临界段的两种实现方式。

1. 开关中断

开关中断本质上通过设置 PRIMASK 寄存器来实现，清零表示开启中断，置 1 则表示关闭中断，在 ARM 架构中分别通过指令 "CPSIE I" 和 "CPSID I" 实现。

当 os_cfg.h 文件中的宏 OS_CFG_ISR_POST_DEFERRED_EN 被设置为 0 时，μC/OS-III 通过开关中断实现临界段，此时 OS_CRITICAL_ENTER 和 OS_CRITICAL_EXIT 函数的含义分别如程序清单 17-4 和程序清单 17-5 所示。

OS_CRITICAL_ENTER 函数最终通过 CPU_SR_Save 函数实现关闭系统总中断，如程序清单 17-4 所示。CPU_SR_Save 函数在 cpu_a.asm 文件中定义，且由汇编语言实现。该函数首先通过 MRS 指令将特殊功能寄存器 PRIMASK 保存到 R0，然后通过 "CPSID I" 屏蔽系统所有中断，最后通过 "BX LR" 指令返回断点位置继续执行。

程序清单 17-4

```
CPU_SR_Save
       MRS      R0, PRIMASK    ;将 PRIMASK 保存到 R0
       CPSID    I              ;屏蔽系统所有中断
       BX       LR             ;返回

#define  CPU_CRITICAL_ENTER()  do { CPU_INT_DIS();} while (0)
#define  OS_CRITICAL_ENTER()   CPU_CRITICAL_ENTER()
```

同样，OS_CRITICAL_EXIT 函数最终通过 CPU_SR_Restore 函数实现开启系统总中断，如程序清单 17-5 所示。CPU_SR_Restore 函数在 cpu_a.asm 文件中定义，且由汇编语言实现。该函数首先通过 MSR 指令将 R0 加载到 PRIMASK 特殊功能寄存器中，然后通过 "BX LR" 指令返回。

程序清单 17-5

```
CPU_SR_Restore
        MSR       PRIMASK, R0 ;将 R0 加载到 PRIMASK 中
        BX        LR          ;返回

#define   CPU_CRITICAL_EXIT()   do { CPU_INT_EN();} while (0)
#define   OS_CRITICAL_EXIT()    CPU_CRITICAL_EXIT()
```

既然通过 "CPSID I" 和 "CPSIE I" 指令即可关闭、开启中断总开关，为什么还需要使用 CPU_SR_Save 和 CPU_SR_Restore 函数呢？实际上，这样做是为了兼容临界段嵌套，由于临界段中调用的函数可能会再次被标明临界段，直接使用 "CPSIE I" 指令会导致临界段提前退出。

临界段嵌套时，嵌套代码也将调用 OS_CRITICAL_ENTER 函数，执行 "MRS R0, PRIMASK" 指令的结果是将 1 赋给 R0，退出时调用 OS_CRITICAL_EXIT 函数，但执行 "MSR PRIMASK, R0" 并不能退出嵌套临界段，只有将最初进入临界段时保存的 R0 加载回 PRIMASK 才能开启中断总开关。注意，临界段嵌套不能在同一函数中实现，只能在函数及其子函数中完成，否则由于 R0 的值可能在未被压入栈区前就被覆盖，最后无法退出临界段。

实际上，微控制器对存储了 PRIMASK 值的 R0 进行了其他处理。由于局部变量在定义时将被直接赋值到工作寄存器中，此时通过变量名直接修改局部变量，将会影响相应寄存器的值。因此在实际工程中，为了使 R0 在使用时不被影响，通过 CPU_SR_ALLOC 函数定义了局部变量 cpu_sr，如程序清单 17-6 所示。

CPU_SR_ALLOC 函数是一个宏定义，其功能受 cpu.h 文件中的 CPU_CFG_CRITICAL_METHOD 宏控制，若该宏为 CPU_CRITICAL_METHOD_STATUS_LOCAL，则 CPU_SR_ALLOC 函数的作用为定义一个局部变量，如程序清单 17-6 所示。注意，CPU_SR_ALLOC 函数必须定义在所有局部变量之后，这样编译器才能将 R0 寄存器分配给 cpu_sr，这对于后续的开关中断至关重要。

程序清单 17-6

```
#define   CPU_CFG_CRITICAL_METHOD        CPU_CRITICAL_METHOD_STATUS_LOCAL

typedef   CPU_INT32U        CPU_SR;        /* Defines    CPU status register size (see Note #3b).   */

/* Allocates CPU status register word (see Note #3a).   */
#if    (CPU_CFG_CRITICAL_METHOD == CPU_CRITICAL_METHOD_STATUS_LOCAL)
#define   CPU_SR_ALLOC()                  CPU_SR   cpu_sr = (CPU_SR)0
#else
#define   CPU_SR_ALLOC()
#endif
```

关闭中断总开关后，即可避免高优先级中断打断当前程序。而由于 μC/OS-III 的任务调度通过 PendSV 异常实现，PendSV 异常的优先级可编程且通常设为最低优先级，关闭中断总

开关后，PendSV 异常无法得到响应，因此高优先级任务也无法抢占当前任务。

2. 开关调度器

当 os_cfg.h 文件中的宏 OS_CFG_ISR_POST_DEFERRED_EN 被设置为 1 时，μC/OS-III 通过开关调度器实现临界段。

OS_CRITICAL_ENTER 函数的定义如程序清单 17-7 所示。其中，OSSchedLockNestingCtr 为全局变量，在 os.h 文件中声明，在 os_var.c 文件中定义，用于表示调度器锁定嵌套深度，该变量为零时调度器处于开启状态，非零时调度器处于关闭状态，此时内核将拒绝任何调度请求。由于 OSSchedLockNestingCtr 也属于共享资源，所以必须保证互斥访问。

OS_CRITICAL_ENTER 函数首先通过 CPU_CRITICAL_ENTER 和 CPU_CRITICAL_EXIT 函数关闭、开启总中断，创造一个短暂的临界段，然后在临界段中使 OSSchedLockNestingCtr 加 1。若使能了测量调度器锁定时长，OS_SCHED_LOCK_TIME_MEAS_START 函数将开始测量调度器锁定时长。

程序清单 17-7

```
#define  OS_CRITICAL_ENTER()
    do {
            CPU_CRITICAL_ENTER();                        //关闭系统总中断
            OSSchedLockNestingCtr++;                     //调度器锁定嵌套深度加1
            if (OSSchedLockNestingCtr == 1u) {           //嵌套深度为1时进入
                OS_SCHED_LOCK_TIME_MEAS_START();         //开始测量调度器关闭（锁定）时长
            }
            CPU_CRITICAL_EXIT();                         //开启系统总中断
        } while (0)
```

OS_CRITICAL_EXIT 函数的定义如程序清单 17-8 所示。其中，OSIntQNbrEntries 为中断服务管理任务中保持队列的数量，一旦调度器解除锁定状态，若中断中有消息队列、信号量等内核项目，则内核项目就会收到中断发送的消息，此时 OSIntQNbrEntries 将大于 0。通过 OS_CRITICAL_EXIT 函数开启总中断后，系统强制跳转到中断服务管理任务，第一时间处理紧急事件。

程序清单 17-8

```
#define  OS_CRITICAL_EXIT()
        do {
            CPU_CRITICAL_ENTER();                                    //关闭系统总中断
            OSSchedLockNestingCtr--;                                //调度器锁定嵌套深度减1
            if (OSSchedLockNestingCtr == (OS_NESTING_CTR)0) {       //已解除调度器关闭（锁定）状态
                OS_SCHED_LOCK_TIME_MEAS_STOP();                     //停止测量调度器关闭（锁定）时长
                if (OSIntQNbrEntries > (OS_OBJ_QTY)0) {             //中断向内核项目发送消息
                    CPU_CRITICAL_EXIT();                            //开启系统总中断
                    OS_Sched0();                                    //强制跳转到中断服务管理任务
                } else {                                            //中断没有向内核项目发送消息
                    CPU_CRITICAL_EXIT();                            //直接开启系统总中断
                }
            } else {                                                //调度器仍未解除调度器关闭（锁定）状态
                CPU_CRITICAL_EXIT();                                //直接开启系统总中断
            }
        } while (0)
```

通过开关调度器实现临界段时，由于 OS_CRITICAL_ENTER 和 OS_CRITICAL_EXIT 函数关闭中断的时间较短，可以降低中断潜伏时间，从而增加系统的稳定性。但由于临界段也会被中断打断，所以禁止在中断中直接访问共享资源。

17.4　中断服务管理任务简介

中断服务管理任务实际上是中断延迟中用于完成必要但耗时工作的任务，其内部逻辑如图 17-2 所示，当中断调用 μC/OS-III 提供的任一发送函数时，发送的数据和目的地将会被复制，并保存在一个特殊的保持队列中。应用退出中断后，由于中断服务管理任务的优先级为 0，调度器将切换到中断服务管理任务，并根据保持队列中的信息重新调用发送函数，最终实现将数据发往目的地。

os_cfg.h 文件中的宏 OS_CFG_ISR_POST_DEFERRED_EN 被设置为 1 时，表示使能中断服务管理任务，该任务由 μC/OS-III 内核自动创建，其优先级为 0（即最高优先级）。此时优先级 0 将被 μC/OS-III 保留，其他任务无法设置为此优先级。

注意，宏 OS_CFG_ISR_POST_DEFERRED_EN 还用于决定临界段的实现方式，为 1 时，将通过开关调度器的方式实现临界段。

中断服务管理任务的存在减少了中断关闭的时间，通过将一些耗时操作推迟到中断服务管理任务中执行，可使中断处理时间变短，系统更加稳定。

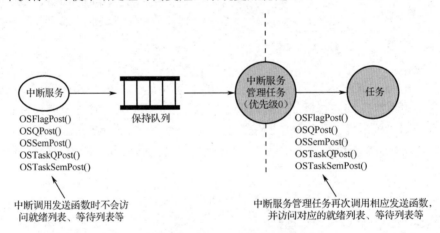

图 17-2　中断服务管理任务内部逻辑

17.5　中断服务管理任务原理

当 os_cfg.h 文件中的宏 OS_CFG_ISR_POST_DEFERRED_EN 被设置为 1 时，中断中调用的所有 μC/OS-III 相关发送函数（包括发送信号量、发送互斥量、发送消息队列等）不再直接向目标项目写数据，而是先保存在保持队列中，再通过中断服务管理任务完成。

保持队列在 os_cfg_app.c 文件中定义，如程序清单 17-9 所示。

程序清单 17-9

```
#if (OS_CFG_ISR_POST_DEFERRED_EN > 0u)
OS_INT_Q        OSCfg_IntQ           [OS_CFG_INT_Q_SIZE];            //保持队列
CPU_STK         OSCfg_IntQTaskStk    [OS_CFG_INT_Q_TASK_STK_SIZE];  //中断服务管理任务栈区
#endif
```

OS_INT_Q 在 os.h 文件中定义，如程序清单 17-10 所示。系统初始化时，OSCfg_IntQ 内的所有成员串联形成一个循环链表，该循环链表即为保持队列。

程序清单 17-10

```
struct os_int_q {
    OS_OBJ_TYPE         Type;          //目标内核项目类型
    OS_INT_Q           *NextPtr;       //指向下一个保持队列
    void               *ObjPtr;        //目标内核项目地址
    void               *MsgPtr;        //如果写入消息队列，则该域指向消息首地址
    OS_MSG_SIZE         MsgSize;       //如果写入消息队列，则该域保存了消息长度
    OS_FLAGS            Flags;         //如果写入事件标志组，则该域保存了需要写入的事件标志位
    OS_OPT              Opt;           //发送选项
    CPU_TS              TS;            //时间戳
};
typedef struct os_int_q OS_INT_Q;
```

保持队列的其他属性，如队首、队尾、长度、容量等，均在 os.h 文件中声明，在 os_var.c 文件中定义，如程序清单 17-11 所示。

程序清单 17-11

```
#if OS_CFG_ISR_POST_DEFERRED_EN > 0u
OS_EXT      OS_INT_Q        *OSIntQInPtr;          //队首，指向将要插入的位置
OS_EXT      OS_INT_Q        *OSIntQOutPtr;         //队尾，指向将要取出的位置
OS_EXT      OS_OBJ_QTY       OSIntQNbrEntries;     //队列长度，即保存的消息数量
OS_EXT      OS_OBJ_QTY       OSIntQNbrEntriesMax;  //队列最大历史长度
OS_EXT      OS_OBJ_QTY       OSIntQOvfCtr;         //队列溢出计数
OS_EXT      OS_TCB           OSIntQTaskTCB;        //中断服务管理任务的 TCB
OS_EXT      CPU_TS           OSIntQTaskTimeMax;    //中断服务管理任务历史最大单次执行时长
#endif
```

程序进入中断服务函数后，通过 OSIntEnter 函数通知内核应用已进入中断处理状态。内核检测到 OSIntNestingCtr 非 0 后，消息队列、信号量等内核项目的发送函数会通过 OS_IntQPost 函数将需要发送的消息保存到保持队列中，再由中断服务管理任务统一管理。OS_IntQPost 函数在 os_int.c 文件中定义，具体如程序清单 17-12 所示。

OS_IntQPost 函数首先判断保持队列是否已满，如果未满，则将目标项目类型、目标项目地址等信息全部保存到保持队列中，并使 OSIntQInPtr 指向保持队列下一项。

程序清单 17-12

```
void OS_IntQPost (OS_OBJ_TYPE    type,     //目标项目类型
                  void          *p_obj,    //目标项目地址
                  void          *p_void,   //消息首地址
                  OS_MSG_SIZE    msg_size, //消息长度
                  OS_FLAGS       flags,    //事件标志位
                  OS_OPT         opt,      //发送选项
                  CPU_TS         ts,       //时间戳
                  OS_ERR        *p_err)    //用于输出错误码
{
  //临界段所需的临时变量
  CPU_SR_ALLOC();
```

```
//进入临界段，使用关闭中断的方式
CPU_CRITICAL_ENTER();

//保持队列未满，可以入队
if (OSIntQNbrEntries < OSCfg_IntQSize)
{
    //记录队列长度
    OSIntQNbrEntries++;

    //记录最大历史队列长度
    if (OSIntQNbrEntriesMax < OSIntQNbrEntries) {OSIntQNbrEntriesMax = OSIntQNbrEntries;}

    //保存具体信息
    OSIntQInPtr->Type      = type;                    //保存目标项目类型
    OSIntQInPtr->ObjPtr    = p_obj;                   //保存目标项目地址
    OSIntQInPtr->MsgPtr    = p_void;                  //保存消息首地址
    OSIntQInPtr->MsgSize   = msg_size;                //保存消息长度
    OSIntQInPtr->Flags     = flags;                   //保存事件标志位
    OSIntQInPtr->Opt       = opt;                     //保存发送选项
    OSIntQInPtr->TS        = ts;                      //保存时间戳

    //指向队列下一项
    OSIntQInPtr = OSIntQInPtr->NextPtr;

    //使中断服务管理任务就绪
    OSRdyList[0].NbrEntries = (OS_OBJ_QTY)1;          //优先级为0的就绪任务数量为1
    OSRdyList[0].HeadPtr    = &OSIntQTaskTCB;         //优先级为0的就绪任务组表头为中断服务管理任务
    OSRdyList[0].TailPtr    = &OSIntQTaskTCB;         //优先级为0的就绪任务组表尾为中断服务管理任务
    OS_PrioInsert(0u);                               //将优先级0插入就绪优先级点阵
    if(OSPrioCur != 0){OSPrioSaved = OSPrioCur;} //如果当前中断服务管理任务未在执行，就将当前
任务的优先级保存到OSPrioSaved

    //发送成功
    *p_err = OS_ERR_NONE;
}

//队列已满
else
{
OSIntQOvfCtr++;                          //记录溢出次数
    *p_err = OS_ERR_INT_Q_FULL;  //输出错误码
}

//退出临界段，即使能中断
CPU_CRITICAL_EXIT();
}
```

　　中断服务管理任务的任务函数为 OS_IntQTask 函数，该函数在 os_int.c 文件中定义，如程序清单 17-13 所示。OS_IntQTask 函数通过 OS_IntQRePost 函数依次发送保持队列中的数据，所有数据发送完毕后，再将中断服务管理任务从就绪列表中移除，最后通过 OSSched 函数进行任务调度，切换到优先级最高的就绪任务。

程序清单 17-13

```
void OS_IntQTask(void *p_arg)
{
  //局部变量
  CPU_BOOLEAN  done;          //已完成标志位
  CPU_TS       ts_start;      //OS_IntQRePost 开始执行时的时间戳
  CPU_TS       ts_end;        //OS_IntQRePost 执行结束时的时间戳
  CPU_SR_ALLOC();             //临界段所需的局部变量

  //参数 p_arg 未使用，此处是为了避免编译器报错
  (void)&p_arg;

  //任务循环
  while (DEF_ON)
  {
    //标记尚未完成
    done = DEF_FALSE;

    //循环发送所有
    while (done == DEF_FALSE) {

      //进入临界段，使用关闭中断的方式
      CPU_CRITICAL_ENTER();

      //已经发送完成，需要将中断服务管理任务从就绪列表中移除
      if (OSIntQNbrEntries == (OS_OBJ_QTY)0u)
      {
        OSRdyList[0].NbrEntries = (OS_OBJ_QTY)0u; //优先级 0 组的就绪任务数量为 0
        OSRdyList[0].HeadPtr    = (OS_TCB    *)0;  //优先级 0 组的表头为 NULL
        OSRdyList[0].TailPtr    = (OS_TCB    *)0;  //优先级 0 组的表尾为 NULL
        OS_PrioRemove(0u);                         //将优先级 0 从就绪优先级点阵移除
        CPU_CRITICAL_EXIT();                       //退出临界段，使用开启中断的方式
        OSSched();                                 //触发一次任务调度，切换到优先级最高的就绪任务
        done = DEF_TRUE;        //从其他任务切换回来，从当前中断点继续往下执行，跳出循环
      }

      //保持队列仍有数据，需要将数据从队尾取出，重新发送
      else
      {
        CPU_CRITICAL_EXIT();                 //退出临界段，使用开启中断的方式
        ts_start = OS_TS_GET();              //记录时间戳
        OS_IntQRePost();                     //重新发送队尾数据
        ts_end = OS_TS_GET() - ts_start;     //测量 OS_IntQRePost 函数的执行时间
        if (OSIntQTaskTimeMax < ts_end) {    //判断此次执行时间是否大于最大历史记录时长
            OSIntQTaskTimeMax = ts_end;      //记录此次执行时长
        }
        CPU_CRITICAL_ENTER();                //进入临界段，使用关闭中断方式
        OSIntQOutPtr = OSIntQOutPtr->NextPtr; //队尾指向下一项
        OSIntQNbrEntries--;                  //队列长度减 1
        CPU_CRITICAL_EXIT();                 //退出临界段，使用开启中断方式
      }
```

```
      }
    }
}
```

OS_IntQRePost 函数在 os_int.c 文件中定义，用于重新向内核项目发送数据，如程序清单 17-14 所示。OS_IntQRePost 函数获取队尾中保存的发送数据，根据不同的项目类型，调用对应的发送函数重新发送数据。

程序清单 17-14

```c
void OS_IntQRePost(void)
{
  //局部变量
  CPU_TS ts;   //时间戳
  OS_ERR err;  //错误

  //从队尾中获取项目类型，然后重新调用具体项目的发送函数
  switch (OSIntQOutPtr->Type)
  {
    //事件标志组
    case OS_OBJ_TYPE_FLAG:
      OS_FlagPost((OS_FLAG_GRP *) OSIntQOutPtr->ObjPtr,
                  (OS_FLAGS    ) OSIntQOutPtr->Flags,
                  (OS_OPT      ) OSIntQOutPtr->Opt,
                  (CPU_TS      ) OSIntQOutPtr->TS,
                  (OS_ERR     *)&err);
      break;

    case OS_OBJ_TYPE_Q:            //消息队列
    case OS_OBJ_TYPE_SEM:          //信号量
    case OS_OBJ_TYPE_TASK_MSG:     //内建消息队列
    case OS_OBJ_TYPE_TASK_RESUME:  //唤醒任务
    case OS_OBJ_TYPE_TASK_SIGNAL:  //内建信号量
    case OS_OBJ_TYPE_TASK_SUSPEND: //挂起任务
    case OS_OBJ_TYPE_TICK:         //系统节拍任务和软件定时器任务处理
    default:                       //其他
  }
}
```

启用中断服务管理任务后，内核将通过开关调度器实现临界段，中断向任务发送的数据会被保存到中断服务管理任务的保持队列中，最后再由中断管理任务重新调用各个内核项目的发送函数将数据发送出去。上述步骤有效缩短了中断潜伏时间，提高了系统的稳定性。

内核项目的发送函数通常包含一些耗时的步骤，如将接收任务从等待列表中移除、将接收任务从延时列表中移除等，这些步骤都必须在临界段中进行。若不使用中断服务管理任务，则临界段的实现方式为操作中断总开关，这将使得高优先级中断无法得到及时响应，可能导致严重系统故障。

中断服务管理任务的优先级固定为 0，因此中断服务管理任务就绪后将立即被唤醒，并将保持队列中的数据转发给各个内核项目。

17.6　中断管理相关 API 函数

1. OSIntEnter 函数

OSIntEnter 函数用于通知 μC/OS-III 内核当前正在执行中断服务程序，使 μC/OS-III 内核得以跟踪记录中断嵌套次数（深度），具体描述如表 17-1 所示。该函数通常在中断服务程序开始时调用，且常与 OSIntExit 函数配对使用。

表 17-1　OSIntEnter 函数描述

函数名	OSIntEnter
函数原型	void OSIntEnter(void)
功能描述	通知 μC/OS-III 内核，当前正在执行中断服务程序
所在位置	os_core.c
调用位置	中断中
使能配置	N/A
输入参数	void
返回值	void

2. OSIntExit 函数

OSIntExit 函数用于通知 μC/OS-III 内核中断服务程序执行完毕，使得 μC/OS-III 内核得以跟踪记录中断嵌套次数（深度），具体描述如表 17-2 所示，该函数常与 OSIntEnter 函数配对使用。当中断嵌套次数为 0 时，表示应用将返回任务程序，调度器将会选择优先级最高的就绪任务并触发任务调度。

表 17-2　OSIntExit 函数描述

函数名	OSIntExit
函数原型	void OSIntExit(void)
功能描述	通知 μC/OS-III 内核中断服务程序执行完毕
所在位置	os_core.c
调用位置	中断中
使能配置	N/A
输入参数	void
返回值	void

17.7　OSIntEnter 函数源码分析

OSIntEnter 函数在 os_core.c 文件中定义，如程序清单 17-15 所示。该函数首先会检查当前系统状态，即系统是否已经启动，中断嵌套次数是否过大，若状态正常则将 OSIntNestingCtr 加 1。OSIntNestingCtr 在 os.h 文件中声明，在 os_var.c 文件中定义，用于记录中断嵌套次数。

通常中断嵌套次数不会达到 250，若用户确定系统已经正常启动，则可直接在中断服务函数中使 OSIntNestingCtr 加 1，这样可省略两个判断语句，从而缩短中断服务程序的处理时间。

程序清单 17-15

```
void OSIntEnter(void)
{
  //检查系统是否已经启动
  if (OSRunning != OS_STATE_OS_RUNNING)
  {
    return;
  }

  //检查嵌套次数是否过大
  if (OSIntNestingCtr >= (OS_NESTING_CTR)250u)
  {
    return;
  }

  //中断嵌套次数加 1
  OSIntNestingCtr++;
}
```

17.8　OSIntExit 函数源码分析

　　OSIntExit 函数在 os_core.c 文件中定义，如程序清单 17-16 所示。若中断服务函数向系统内核发送数据导致某一高优先级任务被唤醒，则 OSIntExit 函数会触发一次 PendSV 异常，产生任务调度。但 PendSV 异常的优先级通常为系统最低优先级，因此不会立即得到响应，而是等中断服务程序退出后才会进行任务调度。

程序清单 17-16

```
void  OSIntExit (void)
{
  //临界段所需的局部变量
  CPU_SR_ALLOC();

  //检查系统是否已经启动
  if (OSRunning != OS_STATE_OS_RUNNING) {return;}

  //关闭中断总开关，创建临界段
  CPU_INT_DIS();

  //防止向下溢出，如果有向下溢出的风险则表明出错，此时要开启中断总开关，退出临界段，然后返回
  if (OSIntNestingCtr == (OS_NESTING_CTR)0) {CPU_INT_EN(); return;}

  //嵌套深度减 1
  OSIntNestingCtr--;

  //中断嵌套依旧存在，此时可以直接使能总开关，退出临界段，然后返回
  if (OSIntNestingCtr > (OS_NESTING_CTR)0) {CPU_INT_EN(); return;}

  //中断嵌套已解除，但调度器处于锁定（关闭）状态，可以直接使能总开关，退出临界段，然后返回
  if (OSSchedLockNestingCtr > (OS_NESTING_CTR)0) {CPU_INT_EN(); return;}

  //查找优先级最高的就绪任务
```

```
OSPrioHighRdy    = OS_PrioGetHighest();            //获取最高就绪任务优先级
OSTCBHighRdyPtr = OSRdyList[OSPrioHighRdy].HeadPtr; //获取优先级最高的就绪任务的 TCB
if(OSTCBHighRdyPtr == OSTCBCurPtr)                 //优先级最高的就绪任务依旧是当前任务
                                                   //无须任务切换

{
    CPU_INT_EN();                                  //开启中断总开关，退出临界段
    return;                                        //返回
}


//触发任务调度
OSTCBHighRdyPtr->CtxSwCtr++; //记录当前任务调度次数
OSTaskCtxSwCtr++;            //记录系统调度次数
OSIntCtxSw();               //触发任务调度，即触发 PendSV 异常
CPU_INT_EN();              //开启中断总开关，退出临界段
}
```

17.9　实例与代码解析

下面编写实例程序，使用串口中断测试数据收发。通过串口中断接收到数据后，将数据存放在循环队列中，并释放内建信号量。任务 1 接收到内建信号量后被唤醒，打印串口接收到的数据。

17.9.1　复制并编译原始工程

首先，将" D:\GD32F3μCOSTest\Material\15.μCOSIII 中断管理"文件夹复制到"D:\GD32F3μCOSTest\Product"文件夹中。其次，双击运行"D:\GD32F3μCOSTest\Product\15.μCOSIII 中断管理\Project"文件夹中的 GD32KeilPrj.uvprojx，单击工具栏中的📁按钮进行编译，当"Build Output"栏中出现"FromELF：creating hex file..."时表示已经成功生成.hex文件，出现"0 Error(s), 0Warning(s)"时表示编译成功。最后，将.axf 文件下载到微控制器的内部 Flash 中。下载成功后，若串口输出"Init System has been finished"，则表明原始工程正确，可以进行下一步操作。

17.9.2　编写测试程序

当 os_cfg.h 文件中的宏 OS_CFG_ISR_POST_DEFERRED_EN 被设置为 1 时，表示启用中断服务管理任务，如程序清单 17-17 所示。

程序清单 17-17

```
#define OS_CFG_ISR_POST_DEFERRED_EN   1u   /* Enable (1) or Disable (0) Deferred ISR posts      */
```

在 UART0.c 文件的包含头文件区中，添加包含头文件 includes.h 代码，如程序清单 17-18 所示。includes.h 中包含了 μC/OS-III 的常用头文件。

程序清单 17-18

```
#include "includes.h"
```

在 UART0.c 文件的 USART0 中断服务函数中，添加如程序清单 17-19 第 4 至 8 行、18 至 19 行、24 至 25 行所示的代码。在 USART0_IRQHandler 函数中，通过内建信号量向任务 1 发送通知。由于 μC/OS-III 的消息队列使用传引用而非传值方式，在中断中使用消息队列可

能导致数据丢失。因此，在 USART0 中断服务函数中使用循环队列保存串口数据，然后再通过内建消息队列通知接收任务接收到了串口数据。

程序清单 17-19

```
1.    void USART0_IRQHandler(void)
2.    {
3.       unsigned char  uData = 0;
4.       extern OS_TCB g_tcbTask1;
5.       OS_ERR err;
6.
7.       //进入中断
8.       OSIntEnter();
9.
10.      if(usart_interrupt_flag_get(USART0, USART_INT_FLAG_RBNE) != RESET)   //接收缓冲区非空
中断
11.      {
12.        usart_interrupt_flag_clear(USART0, USART_INT_FLAG_RBNE);   //清除 USART0 中断挂起
13.        uData = usart_data_receive(USART0);   //将 USART0 接收到的数据保存到 uData 中
14.
15.        //将接收到的数据写入接收缓冲区
16.        WriteReceiveBuf(uData);
17.
18.        //释放信号量
19.        OSTaskSemPost(&g_tcbTask1, OS_OPT_POST_NONE, &err);
20.      }
21.
22.      ...
23.
24.      //退出中断
25.      OSIntExit();
26.    }
```

在 Main.c 文件中，按照程序清单 17-20 修改 Task1 函数的代码。任务 1 通过 OSTaskSemPend 函数阻塞等待内建信号量，串口中断接收到数据后通过内建信号量唤醒任务 1。任务 1 被唤醒后，将串口接收到的数据全部写回。

注意，循环队列驱动程序中没有进行线程保护，因此需要通过临界段保护共享资源。此外，也可以通过修改 ReadUART0 函数，在读取循环队列之前，应先关闭串口中断，读取完毕后再打开串口中断，以实现共享资源保护。

程序清单 17-20

```
1.    static  void Task1(void* pArg)
2.    {
3.       //数据缓冲区
4.       unsigned char data;
5.
6.       //错误
7.       OS_ERR err;
8.
9.       //临界段所需的局部变量
10.      CPU_SR_ALLOC();
```

```
11.
12.   //任务循环
13.   while(1)
14.   {
15.     //获取信号量
16.     OSTaskSemPend(0, OS_OPT_PEND_BLOCKING, NULL, &err);
17.
18.     //进入临界段
19.     OS_CRITICAL_ENTER();
20.
21.     //获取串口接收到的数据并写回
22.     while(ReadUART0(&data, 1))
23.     {
24.       WriteUART0(&data, 1);
25.     }
26.
27.     //退出临界段
28.     OS_CRITICAL_EXIT();
29.   }
30. }
```

17.9.3　编译及下载验证

代码编写完成并编译通过后，下载程序并进行复位。下载成功后打开串口助手，勾选"加时间戳和分包显示"和"加回车换行"复选框，在数据发送区输入"hello world"，单击"发送"按钮发送数据，开发板上将返回"hello world"，如图 17-3 所示。

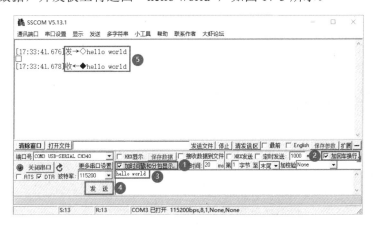

图 17-3　运行结果

本 章 任 务

参照第 10 章的实例程序，在本章实例的基础上，使用临界段进行资源管理，以实现串口的互斥访问。

本 章 习 题

1. Cortex-M4 内核中优先级可编程的异常有哪些？

2．简述 PRIMASK 和 FAULTMASK 中断屏蔽原理。

3．简述 PRIMASK 和 FAULTMASK 的异同。

4．通过 BASEPRI 能否禁用优先级为 0 的中断？

5．临界段能否被 SysTick 定时器更新中断打断？

6．简述开关中断实现的临界段与开关调度器实现的临界段优缺点。

第 18 章　μC/OS-III CPU 利用率

在开发调试过程中，时常需要统计 CPU 的利用率，以衡量系统的性能。CPU 利用率长时间过低说明微处理器的性能未充分发挥；CPU 利用率过高则会影响系统的实时性，这时需要优化程序或更换高性能微处理器。本章将介绍 μC/OS-III 的 CPU 利用率统计功能。

18.1　CPU 利用率

CPU 利用率指 CPU 在一段时间内的使用情况，通常用百分比数值表示。例如，系统中有任务 1、任务 2 和空闲任务，若以 1s 为周期，一个周期内任务 1 消耗 100ms，任务 2 消耗 300ms，空闲任务消耗 600ms，则此时 CPU 利用率为 40%。

在实际开发过程中，应根据应用情况将 CPU 利用率调整至合适的范围。若 CPU 利用率长时间过高，则系统可能无法及时响应某些紧急事件；若 CPU 利用率达到 100%，则将导致系统出现明显卡顿，一些低优先级的任务可能始终无法执行；若 CPU 利用率低于 10%，说明当前微处理器性能过剩，可以考虑更换成本更低的微处理器。

μC/OS-III 通过统计任务（OS_StatTask）统计总的 CPU 利用率、各个任务的 CPU 利用率和栈区的使用情况，将 os_cfg.h 文件中的宏 OS_CFG_STAT_TASK_EN 置为 1 即可使能该功能，并且可以通过该文件中的宏 OS_CFG_STAT_TASK_PRIO 配置统计任务的优先级。

18.2　统计总的 CPU 利用率

μC/OS-III 内核中定义了一个全局变量 OSStatTaskCtr，专用于测量总的 CPU 利用率。OSStatTaskCtr 为 32 位无符号计数器，初始化时被置为 0，并且在空闲任务中递增计数，如程序清单 18-1 所示。该计数器在统计任务中将被清零，即每隔 1/OS_CFG_STAT_TASK_RATE_HZ 秒被清零一次。

程序清单 18-1

```
void OS_IdleTask(void *p_arg)
{
  while(DEF_ON)
  {
    OS_CRITICAL_ENTER();
    OSIdleTaskCtr++;
    OSStatTaskCtr++;
    OS_CRITICAL_EXIT();
    OSIdleTaskHook();
  }
}
```

OSStatTaskCtr 的递增速度反映了系统的负荷程度。系统负荷低时，大部分时间都在运行空闲任务，OSStatTaskCtr 递增速度较快；系统负荷高时，空闲任务运行时间较少，OSStatTaskCtr 递增速度较慢。

μC/OS-III 在初始化时，尚未创建其他任务，此时可认为 CPU 空闲率为 100%，内核将记录 OSStatTaskCtr 在 1/OS_CFG_STAT_TASK_RATE_HZ 秒内所能达到的最大值，并保存在全局变量 OSStatTaskCtrMax 中。系统开始运行后，统计任务每隔 1/OS_CFG_STAT_TASK_RATE_HZ 秒获取一次 OSStatTaskCtr 计数值，并将得到的值除以 OSStatTaskCtrMax，得出总的 CPU 利用率。

　　μC/OS-III 总的 CPU 利用率保存在 OSStatTaskCPUUsage 中。在 V3.03.00 版本之前，表示 CPU 利用率的数值的取值范围为 0～100，对应的 CPU 利用率为 0%～100%。而在 V3.03.00 版本之后，表示 CPU 利用率的数值的取值范围为 0～10000，对应的 CPU 利用率为 0.00%～100.00%。

　　下面简要介绍统计任务使能后的系统初始化步骤。

　　统计任务使能后，系统在初始化时将调用 OSStatTaskCPUUsageInit 函数，此时 main 函数如程序清单 18-2 所示。在调用 OSStart 函数启动系统之前，仅创建了开始任务，在开始任务中调用 OSStatTaskCPUUsageInit 函数之后，再创建其他任务。

程序清单 18-2

```
void main(void)                          (1)
{
  OS_ERR err;
  ...

  //μC/OS-III 初始化                      (2)
  OSInit(&err);

  //创建开始任务                          (3)
  ...

  //启动 μC/OS-III
  OSStart(&err);                         (4)
}

void AppTaskStart(void* p_arg)
{
  OS_ERR err;

  //常规初始化
  ...

  //初始化时钟节拍中断                    (5)
  ...

#if OS_CFG_STAT_TASK_EN > 0
  OSStatTaskCPUUsageInit(&err);          (6)
#endif

  //创建其他任务                          (7)
  ...

  while(DEF_ON)
  {
```

```
    //开始任务循环
  }
}
```

下面按照程序清单 18-2 中的编号顺序介绍程序的执行步骤。

（1）应用启动后跳转到 main 函数执行。

（2）main 函数通过 OSInit 函数初始化 μC/OS-III。这里默认已将 os_cfg.h 文件中的宏 OS_CFG_STAT_TASK_EN 置为 1。

（3）由于将 os_cfg.h 文件中的宏 OS_CFG_STAT_TASK_EN 设置为 1 使能了 CPU 利用率统计功能，因此 main 函数在调用 OSStart 函数之前应只创建开始任务，并设定较高的优先级，减少 CPU 利用率误差。注意，优先级 0 被 μC/OS-III 内核保留，无法使用。

（4）调用 OSStart 函数后，系统正式启动，μC/OS-III 将执行优先级最高的用户任务（开始任务）。此时，系统中有 4～6 个任务，分别是空闲任务、时钟节拍任务、统计任务、软件定时器任务（可选）、中断服务管理任务（可选）和开始任务。

（5）初始化并使能时钟节拍中断。μC/OS-III 需要用户配置硬件定时器并使能其中断，用于提供系统时钟源，且其周期必须与 os_cfg_app.h 文件中定义的宏 OS_CFG_TICK_RATE_HZ 相同。

（6）OSStatTaskCPUUsageInit 函数用于测量系统运行时 OSStatTaskCtr 在 1/OS_CFG_STAT_TASK_RATE_HZ 秒内所能达到的最大计数值，此时应保证系统中没有其他任务运行，以减小误差。假设系统中没有其他用户任务，OSStatTaskCtr 在 1/OS_CFG_STAT_TASK_RATE_HZ 秒内可以从 0 计数到 OSStatTaskCtrMax。添加其他用户任务后，OSStatTaskCtr 在 1/OS_CFG_STAT_TASK_RATE_HZ 秒内的计数值将小于 OSStatTaskCtrMax，此时 CPU 利用率为

$$CPU利用率 = \left(100 - \frac{100 \times OSStatTaskCtr}{OSStatTaskCtrMax}\right)\%$$

（7）开始任务中也可以创建其他用户任务。

18.3　统计各个任务的 CPU 利用率

Cortex-M 系列内核提供了一个 DWT（DataWatchpoint and Trace）外设，用于进行系统调试和跟踪。DWT 内置了一个计数器 CYCCNT，该计数器递增计数，计数溢出后会自动清零，并重新开始递增计数。CYCCNT 计数的频率取决于内核的主频，如在 200MHz 主频下，CYCCNT 每隔 5ns 计数一次。μC/OS-III 中的时间戳即通过 DWT 实现，因此可以精确记录时间节点。

那么如何通过时间戳计算任务的 CPU 利用率呢？μC/OS-III 开始执行某一任务时，会记录当前时间戳，从该任务退出后，会再次记录时间戳，通过这两个时间戳即可计算任务的执行时间。内核只需统计 1/OS_CFG_STAT_TASK_RATE_HZ 秒内该任务的执行时间，即可得到单个任务的 CPU 利用率。

时间戳的记录、运行时间的累计等功能均在 OSTaskSwHook 函数中实现，如程序清单 18-3 所示。该函数为任务调度的钩子函数，在 os_cpu_c.c 文件中定义。当发生任务调度时，PendSV 异常会调用此函数。

程序清单 18-3

```
void OSTaskSwHook (void)
{
  CPU_TS   ts; //时间戳


  ...

  //获取当前时间戳
  ts = OS_TS_GET();

  //当前任务不是优先级最高的就绪任务，即将进行任务调度
  if (OSTCBCurPtr != OSTCBHighRdyPtr) {

    //记录任务此次执行的时间，因为 CPU_TS 是无符号数，所以直接相减即可
    //如果 ts 小于 CyclesStart，那么运算结果将为 0xFFFFFFFF - (CyclesStart - ts)
    OSTCBCurPtr->CyclesDelta  = ts - OSTCBCurPtr->CyclesStart;

    //累计任务总执行时间
    OSTCBCurPtr->CyclesTotal += (OS_CYCLES)OSTCBCurPtr->CyclesDelta;
  }

  //将当前时间戳保存到下一个任务的 TCB 中
  OSTCBHighRdyPtr->CyclesStart = ts;

  ...
}
```

统计任务每隔 1/OS_CFG_STAT_TASK_RATE_HZ 秒执行一次，根据任务 TCB 中的 CyclesTotal 成员变量计算出 CPU 利用率后，将该变量清零，开启下一个周期的累计。任务 TCB 同时还提供了 CPUUsage 和 CPUUsageMax，分别用于记录任务 CPU 利用率和任务 CPU 利用率历史最大值。

任务的 CPU 利用率计算会受到中断的影响，虽然进入或退出中断不会发生任务调度，但中断运行的时间也将被加到任务执行时间中，从而导致计算得到的任务 CPU 利用率偏大。

18.4　OSStatTaskCPUUsageInit 函数

OSStatTaskCPUUsageInit 函数用于初始化 CPU 利用率统计组件，测量一个时间片内 32 位计数器所能达到的最大计数值，具体描述如表 18-1 所示。该函数必须在系统启动后且系统中只有一个用户任务时使用。

表 18-1　OSStatTaskCPUUsageInit 函数描述

函数名	OSStatTaskCPUUsageInit
函数原型	void OSStatTaskCPUUsageInit(OS_ERR *p_err)
功能描述	初始化 CPU 利用率统计组件
所在位置	os_stat.c
调用位置	启动代码中
使能配置	无

输入参数	p_err: 错误码。 OS_ERR_NONE: 成功
返回值	void

18.5　实例与代码解析

下面通过编写实例程序，统计 CPU 利用率并通过串口助手实时显示。

18.5.1　复制并编译原始工程

首先，将"D:\GD32F3μCOSTest\Material\16.μCOSIII CPU 利用率"文件夹复制到"D:\GD32F3μCOSTest\Product"文件夹中。其次，双击运行"D:\GD32F3μCOSTest\Product\16.μCOSIII CPU 利用率\Project"文件夹中的 GD32KeilPrj.uvprojx，单击工具栏中的 按钮进行编译，当"Build Output"栏中出现"FromELF: creating hex file..."时表示已经成功生成 .hex 文件，出现"0 Error(s), 0Warning(s)"时表示编译成功。最后，将 .axf 文件下载到微控制器的内部 Flash 中。下载成功后，若串口输出"Init System has been finished"，则表明原始工程正确，可以进行下一步操作。

18.5.2　编写测试程序

当 os_cfg.h 文件中的宏 OS_CFG_STAT_TASK_EN 为 1 时，表示启动统计服务，如程序清单 18-4 所示。用户可以根据需要开启任务栈区检测功能。

程序清单 18-4

```
        /* ----------------------- TASK MANAGEMENT ----------------------- */
#define OS_CFG_STAT_TASK_EN         1u /* Enable (1) or Disable(0) the statistics task    */
#define OS_CFG_STAT_TASK_STK_CHK_EN 1u /* Check task stacks from statistic task           */
```

os_cfg_app.h 文件中的宏 OS_CFG_STAT_TASK_PRIO、OS_CFG_STAT_TASK_RATE_HZ 和 OS_CFG_STAT_TASK_STK_SIZE 分别用于配置统计任务的优先级、执行频率和栈区大小，如程序清单 18-5 所示。

程序清单 18-5

```
1.              /* ------------------ STATISTIC TASK ------------------ */
2.  #define  OS_CFG_STAT_TASK_PRIO        11u    /* Priority                              */
3.  #define  OS_CFG_STAT_TASK_RATE_HZ     10u    /* Rate of execution (1 to 10 Hz)        */
4.  #define  OS_CFG_STAT_TASK_STK_SIZE    100u   /* Stack size (number of CPU_STK elements) */
```

在 Main.c 文件的开始任务中，对 CPU 利用率进行初始化，如程序清单 18-6 的第 10 至 13 行代码所示。

程序清单 18-6

```
1.  void StartTask(void *pArg)
2.  {
3.    ...
4.    //OS 常规初始化
5.    CPU_Init();       //初始化 CPU 模块
6.    Mem_Init();       //初始化内存管理模块
```

```
7.     Math_Init();      //初始化算术模块
8.     BSP_Tick_Init(); //初始化 SysTick
9.
10.    //CPU 利用率统计初始化
11. #if OS_CFG_STAT_TASK_EN > 0u
12.    OSStatTaskCPUUsageInit(&err);
13. #endif
14.
15.    //测量中断关闭时间初始化
16.    ...
17. }
```

按照程序清单 18-7 修改 Task1 函数的代码，每隔 500ms 查询一次 CPU 利用率。μC/OS-III 的 CPU 利用率保存在全局变量 OSStatTaskCPUUsage 中，精度为 0.01%。

程序清单 18-7

```
1.     static  void Task1(void* pArg)
2.     {
3.        //错误
4.        OS_ERR err;
5.
6.        //任务循环
7.        while(1)
8.        {
9.           //打印 CPU 利用率
10.          printf("CPU usage: %d.%d%%\r\n", OSStatTaskCPUUsage / 100, OSStatTaskCPUUsage % 100);
11.          printf("CPU max usage: %d.%d%%\r\n", OSStatTaskCPUUsageMax / 100, OSStatTaskCPUUsageMax
% 100);
12.
13.          //延时 500ms
14.          OSTimeDlyHMSM(0, 0, 0, 500, OS_OPT_TIME_HMSM_STRICT, &err);
15.       }
16.    }
```

18.5.3   编译及下载验证

代码编写完成并编译通过后，下载程序并进行复位。下载成功后打开串口助手，可见微控制器将每隔 500ms 打印一次 CPU 利用率，如图 18-1 所示。

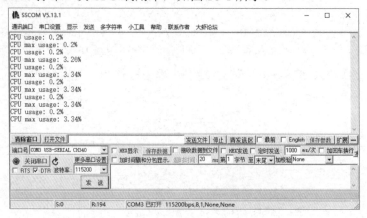

图 18-1   运行结果

本 章 任 务

在本章实例的基础上修改代码，实现每隔 500ms 在串口助手上打印一次任务 1 的 CPU 利用率、栈区使用量与剩余量。

本 章 习 题

1. 如何开启和关闭 CPU 利用率统计功能？
2. 为何打印字符串会消耗较多的 CPU 资源？
3. CPU 利用率达到 100%会影响最高优先级任务的响应吗？
4. 如何配置统计任务的优先级和栈区大小？
5. 在 120MHz 主频下，DWT 的精度为多少？

参 考 文 献

[1] Micriμm 公司．Micriμm-μC/OS-III-UsersManual[R/OL]．2010．

[2] 钟世达，郭文波．GD32F3 开发基础教程——基于 GD32F303ZET6[M]．北京：电子工业出版社，2022．

[3] 吉姆·考林．嵌入式实时操作系统[M]．何小庆，等译．北京：清华大学出版社，2023．

[4] 吴国伟．μC/OS-III 内核分析与应用开发[M]．北京：清华大学出版社，2018．

[5] 黄土琛．μC/OS-III 对任务调度的改进[J]．单片机与嵌入式系统应用，2012，12．

[6] 郁红英．计算机操作系统[M]．北京：清华大学出版社，2022．

[7] 杨玥．FreeRTOS 与 μC/OS-III 内核分析及选型研究[J]．科技视界，2018，24．

[8] 刘火良．μC/OS-III 内核实现与应用开发实战指南[M]．北京：机械工业出版社，2019．

[9] 李悦城．μC/OS-III 源码分析笔记[M]．北京：机械工业出版社，2016．

[10] 吕海涛．μC/OS-III 的中断响应时间分析测量与改善[J]．单片机与嵌入式系统应用，2015，010．